城镇化与社会变革丛书
URBANIZATION AND SOCIAL TRANSFORMATION SERIES

丛书主编 ▶ 李 铁

促进城镇健康发展的
规划研究

STUDY ON PLANNING
FOR HEALTHY URBAN DEVELOPMENT

李 铁 邱爱军等 ◎ 著

中国发展出版社
CHINA DEVELOPMENT PRESS

图书在版编目（CIP）数据

促进城镇健康发展的规划研究 / 李铁，邱爱军等著.
北京：中国发展出版社，2013.3

ISBN 978-7-80234-913-1

Ⅰ.①促…　Ⅱ.①李…　　Ⅲ.①城镇－城市规划－
对比研究－中国、国外　Ⅳ.TU984

中国版本图书馆CIP数据核字（2013）第038601号

书　　　名：促进城镇健康发展的规划研究
著作责任者：李　铁　邱爱军等
出 版 发 行：中国发展出版社
　　　　　　　（北京市西城区百万庄大街16号8层　100037）
标 准 书 号：ISBN 978-7-80234-913-1
经 销 者：各地新华书店
印 刷 者：北京科信印刷有限公司
开　　　本：700×1000mm　1/16
印　　　张：19.25
字　　　数：200千字
版　　　次：2013年3月第1版
印　　　次：2013年3月第1次印刷
定　　　价：50.00元

联 系 电 话：（010）68990630　68990692
购 书 热 线：（010）68990682　68990686
网 络 订 购：http://zgfzcbs.tmall.com/
订 购 电 话：（010）88333349　68990639
网　　　址：http://www.develpress.com.cn
电 子 邮 件：bianjibu16@vip.sohu.com

"城镇化与社会变革"丛书
编委会名单

主　编

李　铁　国家发改委城市和小城镇改革发展中心主任

副主编

邱爱军　国家发改委城市和小城镇改革发展中心副主任

乔润令　国家发改委城市和小城镇改革发展中心副主任

编委会成员（按姓氏笔画为序）

王俊沣　文　辉　乔润令　李　铁　邱爱军　冯　奎

范　毅　郑定铨　郑明媚　袁崇法　顾惠芳　窦　红

《促进城镇健康发展的规划研究》
课题组

课题负责人　李　铁　邱爱军

主要完成人　袁崇法　顾文选　毛其智　丁成日

课题组成员　（按姓氏笔画为序）

王大伟　王　宇　王静文　王　瑾

文　辉　厉基巍　叶伟春　白　玮

朱　强　许　锋　吴晓敏　吴　斌

郑明媚　荣西武　钟笃粮　姚立新

倪碧野　徐勤贤　郭建民　焦　彬

鲍家伟　谭　璐　翟炳哲

总　序

　　中央政府又一次把城镇化作为拉动内需和带动经济增长的引擎，使得城镇化问题再次成为社会关注的热点。巧合的是，两次提出城镇化问题都和国际金融危机有关，上一次是亚洲金融危机，而这一次是全球金融危机。作为长期从事城镇化政策研究的团队，我们的研究积累对于中国的城镇化问题应该有着清醒的认识，但是对于社会，对于各级政府、企业家、学者和媒体人来说，如何去理解城镇化问题，就涉及将来可能出台什么样的政策，以及相关政策如何落实。因此，我们决定把多年的研究成果公诸于世，以"城镇化与社会变革"系列丛书的形式出版。丛书之所以以改革为主题，就是要清楚地表明，未来推进城镇化最大的难点在于制度障碍，只有通过改革，才能破除传统体制对城乡和城镇间要素流动的约束和限制，城镇化带动内需增长的潜力才能得到真正释放。

　　丛书出版之际，出版社邀请我作序，一方面希望从宏观的角度来评价十八大以来的城镇化政策要点，另一方面希望对国家发改委城市和小城镇改革发展中心（以下简称"中心"）从事城镇化政策研究的历程做一个简要的回顾。毕竟我全程参与了中心的组建和发展，也基本上经历了从城镇化政策研究到一系列政策文件出台的过程。其实，我内心的想法，无论目前把城镇化政策提到怎样的高度，毕竟与可操作的政策出台以及贯彻落实都还有很长的距离。我能更多地体会到，这项研究，凝聚着许多长期从事农村政策研究和城镇化研究的领导和专家的心血，也汇集了一些地方基层政府的长期实践。我们只是作为一个团队集中了所有的智慧，利用我们的平台优势把这些成果和资料积累下来。

　　1992 年，我在国家体改委农村司工作，有一次参加国土经济学会在新华社举办的关于小城镇问题的研讨会，原中央农研室的老领导杜润生先生发言，提到小城镇对于农村乡镇企业发展和农村资源整合的重要意义，回来后感受颇深。在年底农村司提出 1993 年度研究课题重点时，把小城镇和城镇化问题作为六个重点研究课题的选题之一，报告给了时任国家体改委副主任马凯同志。我记得其他选题还有农村税费改革、城乡商品流通和土地问题等等。马凯副主任只是在小城镇这个课题上画了一个圈，要求我们重点进行研究。这一个圈就决定了我后半生的命运，至今已经 20 年了。当时马凯同志分管农村司工作，他之所以要求我们从事小城镇和城镇化问题的研究，他的基本论断是"减少农民，才能富裕农民"。

在后来的城镇化研究中，很多人不理解，为什么当时中央提出"小城镇，大战略"？特别是一些经济和规划工作者，他们认为城镇化政策重点不应该是积极发展小城镇，而应该是发展大城市，可是谁也不去追问。当时城镇化的提法还是禁忌，户籍问题更是没人敢提。几千年来确保农产品供给问题似乎成为一种现实的担忧；已经形成的城乡福利上的二元差距，更是各级城市政府不愿意推进户籍管理制度改革的借口。只有在小城镇，因为福利差距没有那么大，基础设施和公共服务条件没有那么好，与农村有着天然的接壤和联系，而且许多乡镇企业又直接办在小城镇，在这里实现有关城镇化的一系列体制上的突破，应该引起的社会波动比较小。1993～1995 年，在马凯同志的直接领导下，我们开始了小城镇和城镇化的研究。马凯同志亲自带队到各部委征求意见，1995 年 4 月，协调国务院十一个有关部、委、局制定并印发了《全国小城镇综合改革试点指导意见》，这是第一个从全方位改革政策入手，以小城镇作为突破口，全面实行综合改革试点的指导性意见。其中涉及的内容包括户籍管理制度、土地流转制度、小城镇的行政管理体制、地方财税管理体制、机构改革和乡镇行政区划调整、基础设施的投融资改革、统计制度等多方面。

1998 年国务院机构改革，国家体改委和国务院特区办合并为国务院经济体制改革办公室，原来的 16 个司局缩编成 6 个司局，涉及大量的司局级干部重组和自寻出路。为了坚持小城镇和城镇化的政策研究，把试点工作持续下去，在各方面的支持下，我放弃了留在机关内工作的机会。1998 年 6 月，经中编委批准，以原国家体改委农村司为主体成立了小城镇改革发展中心。从此我开始了漫长而又寂寞的城镇化政策研究之路。

1997 年的亚洲金融危机，我国的外向型经济受挫，很多专家提出扩大内需的思路，城镇化和小城镇终于第一次走上了政府宏观政策的台面。

1998 年十五届三中全会开始提出"小城镇，大战略"。1999 年，时任国务院副秘书长的马凯同志和中农办主任段应碧同志，把起草向中央政治局常委汇报的"小城镇发展和城镇化问题"的任务交给了国务院体改办。之后，我们又在国务院体改办副主任邵秉仁同志的领导下，直接参与起草了 2000 年 6 月中共中央、国务院颁布的《关于促进小城镇健康发展的若干指导意见》。这个文件下达之后，户籍管理制度原则上在全国县级市以下的城镇基本放开，农村进城务工人员只要在城里有了住所和稳定的就业条件，就可以办理落户手续，而其在农村的承包地和宅基地仍可保留。根据中央有关文件精神，2000 年第五次全国人口普查后，我国把进城务工的农民第一次统计为城镇人口，我国的城镇化率一下子从原来的 29% 提高到 36%。

2002 年，党的十六大报告第一次写进了有关城镇化的内容，其中把"繁荣农村经济，加快城镇化进程"写到一起，这充分说明了城镇化对于"三农"问题的重要性。值得特别提出的是，我们的城镇化研究也从小城镇开始深入到进城的农民工，中心全体研究人员就农民工问题进行了大量的调查研究。2002 年，根据马凯副秘书长和段应碧主任的安排，由中心组织人员起草了 2003 年国务院办公厅 1 号文件《关于做好农民进城务工就业管理和服务工作的通知》。

2003 年，中心被并入了国家发改委，城镇化的研究工作转向了深入积累阶段。原来曾经全方位开展的改革试点工作虽然还在进行，但是实质性内容越来越少。在这一阶段反思城镇化，站在农村的角度去推进城市的各项相关改革，看来是越来越难了。中国的体制，城市实际上是行政管理等级的一个层面，而不是西方国家那种独立自治的城市。中国城市管理农村的体制，使得从农村的角度提出任何问题都是带有补贴和扶助的性质。而实际上，由于利益格局的确立，城市仍然没有摆脱依赖于从农村剥夺资源，来维持城市公共福利的积累和企业成本降低的局面。原来简单明了的城乡二元结构，已经被行政区的公共福利利益格局多元化了，因此要改革的内容已经远远超出了 20 世纪 90 年代凸显的城乡二元结构的范畴。原来长期研究农村改革、试图解决农村问题，现在成为城镇化出发点的思路，肯定也要相应地转型，使我们的研究团队站在城市的决策角度考虑问题。2009 年，我们开始把中心研究的重点彻底地转向城市，单位的名称也同时作出了调整，改为"城市和小城镇改革发展中心"。这种转型的最大效果就是可以更多地偏重于决策者的思维，了解决策阶层所更关注的城市角度，有利于提出更好的政策咨询建议。

中心成立 15 年来，我和同事们到 20 多个省（直辖市、自治区）的数千个不同类型、不同规模的城镇调研，积累了大量的材料，并为一批城镇特别制定了发展规划。

我们所理解的城镇化政策是改革，这也是我们长期和社会上的一些学者，甚至包括政府决策系统的部分研究人员在观点上的一些重要分歧。因为城镇化要解决的是几亿进城农民的公共服务均等化问题，关系到利益结构的调整，所以必须通过改革来解决有关制度层面的问题。仅靠投资是无法带动城镇化的，否则只会固化当地居民和外来人口的福利格局。只有在改革的基础上，打破户籍、土地和行政管理体制上的障碍，提高城镇化质量，改善外来人口的公共服务，提升投资效率才能变为可能。

幸运的是，从 2012 年起，中央领导同志对于城镇化的重视达到了前所未有的高度。在国家发改委副主任徐宪平同志的支持下，我们终于把多年的研究积累作为基础性咨询，提供给政策研究和制定的部门。虽然关于城镇化所涉及的改革政策的全面铺开还需要时日，还需要观点上进一步的统一，但无论怎样，问题提到了台面，总会有解决的办法，任何事情都不能一蹴而就，但毕竟有一个非常好的开始。

同事们提议，是不是可以把这些年我们团队有关城镇化的研究成果出版成书？我同意了。2013 年是全国深入贯彻落实十八大精神的开局之年，是一个好时候，全社会都在关注城镇化进程。此举可以把我们的观点奉献给社会，以求有一个更充分的讨论环境，寻求共识，推进城镇化改革政策的持续出台。

国家发改委城市和小城镇改革发展中心主任

2013 年 3 月

前言 >>> PREFACE

本书汇集了促进城镇健康发展的规划研究成果,它的出版将给中国城镇化敲响一记警钟。

中国改革开放30余年,经济飞速发展,并依然保持强劲势头,城镇化进程加快。城镇人口占总人口比重从改革开放初期的不到20%,提高到2010年的50%,未来每年将继续增加大约一个百分点。

中国市场经济增长和工业化提速使城镇获得了前所未有的发展,但这些并不是城镇化快速发展的全部原因。政府在财政、空间、经济、社会和文化方面的政策和规划加速了城镇化发展,对中国社会的现在和未来以及人民的生活质量产生了巨大的影响。

中国现有的城镇化过程是一帆风顺、尽善尽美的吗?本书回答了这个问题,详细介绍了国家发改委城市和小城镇改革发展中心(CCUD)与合作伙伴的项目研究成果。CCUD研究团队集中调查了10个省的19个城市和小城镇的规划实践和结果,为我们审视现行做法达不到理想目标的原因,以及具体需要做何改变,从整体上改进规划程序打开了一个重要窗口。在研究过程中,CCUD团队对中国城镇化面对的挑战和带来的问题做了全面详细的评论;分析了其他国家的一些规划方法和实施过程的案例,还分析了这些案例及其是否符合中国独特的国情;进一步描述了地方政府为了创造更加美好的城市而在平衡不同利益、受到行政体系和财政约束过程中面临的越来越大的挑战。读者在本书中可以找到丰富的信息：与城镇化进程相关的经济和社会元素；统计和行政体系的意义；工业和服务业投资不均衡的后果；其他众多因素产生的影响。在展示研究成果的过程中，作者对如何改善地方的一些做法提出深刻见解，同时也对如何改善国家机制和政策以允许更合适的规划方法提出建议。纵观全书，始终贯穿着一个观点，即城镇化过程，从根本上应该是以所有城镇居民的需求为导向，并让他们所有人生活得更幸福。

城镇化不可避免，但绝非偶然现象，它是人类有目的活动的结果。在很多国家，城镇化曾演变为人类灾难。而中国通过规划避免了一些最坏的可能性发生。如果中国能够更好地整合多元规划方法和加强公众参与规划，就有机会建立更美好的城镇化模式，使中国社会乃至整个世界受益。

贺康玲

福特基金会北京办事处

2013年3月

目录 >>> CONTENTS

第三篇　国际经验

第一篇
主报告

中国快速城镇化进程中的规划研究

一、中国正在经历特殊发展阶段

1. 城镇和城镇化

城镇（urban）是与农村（rural）相对应的概念；城镇是聚落的一种特殊形态，是有别于农村居民点的聚落类型，包括城市（city）和镇（town）。中国的城镇[①]是一个历史范畴，是指在一定地域范围内，具备一定水平公共服务设施、具有一定人口规模，并以非农业生产为主[②]（并不一定是以非农业人口为主[③]）的行政区域。截至2009年年底，中国共有城市654个，建制镇19322个。乡和镇是同级行政单位。主要区别在于规模的不同，包括总人口、非农业人口街区规模、其他经济社会指标等。大致来说镇规模大、人口多、非农业人口比率高、工商业发达。镇是一个最基本的经济区域，也是一个综合的经济单元。乡、镇虽然都是我国农村的现行体制下的行政区划单位，但镇除了有乡的基本特征外，它更是一个经济区域内工商业的中心，商品生产的集散地和商品交换的场

数据说明：本研究使用数据除特别说明外，均使用2009年国家统计局和住房和城乡建设部公布的数据。本报告部分发表于《工程研究》2011年9月第3卷第3期。

① 根据国务院于2008年7月12日《国务院关于统计上划分城乡规定的批复》（国函〔2008〕60号）："城镇包括城区和镇区。城区是指在市辖区和不设区的市，区、市政府驻地的实际建设连接到的居民委员会和其他区域。镇区是指在城区以外的县人民政府驻地和其他镇，政府驻地的实际建设连接到的居民委员会和其他区域。与政府驻地的实际建设不连接，且常住人口在3000人以上的独立的工矿区、开发区、科研单位、大专院校等特殊区域及农场、林场的场部驻地视为镇区。"

② 《2009中国城市统计年鉴》显示，2008年，全国94%以上的地级市二、三产业占GDP比重超过70%；江苏省13个地级市中只有南京（83%）、无锡（70%）、苏州（59%）、常州（50%）4个城市的非农业人口占比超过50%，浙江省的11个地级市中则只有杭州（50%）一个城市超过50%。

③ 城市地理学则认为城市是以非农业人口为主的居民聚居区。参见许学强、周一星等：《城市地理学》（第二版），高等教育出版社2009年版，第1页。

所，是政治、经济、文化的中心区。

表1　　　　　　　　中国城市规模变化情况

	城市人口规模	1949年	1978年	2008年	2009年	2009年*
大城市及特大城市	400万以上	3	10	13	14	23
	200万~400万			28	28	
	100万~200万	7	19	81	82	33
	50万~100万	6	35	118	117	86
中等城市	20万~50万	32	80	151	151	239
小城市	20万以下	84	49	264	262	273
城市数合计		132	193	655	654	654
建制镇			2173	19234	19322	

注：本表城市规模根据国家统计局《新中国六十年分析报告系列之十：城市社会经济发展日新月异》以城市市辖区人口为标准进行划分。2009年*人口按设市城市市区非农业人口统计。

专栏1　　中国现行撤县建市标准（以人口密度400人/平方公里的县为例）

①县人民政府驻地所在镇从事非农产业的人口不低于12万，其中具有非农业户口的从事非农产业的人口不低于8万。全县总人口中从事非农产业的人口不低于30%，并不少于15万。

②全县乡镇以上工业产值在工农业总产值中不低于80%，并不低于15亿元（经济指标均以1990年不变价格为准，按年度计算，下同）；国内生产总值不低于10亿元，第三产业产值在国内生产总值中的比例达到20%以上；地方本级预算内财政收入不低于人均100元，总收入不少于6000万元，并承担一定的上解支出任务。

③城区公共基础设施较为完善。其中自来水普及率不低于65%，道路铺装率不低于60%，有较好的排水系统。

资料来源：《国务院批转民政部关于调整设市标准报告的通知》国发〔1993〕38号。

专栏2   **中国现行设立建制镇标准**

① 凡县级地方国家机关所在地，均应设置镇的建制。

② 总人口在20000以下的乡，乡政府驻地非农业人口超过2000的，可以建镇；总人口在20000以上的乡，乡政府驻地非农业人口占全乡人口10%以上的，也可以建镇。

③ 少数民族地区、人口稀少的边远地区、山区和小型工矿区、小港口、风景旅游、边境口岸等地，非农业人口虽不足2000，如确有必要，也可设置镇的建制。

资料来源：国务院批转民政部《关于调整建镇标准的报告》的通知国发〔1984〕165号。

专栏3   **城市与乡村**

2000年11月1日进行第五次人口普查时，从地域角度提出了新的城市标准。将城市分为设区的市、不设区的市和建制镇。

设区市的市区（即市辖区）是指人口密度在1500人/平方公里以上的区辖全部行政地域，或市辖区人口密度不足1500人的区政府驻地和辖其他街道办事处地域，以及驻地的城市建设已经延伸到的周边乡镇的全部行政地域。

不设区市的市区是指市人民政府驻地和市辖其他街道办事处地域。

建制镇的镇区是指镇人民政府驻地和镇辖其他居委会地域，或镇政府驻地的城市建设已延伸到的周边村民委员会驻地的村委会的全部地域。同时规定，凡在城镇地区以外的常住人口3000人以上的工矿区、开发区、旅游区、科研单位、大专院校等特殊地区按镇划定。除此之外的地域为乡村。

资料来源：汪光焘主编：《中国城市状况报告2010/2011》，外文出版社2010年版，第62页。

城镇化是一种复杂的社会经济现象。世界历史经验表明，在工业革命之后，农村人口不断涌向新的工业中心，城镇获得了前所未有的发展[①]。此后，我们将这种乡村人口比重逐渐降低，城镇人口比重稳步上

[①] 据英国著名人口史学家利格里（E.A.Wrigley）的估算，1520年时英国城镇人口（5000人以上的城镇）仅为13万，只占全国总人口的5.5%，在227万农村人口中，从事非农业生产的人口有45万，占农村总人口的20%，占全国总人口的18.5%。到1750年，城镇人口在总人口中的比例上升到21%，农村非农业人口增加到191万，其在总人口中的比例也由18.5%上升到33%。

升，居民点的物质面貌和人们的生活方式也日益向城镇型转化的过程称为城镇化。城镇化是人口和经济活动在空间上的集聚[①]；城镇化是乡村人口转变为城镇人口的过程[②]；城镇化是一个国家从农业社会向现代化社会转变的必由之路。

较之其他国家的城镇化，中国的城镇化内涵更为丰富。中国的城镇化不仅是人口向城镇聚集的过程，而且是经济结构调整和经济增长方式转变的过程，也是解决"三农"问题、建设小城镇、建设社会主义新农村的过程，还是解决城乡二元体制、缩小城乡差别的过程；既包含人们看得见的物质实体的变化，也包含文化、生活方式、价值观念等较为抽象的精神上的变化[③]。

2. 中国处于初步小康向全面小康过渡阶段

人均GDP、消费结构、产业结构、就业结构、城市化率等各项经济指标显示，我国正加快实现从初步小康向全面小康的转变。

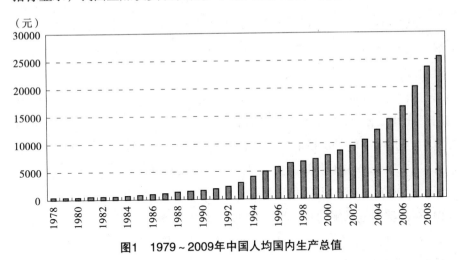

图1　1979～2009年中国人均国内生产总值

人均国内生产总值从2000年的850美元的初步小康水平提高到2009年的4000美元中等收入的全面小康水平。

---

① ADB，Cities Alliance，《Urbanization and Sustainability in Asia》，2006，P.1.

② 这种转变有迁移转变和就地转变两种形式。迁移转变的基本动力是城乡收入差距的存在，就地转变的机制是农村自身建设、小城镇建设和原有城市扩张对周围乡村的融合。

③ 周一星："中国城镇化进程的昨天、今天和明天"，《城市地理求索》，商务印书馆2010年版，第557页。

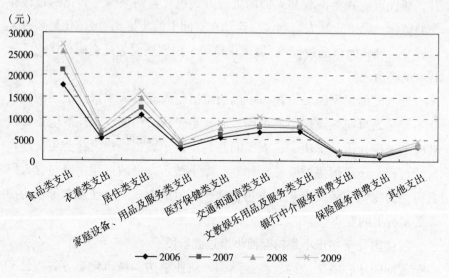

（元）

食品类支出　衣着类支出　居住类支出　家庭设备、用品及服务类支出　医疗保健类支出　交通和通信类支出　文教娱乐用品及服务类支出　银行中介服务消费支出　保险服务消费支出　其他支出

◆ 2006 ■ 2007 ▲ 2008 ✕ 2009

图2　2006～2009年城镇居民消费结构

　　从2006～2009年的城镇居民消费结构看，虽然食品类支出最快，但居住类支出和交通通信类支出增长最为明显。这标志着城镇居民生活方式的改变。

　　改革开放30余年，中国居民消费水平的提升速度几乎是全球最快的。统计数据显示，2009年中国居民人均消费额为9142元，按不变价计算相当于1978年的8.43倍，居民消费年均增长7.12%，大约每10年翻一番。2001～2009年期间，中国不少商品和服务的消费年均增长率均位列世界前茅。洗衣机销售量平均每年增长15.7%，电冰箱平均每年增长14.5%，移动电话平均每年增长17.4%，小汽车平均每年增长34.7%，旅客运输量平均每年增长11%，互联网上网人数平均每年增长32.5%，在校大学生人数平均每年增长16.2%。此外，2009年中国已经成为全球最大的汽车市场[①]。

---

① 郭树清："中国经济发展的潜力和问题"，《国际经济评论》，2010年6期。

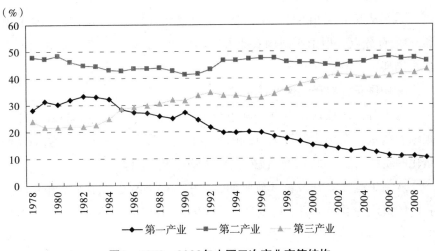

图3　1978～2009年中国三次产业产值结构

从1978～2009年中国三次产业产值结构变化趋势看，第一产业已从1978年的接近28.2%降低到不足10.3%，第三产业从23.9%增长到43.4%。第二产业所占比重基本稳定在47%左右。

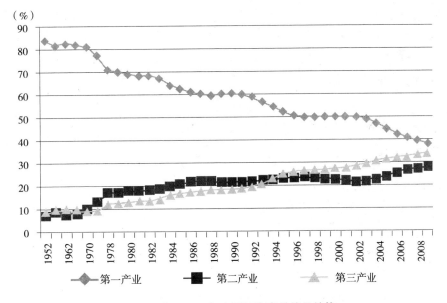

图4　1978～2009年中国三次产业就业结构

从三次产业就业结构看，第二、第三产业均有较大水平的提高。不过，尽管从2000~2009年期间，第三产业增长6.6个百分点，第二产业增长5.3个百分点，但由于我国农业人口基数较大，第一产业就业人口所占比重仍高达38.1%。

3. 中国正在经历快速城镇化过程

世界各国（或地区）和国际组织都把城镇人口占总人口的比重作为跟踪、衡量一个国家城镇化过程的数量指标。尽管这一指标无法描述城镇化的质量，但目前还没有被公认为更好的替代指标。

从新中国成立到改革开放时期，与中国经济社会发展水平相对应，我国城镇化基本上经历了自然增长[1]（1949~1957年，城镇化率年均增长0.59%）、起伏波动[2]（1958~1965年，城镇化率年均增长经历了1.45%和-0.35%两个阶段）和发展停滞[3]（1966~1976年，城镇化率年均增长-0.05%）三个阶段。总体来看，我国改革开放前选择了"非城市化的工业化道路"。一方面在经济上完成了我国从农业社会向工业社会的过渡，基本奠定了以重工业为主的全国工业体系的基础，但另一方面又造成了我国城镇化长期严重滞后于工业化的局面[4]。

---

[1] "一五"计划156项重点工程的启动和推进催生了一批工矿城市，如纺织机械工业城市山西省榆次市、煤炭工业城市黑龙江省鸡西市。

[2] 国民经济调整时期撤销一大批城市；将"一五"以来设置的市恢复为县；将一部分地级市降为县级市，大批建设项目停建缓建；动员约2600万职工回农村。

[3] 这一时期实行严格的、控制人口进城的户籍管理制度。一方面大批知识青年"上山下乡"；另一方面大批干部和知识分子"下放"农村，同时还动员了一批城市中没有工作的闲散人员下乡。

[4] 周一星："中国城镇化发展政策和趋势研究"，亚洲开发银行"'十二五'中国城镇化发展战略"研讨会资料，中国城市和小城镇改革发展中心，2010年，第43~45页。

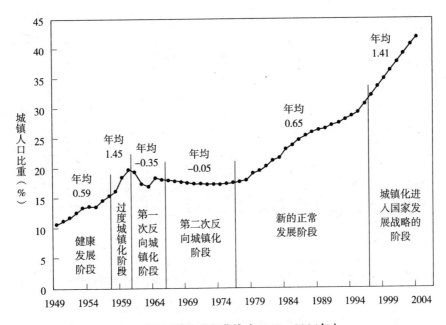

图5 中国城镇化进程曲线（1949～2004年）

注：根据国家统计局数据绘制。年均增速单位：百分点。

资料来源：周一星：《城市地理求索》，商务印书馆2010年版，第557页。

1978年我国改革开放后，随着经济体制改革的不断推进，与城镇化发展相关的政策也进行了较大的调整。国家统计局数据显示，这一时期我国城镇化大体上可分为四个阶段：恢复性增长阶段[①]（1976～1984年，年均增长0.697%）、稳定增长阶段[②]（1985～1995年，年均增长0.548%）、高速增长阶段[③]（1996～2005年，年均增长1.395%）和快速增长阶段（2005～2009年，年均增长0.900%）。

[①] 期间城镇人口增加的原因，一是落实政策返城人员；二是乡整建制转为镇；三是允许农民自带口粮进镇落户。

[②] 一方面随着乡镇企业的发展带动了长三角、珠三角等地小城镇的发展；另一方面随着对外开放力度的加大，农村剩余劳动力不断向沿海地区和大城市流动。期间，在"严格控制大城市、发展小城镇"城镇化方针的指导下，中央"有限度"鼓励农民进城，总体上看城镇人口增长速度较为稳定。

[③] 期间，一是市镇设置改革形成的城市在地域上的扩张；二是农村人口向城镇流动政策的进一步松动；三是城镇化政策在"九五"和"十五"国民经济和社会发展计划中发生了有利于推进城镇化的转变，制定了《"十五"城镇化发展重点专项规划》。

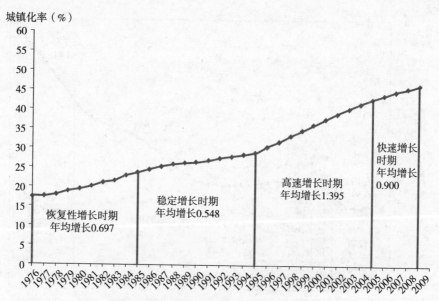

图6　改革开放以来我国城镇化变化趋势图

资料来源：《中国统计年鉴2010》，国家统计局，2011年。

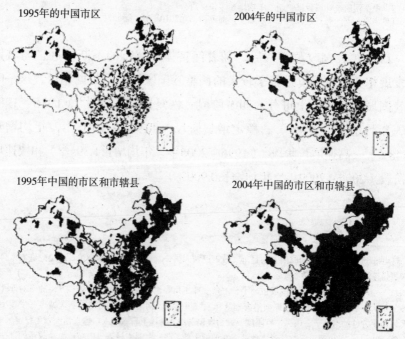

图7　1995年、2004年中国城市市区、市域对比图

资料来源：周一星：《城市地理求索》，商务印书馆2010年版，第525～526页。

"十一五"规划明确提出要"促进城镇化健康发展"。具体提出要用经济手段"控制"特大城市人口过快增长，强调城镇发展要"循序渐进"。同时，外出农民工虽然保持了持续增长的趋势，但增速放缓，总量趋于稳定。然而，随着城镇化水平的不断提高，大部分农村人口仍将选择进城生活。研究表明，中国城镇化率在未来十几年还将以每年0.8～1个百分点的速度增长①。

同时，世界各国城镇化经验显示，城镇化率达到30%后开始加速，达到70%后趋于平稳，城镇化率在30%～70%区间为加速发展期。以2010年第六次人口普查的城镇化率49.68%为标准，我国正处于城镇化加速发展期的中期。因此，中国未来城镇化仍处在快速增长阶段，只是增长的速度将逐渐放缓②。

伴随快速城镇化进程，我国的社会经济生活出现了诸多问题。城镇化的健康发展要求对这些问题进行研究，并加以解决。

二、快速城镇化使中国城镇发展面临挑战

改革开放30年来，中国从计划经济转向社会主义市场经济，乡村人口向城镇大规模转移，城镇化呈现快速发展的趋势，城乡建设发展机制发生了深刻变化，快速城镇化也使城镇发展面临种种问题。

1. 快速城镇化隐含"不完全城镇化"问题

（1）城镇化率的提高很大程度上来源于农民工进城

从第五次人口普查开始，国家统计局就将进城就业、居住半年以上的劳动人口（主体是农民工）计入"城镇常住人口"③。按照这一口径计算，中国2007年城镇化率44.9%，5.9亿城镇人口中，有1.6亿是农业户籍

---

① 中国住房和城乡建设部城乡规划司副司长张勤称未来10～15年城镇化将以年均0.8～1个百分点增长，http://cn.reuters.com/article/cnBizNews/idCNnCN056246420080819。

② 对我国城市化率的提高问题，虽然有各种不同看法，但至少有一点是相同的，即未来10年内城市化的发展还是有较大空间的。

③ 对于常住人口，一些规划专家认为，这是一个不太负责任的概念，概念的界定标准没有统一性（如住房和城乡建设部年鉴采用公安部门居住一年以上人口的口径统计，国家统计局年鉴按居住半年以上人口的口径统计；计划生育部门按居住三个月以上人口的口径统计）；统计技术上难以达到准确性（城镇行政管辖区在经常调整，城镇统计边界在调整，统计数据每年都调整）。

人口，占到了城镇人口的27%。2007年，城镇化率超过50%的省区中，除内蒙古自治区外，三个为东北老工业基地，其余均为沿海省市，其城镇化率的提高，主要来自农民工进城人数的不断增加（分子变大）。浙江、北京、上海、天津和广东，2007年农民工对城镇化的贡献率分别为30.7、27.9、24.7、24.4、18.6个百分点。内地各省城镇化率的提高主要来自农民工离乡人数的不断增加（分母变小）[①]。

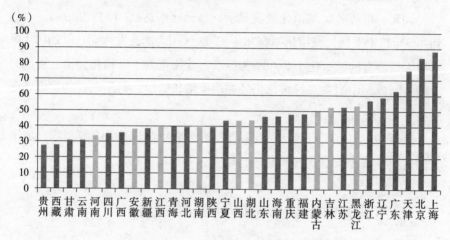

图8　2007年全国31个省级行政区城镇化率对比图

资料来源：《中国统计年鉴2008》，中国统计出版社2008年版。

（2）进城农民未能与城镇居民享有平等的公共服务

长期以来，农民外出打工主要表现为"候鸟式"流动就业，即农村劳动力外出务工以年为单位在城乡和地区之间流动。根据国家统计局资料，2008年全国举家外出务工农民工达到2859万人，占外出务工劳动力的20.36%，80%的农民工都是进城流动就业[②]。

"被统计"为城镇人口的农民工虽然在城镇工作，但在劳动就业、工资福利、子女教育、社会保障、保障性住房申请等方面并未享受到与城镇居民同等的待遇，为"不完全城镇化"人口。这些人口从不完全城镇化到真正城镇化的转变将使城镇发展面临巨大压力和挑战。麦肯锡预测，2025年，将有大约10亿中国人居住在城市，即超过2/3的人口将居住

---

① 李铁："我国城镇化问题"，中国城镇化问题研究，中国城市和小城镇改革发展中心，2010：3。

② 韩俊："中国快速城镇化过程中社会福利体制改革研究"，亚洲开发银行"'十二五'中国城镇化发展战略"研讨会会资料，中国城市和小城镇改革发展中心，2010：28。

在城市。中国新增3.5亿多的城市人口中将有超过2.4亿的流动人口。城镇人口的激增将使城市面临交通拥堵，土地、水等资源短缺、高技能劳动力短缺和服务成本提高等沉重压力。

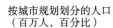

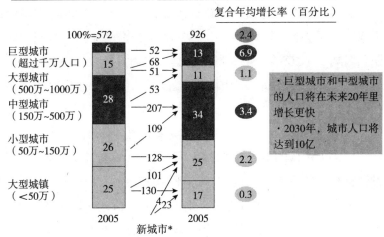

（a）中国正朝着2030年城市人口达到10亿的目标万进

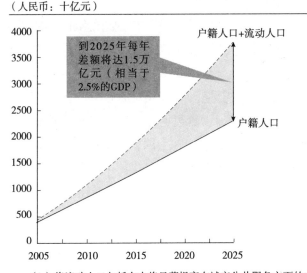

（b）将流动人口包括在内将显著提高在城市公共服务方面的支出

图9 麦肯锡预测中国即将面临城镇化压力

资料来源：www.mckinsey.com/mgi/reports/pdfs/China_U... 2008-3-25。

（3）快速城镇化在一定程度上缘于行政调整

"整县设市"和"市带县"体制使城镇与农村混合。通过"撤县设市"、"撤县（市）设区"等行政手段来增加城市和市辖区数量，扩大城市发展的空间，增加城市人口规模和经济总量。改革开放30年来，我国先后两次调整了设市标准，1986年全面推行"整县设市"和"市带县"的体制，1993年国务院对设市标准又作了调整。1980年我国设市城市和市辖区数量为223个和511个，到2008年分别增加到655个和856个，而同期我国减少了500多个县，减少的县大多通过行政手段升格为"市"或是城市的"区"。因此，中国的城市包括大量以农业生产为主的乡村人口。以1990年为例，中国市区人口中农业人口占50%以上，县辖镇人口中农业人口占75%以上。非农业人口比重最低的县级市河间市（河北省）只有5.4%，比重最低的地级市遂宁市（四川省）只有12.1%[1]。

设镇标准使许多乡村变身城镇。现行的设镇标准是1984年正式颁布的。该标准规定乡政府驻地非农业人口占全乡人口10%以上的，即可以撤乡建镇，由于采用这一新标准，建制镇数量从1983年的2968个急速上升到1984年的7186个[2]，大范围农村地区变为城镇。

2. 快速城镇化隐含服务业发展滞后问题

国际比较发现，我国城镇化水平依然与工业化水平和同等收入国家的城镇化水平有较大差距，与同等城镇化水平和同等收入水平国家相比，城镇服务业发展较为滞后。

（1）国际比较显示中国的服务业发展相对滞后

利用联合国经济社会事务部预测数据和世界银行统计数据，分别选取6个人均GDP（现价和购买力评价）与中国较为接近的国家和11个城镇化水平与中国接近的国家。比较发现，2008年，中国服务业占GDP的比重为40%，比人均GDP水平相近国家的平均水平56%低16个百分点（表2）；

---

① 转引自周一星、史育龙："建立中国城市的实体地域概念"，《地理学报》，1995年第04期；周一星：《城市地理求索》，商务印书馆2010年版，第239页；公安部编：《全国分县市人口统计资料1992年度》，群众出版社1993年版。

② 许学强、周一星等编著：《城市地理学》，高等教育出版社2009年版，第29页。

2010年，联合国经济社会事务部预测中国服务业占比为40%[①]，比城镇化水平相近国家的平均水平46%低6个百分点（表3）。总体上看，中国服务业发展相对滞后，表明我国以流动为特征的城镇化对服务业的发展不利。

表2　　2008年与中国经济发展水平相近国家的第三产业发展情况

国家	人均国民总收入（美元）	服务业占GDP比重（%）
中国	2940	40
危地马拉	2680	62
约旦	3310	64
摩洛哥	2580	64
泰国	2840	43
突尼斯	3290	62
乌克兰	3210	55
平均值	2979	56

资料来源：世界银行：《2010年世界发展报告——发展与气候变化》，清华大学出版社2010年版，第374、378页。

表3　　2010年[②]与中国城镇化水平相近国家服务业发展情况比较

国家	城镇化率（%）	服务业占GDP比重（%）
加纳	51.47	42
利比里亚	47.82	27
毛里塔尼亚	41.43	41
尼日利亚	49.80	28
塞内加尔	42.38	62
印度尼西亚	44.28	37
菲律宾	48.90	53
阿塞拜疆	51.93	23
摩尔多瓦	46.95	74

---

① 根据国家统计局数据，2001年第三产业占比超过40%，之后到2008年一直处于上下微小波动状态，2008年为40.1%，与世界银行统计数据相符。但2009年统计数据显示，第三产业占比达43.4%，并将2008年数据调高到41.8%。国家统计局公报显示，2010年第三产业增加值占比达43.0%。另外，表2和表3中的对比国均规模较小。因此，对比有一定的局限性。

② 该数据为2009年报告预测值。

国家	城镇化率（%）	服务业占GDP比重（%）
阿尔巴尼亚	51.91	59
洪都拉斯	51.60	61
中国	46.96	40
平均值	47.95	46

资料来源：United Nations, Department of Economic and Social Affairs, Population Division《World Urbanization Prospects: The 2009 Revision》，http://esa.un.org/unpd/wup/。

（2）工业投资过多，服务业发展不足

在我国现行税收体制下，工业是地方税收的主要来源。同时，大多数城镇的服务业还处于以生活型服务业为主的阶段，其对税收的贡献相对较小，具有"富民不富财政"的特征。加之，受GDP导向的政绩考核制度影响，城镇政府普遍重视工业增长，着力招商引资。即使是在工业化发展最为迅速的珠三角、长三角，工业比重仍然不断上升。2000~2008年，广东、江苏工业产值所占比重分别提高了3.2和4.7个百分点[1]。

3. 快速城镇化引发"城市病"问题

世界城镇化经验教训表明，城镇化易于引发"城市病"问题。作为社会主义国家，我国通过各种政策措施努力避免在城市出现贫民窟，避免城市人口的两极分化。但是，近年来，城镇化的高速、快速发展仍然使城镇政府面临住房、交通、环境等方面的问题。

（1）针对城镇低收入人群的住房供给不足

中国住房制度的改革从根本上改善了城镇居民的居住条件。中国的城镇居民人均住房面积由1978年的6.7平方米提高到2009年的超过28平方米。但人均住宅面积的提高隐含了低收入人群住房供给不足的问题。

城镇低收入家庭面临住房压力。北京市调查总队2007年9月31日调查显示，一是部分家庭居住空间较小。19.3%的家庭人均建筑面积少于17平方米，4.5%的家庭与其他家庭合住。二是部分家庭房屋条件较差。0.1%的家庭居住在木结构的中式楼房中，1.7%的家庭居住在简易楼房中，

---

[1] 李铁："中国城镇和城镇化发展战略研究"，亚洲开发银行"'十二五'中国城镇化发展战略"研讨会会资料，中国城市和小城镇改革发展中心，2010：9。

11.1%的家庭居住在平房中,三者合计达到12.9%。这些房屋一般在厨房、独立厕所、上下水、供暖等生活设施条件上都较差。三是廉租房相对较少。北京市廉租房占租房市场比例不足1%[①]。

高低收入社区出现明显社会隔离。随着经济适用房、廉租房等保障房建设使低收入人群集中居住,并与高收入人群社区明显分割,由此引发新的社会问题。比如,北京的天通苑和瑞海新城等经济适用房集中区已成为治安问题相对高发地区。

大批流动人口聚居的"城中村"[②]基础设施条件较差。北京、深圳等特大城市的"城中村"成为流动人口聚居地区,这些地方虽然价格较低,但存在消防隐患、卫生条件较差等问题。狭小的居住空间使这些人的生理和心理出现了一些问题。

(2)交通拥堵成为严重的城市问题

随着城市人口的增加,城市居民收入水平不断提高,城市居民的出行方式发生了重大改变。汽车出行成为城市居民重要的外出方式。1978年(135.84万辆)到2008年(5099.61万辆)城市民用汽车的保有量增长了37倍。

截至2009年底,我国汽车保有量已达7619.31万辆,其中私人载客汽车3808.33万辆。城镇居民每百户家用汽车数从2000年的0.50辆增加到2009年的10.89辆。如北京市从2000年的2.5辆增加到2009年的29.6辆。因此,尽管城市道路数量不断增加、长度不断延长、宽度不断拓展,但城市拥堵问题却越来越严重,特别是北京、上海等特大城市上下班高峰时段交通管理面临巨大压力。如北京二环至三环之间的干线,高峰时段的车速已经由1994年的每小时45公里,下降到2005年的每小时10公里以下。10年中,北京市区主干道的平均车速减慢了50%[③]。

---

① 国家统计局城市社会经济调查司:《2008中国城市社会经济热点问题调查报告》,中国统计出版社2009年版,第531~538页。

② 城中村是指在城市化进程中,由于受城乡二元土地体制的影响,城市仅征收了其建成区范围内原农村地区的部分或大部分土地,农民转为居民后仍在原村落居住,其居住地区的土地仍为农村集体土地,而其周边则为城市国有建设用地,该区域的公共服务设施与周边区域差距较大。故此类居民区被称为"城中村"。

③ 央视《新闻调查》,北京主干道近10年平均车速减慢50%[EB/OL],http://news.sina.com.cn/c/sd/2009-12-13/112819250466_3.shtml。

（3）城镇环境污染压力加大，环境设施亟待改善

工业经济在城镇的快速集聚扩张为城镇提供了大量就业岗位，促进了城镇常住人口的迅速增加。但是，随着城镇居民收入水平的提高，各种现代工业生产的日用消费品迅速普及，城镇面临巨大的环境压力。统计数据显示[1]，各地区生活污水排放量从2003年的247亿吨增加到2009年的355亿吨；各地区城市生活垃圾清运量从1990年的6767万吨增加到2000年的1.18亿吨、2009年的1.57亿吨。同时，大量生活垃圾无序丢弃或露天堆放，对环境造成严重污染，影响城镇环境卫生和居民健康；另外，部分城市空气污染较重，酸雨问题突出。对全国612个城市开展的环境空气质量监测表明，2009年地级及以上城市空气质量的不达标比例为20.4%，县级城市的不达标比例为14.4%，在监测的488个城市（县）中，出现酸雨的城市有258个，占52.9%[2]；近年来，我国城市环境基础设施得到较大的改善。2009年全国城市污水处理率达75.25%，生活垃圾处理率为89.03%。但建制镇环境基础设施严重不足，如2009年全国县城污水处理率41.64%，生活垃圾处理率45.86%，生活垃圾无害化处理率仅为15.09%[3]。

4. 快速城镇化隐含"扭曲"的城镇建设问题

（1）城镇空间扩张过快，大量耕地被占用

1981年以来，城市建成区面积逐年增长，2000年以来更呈加速增长态势。从2000～2005年，我国660个县级以上城市的建成区面积增长了44.93%，同一时期，全国城镇人口仅增长了22.45%[4]。数据显示，1990年以来，城镇建成区面积年增长率一直高于城区人口年增长率。

---

① 《2004中国统计年鉴》和《2010中国统计年鉴》。

② 《中国城市状况报告2010/2011》第15页。

③ 住房和城乡建设部：《中国城乡建设统计年鉴2009年》，中国计划出版社2010年版。

④ 根据中国城市建设统计公报，城市常住人口从2000年的38820.45万人减少到2003年的33805万人，之后，开始恢复性增长，到2005年，增长到35894万人。中国城市常住人口的增长幅度远低于全国城镇人口的增长幅度。

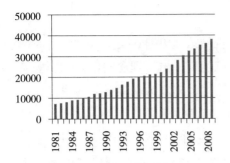

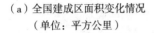

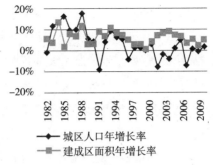

（a）全国建成区面积变化情况
（单位：平方公里）

（b）全国城区人口及建成区增长情况
（1982～2009）

图10　全国建成区面积变化、全国城区人口及建成区增长情况
资料来源：国家统计局和住建部统计资料。

　　城镇发展空间的扩展主要来自对农用地特别是耕地的占用。城镇扩展首先占用的是城镇周边的优质耕地，因此，占用农用地搞开发建设是城镇新增建设用地的主要途径。在快速城镇化进程中，大量耕地被建设占用。1997～2007年全国通过合法程序建设占用耕地的数量已经达到2949.75万亩。1999～2005年共发现违法占用的面积近500万亩[①]。

　　（2）城镇建设严重依赖"土地财政"，"违规"开发严重

　　我国实行严格的城乡二元土地制度，即城镇国有土地与农村集体土地，两类土地在规划、基础设施配套、开发利用、抵押融资等方面有很大的差别。在快速城镇化条件下，这种差别的存在和政府对两类土地转换权的控制，使"土地财政"成为现实。如2010年北京市土地出让金高达1636.72亿元，占北京市全市财政总收入2353.9亿元的69.5%[②]。

　　在"配额制"城镇建设用地指标"短缺"与城镇开发巨大利益的共同作用下，各地开发商纷纷"铤而走险"。集体建设用地"违规"开发持续不断，大量品质各异的"小产权房"和"出租屋"拔地而起。进而导致城镇建设用地粗放浪费问题较为突出。据调查，截至2005年年底全国城镇规划范围内共有闲置、空闲和批而未供的土地近26.67万公顷（400

----

　　① 李青：城镇化发展过程中耕地保护问题研究[EB/OL]，http://www.hbzyw.gov.cn/xwxx.asp?id=10784. 2011-5-8。

　　② "土地出让金同比增逾70% 北京收入居首"，http://house.ifeng.com/news/detail_2011_01/09/4167357_0.shtml。

万亩）①。

（3）片面追求"形象工程"，忽视城镇历史的延续

快速城镇化必然带来大规模的城市建设。由于理念的偏差，一些城市长官意志严重，相当一部分人把城镇建设理解为城镇形象的现代化，大搞宽马路、大广场、豪华办公楼等"形象工程"。2010年8月揭晓的中国城市国际形象调查推选结果显示，我国有655个城市正计划"走向世界"；200多个地级市中，有180多个提出要打造、创建"国际大都市"，其中绝大多数根本不具备建设国际大都市的基本条件②。于是，拆迁几乎成为城镇"旧貌换新颜"的唯一选择。随着城市的迅速"现代化"和急速扩张，许多老城区消失了，取而代之的是高楼林立。如济南老火车站"津浦铁路济南站"，是19世纪末20世纪初德国著名建筑师赫尔曼菲舍尔设计的一座典型的德式车站建筑。它曾是亚洲最大的火车站，世界上唯一的哥特式建筑群落，登上清华、同济的建筑类教科书。但是，1992年这座陪伴了济南人近百年的老火车站被拆除了③。

三、中国城镇发展规划面临的挑战

1. 快速城镇化使规划面临挑战

（1）不确定性对规划的挑战

我国具有独特的城乡二元人口管理制度，即通过限制户籍的改变来限制农村人口流入城镇④。改革开放以来，随着农村剩余劳动力的增加，大量农民进入城镇从事非农就业。户籍制度虽然有了一定程度的改进⑤，但总体上看，城镇对农村人口仍然是非开放的。

2010年中国第六次人口普查数据显示，城镇常住人口为6.7亿人，但

---

① 《全国土地利用总体规划纲要（2006～2020年）》发布实施[EB/LO]. http://news.sina.com.cn/c/2008-10-24/020514620705s.shtml. 2011-5-8。

② "人民日报刊登读者来信 集中曝光各地形象工程"，2011年05月03日人民日报，http://news.qq.com/a/20110503/000969_1.htm。

③ http://baike.baidu.com/view/2857545.htm。

④ 1958年，中国颁布了《中华人民共和国户口登记条例》希望指导人口有序流动。1964年国务院批转的《公安部关于处理户口迁移的规定（草案）》则"严格限制"了农村人口向城镇迁移。

⑤ 公安部2001年出台的文件允许各地小城镇放开户籍限制。

是，其中约有2.2亿人是不拥有常住地户口的流动人口，约占33.3%[①]。也就是说每三个城镇常住人口中就有一个人在"流动"。城镇规划是为人服务的，城镇人口数据是规划的基础。但是，城镇常住人口的高流动性使人口统计和预测面临挑战。

《中国统计年鉴》及各省市统计年鉴将人口划分为城镇人口和乡村人口，并依此计算城镇化率。但是，由于《中国统计年鉴》没有公布与统计用区划代码对应地域的人口数据，难以形成人口在空间上的一一对应[②]，难以计算与城镇人口对应的城镇面积。官方正式公布的数据中城镇人口与地域范围统计值无对应指标；《中国城市统计年鉴》给出了全市面积、市辖区面积和建成区面积[③]，但是既没有与城镇人口和乡村人口对应的面积指标，也没有与建成区面积对应的人口指标；《中国城市建设统计年鉴》给出了城区人口和城区面积，但因城区范围和统计口径时有调整，难以进行时间段分析，按城区计算的城镇人口密度指标也难以有说服力。因此，要想利用与人口对应的空间数据研究城镇发展问题，进行城镇发展规划是非常困难的，或者说难以有准确的数据支撑。

统计数据显示，2000～2008年北京市流动人口年均增长率为7.735%，而同期北京市户籍人口的年均增长率为1.38%。而且还有一些未统计在内的流动人口。因此，在规划前期研究中如何预测人口，以哪个增长率为依据，或者分别给以什么样的权重常常引起争议。而城镇人口数量的不确定性必然会降低规划基本依据的可信度。

---

① 居住地与户口登记地所在的乡镇街道不一致且离开户口登记地半年以上的人口为26139万人，剔除市辖区内人户分离人口3996万人，实际流动人口为22143万人。

② 周一星等已开始研究"城乡边界识别与动态监测关键技术研究"，试图借助GIS手段建立中国城乡划分的空间识别系统。

③ 全市即该城市行政管辖区域，包括市辖区、下辖的县和县级市；有的研究中使用市区的概念代替市辖区。为避免概念的混淆，本研究统一使用市辖区表示市区。

专栏4　　　　　　　　北京市2015、2020年人口预测

首先，将北京市人口分为常住人口、流动人口和未统计的流动人口。

其次，假定北京的发展规模和速度在未来20～30年内将不会低于全国平均水平。然后采用"自上而下"比例法预测北京市外来人口规模。

预测模型：北京市常住人口=（北京市常住人口/全国人口×全国人口），线性回归后得出北京市常住人口占全国的比重，并预测未来人口。

再次，采用时间序列法（趋势外推法）。分别采用线性和指数模型，利用过去10年和20年的数据进行回归分析和趋势外推，并预测未来人口。

第四，由于流动人口数据的不精确，且缺少时间序列的流动人口数据，采用简单外推和较为保守的估计值。

第五，假设未统计在内的流动人口数在50万～100万之间。

最后，将预测结果综合比较后，通过与地方政府相关人员讨论最后确定。

资料来源：丁成日：《北京市产业发展战略研究》2010年版，第34～39页。

国外城市的行政辖区范围一般较为稳定。虽然城市的经济活动及其建成区经过长期发展，会越出城市行政管辖的边界，进入其他行政地域单元[①]。与国外城市不同，中国城市的行政区域则时有调整（如撤乡并镇、县改市、地改市），所有城市的行政管辖区域（即市域）往往都大于市辖区，更远远大于建成区。同时，建制镇虽然和城市统称为城市型居民点，但是，那些人口规模已超过小城市，甚至已超过中等城市的建制镇，并不作为城市统计。1989年《中华人民共和国城市规划法》只界定了城市的规模标准[②]，未对建制镇的规模进行界定。在统计上，《中国城市统计年鉴》也不包括建制镇，《中国建制镇基本情况统计资料》单独统计建制镇数据，但指标与《中国城市统计年鉴》不统一，自身的统计指标也时有改变，而且不是每年出版。区划调整本来是进行公共资源

---

① 周一星：《城市地理求索》，商务印书馆2010年版，第178页。

② 1989年12月26日《中华人民共和国城市规划法》颁布，其中第一章第三条指出："本法所称城市，是指国家按行政建制设立的直辖市、市、镇。"第四条指出："大城市是指市区和近郊区非农业人口五十万以上的城市。中等城市是指市区和近郊区非农业人口二十万以上、不满五十万的城市。小城市是指市区和近郊区非农业人口不满二十万的城市。"2008年1月1日，《城市规划法》随着《中华人民共和国城乡规划法》的实施而被废止。但是，《城乡规划法》并没对城市规模进行规定，未对城市人口的口径做出界定。

优化整合的重要手段，但一些城市政府往往借助区划调整，把经济实力强的低行政级别城镇划为其派出机构（街道办事处或市辖区），扩大自己的实力。1999～2009年期间①，县级以上行政区划撤销建制82个，县改区（包括增设区）196个（其中58个县改为县级区，北京、上海和重庆的12个县改为地级区），设立地级市54个。1996～2003年期间，先后有15个县级市被区划调整后并入地级以上城市。曾居全国百强县首位的广东顺德市和第八位的江苏武进市均相继被区划调整为其所属地级市的市辖区。同时，一些镇也被改为街道，如深圳市龙岗区布吉镇2003年全镇常住人口曾达到51.3万，其经济总收入超过8亿元，但2003年却被区划调整为龙岗区街道办事处，后又被"肢解"为两个街道办事处。

（2）产业结构变化对规划的挑战

城镇规划是为人服务的。人首先需要的是工作，因此，城镇规划也是为企业服务的，因为企业能提供就业机会。在20世纪80年代，东南沿海地区城镇凭借良好的投资环境和优越的资源条件吸引了大量民间资本和外资，促成了一大批经济强镇、强市的产生。如浙江省绍兴市的杨汛桥镇是全国经编名镇，以"前店后厂"起家，逐步发展，并产生了8家上市公司，2008年全镇95%的人口从事非农就业，常住人口人均GDP达9110美元（户籍人口人均23426美元）。但是，随着经济发展，企业和居民的需求发生了变化，企业家和居民开始更看重良好的人居环境，干净的空气，便利的购物和文化生活消费。服务业规划和支持政策将直接影响杨汛桥的未来发展。因此，要根据城镇发展新阶段所产生的新需求，对产业进行行业细分，对居民消费需求进行分年龄、分收入水平等调查分析将成为规划的重要内容。这种新需要将产业分析与政策引导相结合，以激励性政策引导建设用地优化，进而促进服务业的提升。

---

① 缺2008年数据。内部资料。

专栏5　　　　　调整用地结构 促进服务业发展——以杨汛桥为例

杨汛桥镇隶属绍兴县，是浙江省中心镇。2009年，全镇土地总面积37.85平方公里，GDP45.98亿元，三产比例为0.89∶87.91∶11.2，常住人口10万人，处于工业化成熟阶段。杨汛桥镇经济社会发展基本实现农村工业化、企业规模化和资本国际化。

但是，快速工业化也造成了制造业高速发展与生产性服务业相对滞后；人民收入水平快速提高与消费服务业相对滞后；经济高速发展与城镇建设相对滞后的三对突出矛盾。2008年，在金融危机冲击之下，杨汛桥镇经济发展受到重创，2009年GDP比2008年下降了约20%。截至2009年底，8家上市企业中5家企业总部外迁。

杨汛桥镇土地总面积狭小，且43%为山地丘陵，人口密度高达4157人/平方公里，可利用土地紧缺；同时，现有用地格局混乱，镇域内工业用地和居住用地混杂现象突出。

针对以上问题，规划提出通过优化杨汛桥镇空间布局，将江桥核心区和杨汛桥片区作为三产服务业发展重点地区。规划建议进行用地调整。一是分区域调整用地方向：江桥核心区和杨汛桥片区内工矿及仓储用地面积分别占所在区域总面积的25%和15%，而商服用地分别仅占0.31%和与14.41%，与打造商务中心和宜居生活片区的定位相矛盾，不利于培育房地产和商服业发展。因此，江桥核心区和杨汛桥片区今后均应推进工矿用地向商服用地的置换。二是实行用地调整激励政策：制定明确的扶持与惩罚政策，引导江桥核心区和杨汛桥片区企业和居民进行用地挖潜，改造低效用地、鼓励区内工业用地"退二进三"，引导工业向产业园区集中。将废弃、低效工业厂房或城中村改造成符合城镇发展要求的商贸、居住区，鼓励居民进行住宅更新改造，发展小规模、高档次服务业。

资料来源：白玮等：《杨汛桥镇经济社会发展战略2010～2020》，CCUD内部报告。

（3）城市住房问题对规划的挑战

住房问题是城市经济学的重要内容，也是城镇政府规划的重要组成部分。通常在人口预测和就业预测之后就是住房需求预测，在进行住房需求分析时不仅要考虑不同收入类型居民的住房需求，也要考虑不同年龄类型居民的住房需求，还要考虑不同类型企业经营用房的需求，而且还要考虑就业地与居住区的距离问题和交通连接问题。

在城镇规划功能分区理论指导下，很多特大城市（如北京）都在郊区建设了大规模的居住社区，开通轨道交通、高速公路、快速公交等。然而，由于规划时没有考虑就近就业和服务业配套，"新城"直接演变为"睡城"。与此同时，随着住房租金的不断上涨，一些特大城市的外来人口从"城中村"迁居城郊出租屋，大大延长了上下班通勤时间①。特大城市职住分离问题日益加重，要求重新思考规划的功能分区。

在土地资源紧缺、房价不断上涨的条件下，提高建设密度已成必然。建设密度的提高一方面可以聚集人气，另一方面可以降低住房价格。在人口密度较高的住宅区，一方面在建设之前要规划社区公共空间，另一方面要开发利用社区内现有的公共用地。如伦敦2004年空间规划中有分布广泛的开放空间。因此，如何规划高密度住宅区的开放空间便成为城市规划师们所面临的挑战。

从长远看，只有通过科学规划、完善公共服务、加强城市管理才能解决中低收入人口的住房问题。规划中如何将住房的"有效需求"与合理供给相结合，如何将就业与住房问题相结合，如何将大型公共交通与社区环境建设相结合也将成为规划面临的挑战。

专栏6　　　　　　　　　住房分析方法

　　首先，对家庭按收入水平分类。确定贫困水平②、低收入和超低收入标准。如美国住房和城市发展部规定，如果一个家庭的收入只有该地区中等家庭收入的80%甚至更少，这个家庭就被认为是低收入家庭。如果一个家庭的收入只有该地区中等家庭收入的50%甚至更少，那么这个家庭就是超低收入家庭；其次，对存量住房进行细致分析。了解目前该城市住房总量，按户型大小分

---

① 每天下班，小米都要随着下班的人流步行一段距离到达国贸地铁站，然后坐着拥挤的地铁从国贸站出发，经过8.7公里到达芍药居站，再换乘13号线途经19.4公里到达龙泽站，再从龙泽换乘公交车继续北上经过8站，到达自己居住的地方——史各庄。http://money.msn.com.cn/white/20110526/07241243877.shtml。

② 贫困水平是对一个地区的收入标准和住房可负担程度的衡量。

类，并记录每个大类下的房屋数量；了解房屋的使用期限，重点了解租赁房屋的状况；了解房租情况，并按城市内的区域进行分类；再次，界定政府和市场的供给范围。在市场经济体系下，住房供给主要通过市场进行，该类住房的土地规划与供给可以由市场决定，政府通过政策进行引导。对于低收入家庭，可以通过住房成本负担①分析来确定政府需供给数量②和供给方式。

资料来源：丁成日：《城市规划与市场机制》，中国建筑工业出版社2009年版，第144～147页。

（4）城市交通问题对规划的挑战

随着城市人口和汽车保有量的快速增长，中国城市交通拥堵问题日益严重。中国公交出行的负担率平均不足10%，特大城市也仅有20%左右，显著低于欧洲、日本、南美等国家和地区大城市40%～60%的公交出行比例，并且中国特大城市近几年公交出行比例平均下降约6个百分点。此外，大运量公交系统尚待发展。截至2008年底，全国10多个城市轨道交通运营线路只有776公里，仅相当于英国伦敦一个城市的规模③。因此，如何从城市化的视角规划城市交通，提高公交出行比例成为规划师面临的挑战。

城市停车位不足与规划预测密切相关。1990年代早期以前的住宅小区规划时基本没有考虑私家车问题，即使北京也是在1997年才开始统计私家车拥有量，当时北京市百户城镇居民家庭汽车拥有量仅为0.8辆，但到2009年就达到百户居民家庭拥有12辆汽车。这一时期所建小区停车位短缺主要缘于规划对快速发展的预测不足；2000年以来新建的经济适用房小区停车困难则缘于实际入住人口与规划居住对象的错位，因为对经

---

① 一个家庭在住房上的总支出就是这个家庭的住房成本。通常，总住房成本包括房屋的租金或利息支付、水电燃煤费用和税收支付。根据美国住房和城市开发部所颁布的指导大纲，那些住房成本占其家庭收入30%以上的家庭被列为存在住房成本负担的家庭；而那些住房成本占其家庭收入50%以上的家庭则被列为住房成本负担过重的家庭。转引自丁成日、宋彦：《城市规划与市场机制》，中国建筑工业出版社2009年版，第145页。

② 例如"十二五"期间上海计划新建住宅约1.3亿平方米，其中各类保障性住房将占新建住房总套数约60%。

③ 中国发展研究基金会：《促进人的发展的中国新型城市化战略》，人民出版社2010年版，第133～134页。

济适用房政策执行不严格，而且价格定位远远超出"瞄准"对象的购买能力。经济适用房社区居住了过多的中高收入人群；2005年以来的商品房小区，虽然大多考虑了地下停车和立体停车的方式，但因对家庭汽车拥有量估计不足也出现了停车位"一位难求"的现象。

世界城市发展经验显示，解决城市交通问题，不仅要重视交通规划，还要重视交通规划的管理。一是要在规划方法和需求预测方法上创新，较为准确地预测交通需求量；二是要在城市交通管制上创新，如征收高峰时段拥堵费，提高停车费；三是要在交通规划和管理理念上不断创新。规划中坚持公交优先，在适当地区设立公交专用道，开辟多人车辆通行道；提倡绿色出行，规划更便利、完善的自行车道和人行道。如伦敦在其2004年的空间规划中就专门规划了步行线路网络发展战略计划和自行车骑行路线系统。

此外，交通规划也要转变规划意识。城市道路不是独立于城市系统之外的。每条道路或多或少具有如下功能：街道是公共场所；街道承载交通运动、街道通达、衔接路侧功能区，如商店、从一侧居民区到另一侧的商店、街道的停车功能、排水、照明及其他服务功能[1]。

专栏7　　　　　　　北京市治理交通拥堵经验和效果

2010年12月以来，北京市提出了《北京市关于进一步推进首都交通科学发展加大力度缓解交通拥堵工作的意见》，提出了6大方面28条措施。其中有3条措施对改善交通拥堵情况产生了及时有效的作用：一是控制新增机动车数量，2011年1月26日起采用摇号的方式限制购车；二是提高机动车使用成本，调整停车费标准，削减中心城交通流量；三是加快公共交通设施的投入建设力度，提高道路使用效率，促进轨道交通和地面公交线路的有效衔接。

2011年1月，北京市交通委公布了交通拥堵指数，实施缓堵新政以来，北京市工作高峰时段平均交通拥堵指数从2010年的8.32（重度拥堵）以上，迅速下降为6（中度拥堵）；市区主干道的交通流量下降了9.8%，速度上升了3.5%，二、三、四环常规拥堵路段的拥堵状况有所缓解；晚高峰时速20公里以

---

[1] 田鲁泉："城市可持续综合交通体系"，世界银行项目演讲稿，2010年。

> 下的拥堵路段已降至平均每天66条，环比减少29条，减少约30%。同时随着
> 几条郊区地铁线路的开通，轨道交通客运量承担比例第一周就提高了2个百分
> 点，达到30%，缓解了道路拥堵。
>
> 　　资料来源："北京治理拥堵新政初见成效 工作日拥堵减2小时"，《北京
> 晨报》，2011年1月12日，http://env.people.com.cn/GB/13708450.html。

（5）城市环境问题对规划的挑战

城市基础设施是城市赖以生存和发展的基础，城市环境基础设施是与环境保护密切相关的基础设施，是城市改善环境质量的重要手段，如城市污水处理厂及污水截留管网，垃圾收集、运输及无害化处理设施、绿化景观等等。从减少环境污染的角度看，随着我国工业污染源的逐步控制，生活排污量占全部排污量的比例逐渐提高。当前，一些城市生活污水排放量已超过工业废水排放量，生活废气排放特别是机动车废气排放已成为影响城市空气质量的主要因素，城市生活垃圾成为固体废物污染的元凶，因此控制污染越来越占有重要地位。然而，目前我国城市环境基础设施建设普遍落后于城镇化速度，也落后于道路交通、邮电通讯、住房建筑等基础设施的建设，已成为造成城市环境污染的重要原因。随着人们对生活品质的追求，改善城市环境已成为城市政府的当务之急。

如何完善城镇环境基础设施建设？环境基础设施数量是否与需求相对应？服务半径如何确定？跨行政区域的共享如何规划？（如上海市村收集、镇运送、区处理）布局是否合理？以邻为壑选址问题如何在规划上解决？总之，环境基础设施要统筹规划、合理布局。城市生活垃圾处理要与经济社会发展水平相协调，注重城乡统筹、区域规划、设施共享，集中处理与分散处理相结合，提高设施利用效率，扩大服务覆盖面。要注重技术创新，因地制宜地选择先进适用的生活垃圾处理技术[①]。

---

①《国务院批转住房城乡建设部等部门关于进一步加强城市生活垃圾处理工作意见的通知》（国发〔2011〕9号）。

图11 环境基础设施规划的案例比较——北京昆玉河和小月河

资料来源：倪碧野："城市生态环境规划与城市规划的融合问题"，CCUD内部报告，2011年。

如何规划城镇生态系统。目前，仅仅依靠减少环境污染物的环境基础设施建设已经无法满足人们对优美城市生活环境的需求。城市水系、绿地等自然生态系统的修复治理、保护开发将成为未来环境基础设施建设的重点。将其与城市景观建设、城市公共开敞空间建设相结合，不仅能起到促进城市生态系统实现良性循环和美化环境的作用，同时可以提升城市形象，并为城市居民提供休闲活动的场所，提高居民的生活质量。

左侧北京昆玉河整治与右侧小月河（现元大都遗址公园）整治后效果对比不难看出，河道及绿化均达到了一定标准，然而直观上仍然能明显感觉到两个地方的差距——人气。自然生态环境的改善是一方面，但同时能融入人性化设计，与周边社区规划相结合，为城市居民提供休闲娱乐的自然场所才是城市和城市居民真正需要的[①]。

2. 体制制约使城镇规划面临挑战

（1）行政等级化体制制约规划

与西方国家的城镇不同，中国的城镇是有行政级别的城镇，城镇之间存在隶属关系[②]。中国城镇的行政级别大致分为五个层次：直辖市（部级）—副省级市（副部级）—地级市（司局级）—县级市（处级）—建制镇（科级）。一般而言，城镇之间根据行政级别的高低依次形成上下级关系，比如地级市管县级市、县级市管镇。2009年，中国有654个城市和19711个建制镇[③]。其中，省级直辖市4个，副省级城市15个，地级市268个，县级市367个。在现行管理体制下，行政级别不同，城镇所拥有的行政管理权限、政府人员设置及财政权限，甚至城市基础设施及市政设施建设的标准均不同，级别越高权利越大。等级下的行政管理体制沿袭着传统的行政分支的功能，行政等级导向的管理体制导致了城市可以管理城市。城市的资源分配和管理权限严格服从于等级制度的要求。行政等级化使城市难以保持其独立性。因此，规划也难以具有独立性。上级领导的观念和意愿常常影响甚至左右下级城镇的规划发展方向和实践。

"被区划调整"挑战规划。由于建制镇是行政级别最低的城镇，其被调整的可能性最大。一种调整是经济强镇为了扩张将相邻乡镇并入。如上海嘉定区安亭镇，2008年该镇常住人口11.3万人，可支配财力6.9亿元，是上海市国际汽车城所在地。2008年完成经济社会发展规划，但2009年就将邻近的黄渡镇合并，为其汽车产业的发展开拓了新空间。因规划范围改变，重新规划势在必然；另一种调整是由于该镇经济实力较强，上级政府希望其分担相邻弱镇的经济负担。如河南省巩义市竹林

---

① 倪碧野："城市生态环境规划与城市规划的融合问题"，CCUD内部报告，2011年。
② 李铁："我所理解的城市"，内部报告，2009年7月。
③ 《中国统计年鉴2010》表1-1"全国行政区划"。

镇，该镇为巩义市经济实力最强的镇，2006年竹林周边经济实力较弱的小关镇的丁烟、孙寨和大峪沟镇的张沟3个村并入竹林镇。2005年丁烟、孙寨和张沟村的人均收入分别为3307元、3903元和4995元，而竹林镇的人均收入则为8100元，前两村不足竹林镇的一半，第三个村的人均收入也仅相当于竹林镇的六成①。另外，一些县级市也被区划调整为县级区，使其作为地级市的派出机构存在。如广东省佛山市顺德区和江苏省常州市武进区，这样的城市"市改区"后，区级规划可能更多地受制于地级市政府。

高行政级别"企业"挑战城镇规划。城镇辖区内高级别行政机构分割了城镇。截至2006年，全国共有1567家高行政级别"企业"，其中省级开发区1346家，其中大部分坐落在县级，少部分在区或不设区的地级市。高行政级别"企业"的坐落对城市形成了一定的分割，影响了城市的布局和资源优化配置。河南省永城市为县级市，其辖区内坐落有两大煤炭企业集团，分别由河南省和商丘市（地级）行业部门直接主管，永城市政府没有管理权限。两大企业由于煤炭开采、生产需要以及职工生活需要在永城市域、城区范围内占据了大面积的建设用地，这些土地上的建设全部由企业自主建设，尽管其中有一些与永城城市规划、城市发展不相协调的地方，但是永城市政府因为管理权限的问题无法参与管理，一定程度上造成了城区空间功能混乱的局面。在城市规划制定过程中，企业也经常以企业内部机密需要保密为由，不愿意提供相关资料。同时，由于永城市政府难于直接参与企业的资源配置过程，企业自身经济发展与地方政府合作不积极，对当地的就业吸纳也比较少；对于开采造成的大面积采空塌陷区企业也经常不按照规定及时治理，塌陷土地等问题也不时出现。这些也对永城城市发展、城市规划造成了一定的制约②。

（2）城镇人口的差异性挑战城镇规划

中国的城镇包括大量的农村地区，编制城镇规划时往往需要兼顾城乡、统筹城乡。但是，由于城市居民与农村居民、城市产业与农村产业、城区人口密度与郊区人口密度具有较大的差异性，城乡规划的统筹

---

① 郭建民："河南省竹林镇经济社会发展规划"，2011年。
② 焦斌："永城市突破体制分割开展多规协调的实践探索"，内部报告，2009年。

便面临较大挑战。

专栏8 **北京市人口分布不均衡**

北京市民普遍感到北京的人越来越多、越来越密集的同时，人口分布不均衡的现象也在北京的城市发展中越来越突出。据了解，目前北京将近80%的人口集中在北京的城市功能拓展区和城市发展新区，核心区人口密度达到每平方公里23407人，是周边生态涵养区人口密度的109.8倍。同时，北京核心区人口密度已经远远超过了世界上以人口密集著称的伦敦和东京。但是放眼整个北京市，北京的人口密度仅为每平方公里1195人。

资料来源：叶娜娜："北京人口分布比例严重失衡 将向发展新区疏散"，http://msn.ynet.com/3.1/1105/10/5734022.html。

城乡规划如何反映农村居民的需求。2008年《城乡规划法》虽然将城市变为城乡，但是对如何规划农村却并没有详细的规定。一方面需要弄清城市规划、建制镇规划与乡村规划有什么异同点？需要将农民和居民的需求差异体现在城乡规划中；另一方面农村规划不仅需要分析农业产业发展及农业就业问题，还需要分析农民城镇化问题。鉴于中国农村人口数量仍较多，人均耕地面积较小的现实，目前城镇化仍是中国解决"三农"问题的重要战略。因此，转移农村人口应该成为城镇规划的重要内容，一方面要培育非农产业，另一方面要增加对农民培训的财力支持，使其不断提高就业竞争力。

农村规划是否要那么"快"？"十一五"后半期，很多城市将建设社会主义新农村作为重要的战略任务，于是乎，中心村规划成为各地的"工程"。比如某特大城市两年内完成200多个村的规划。一方面规划时间紧，参与人员少，规划很难符合当地的需求；另一方面上位规划没有确定就开始新农村规划，结果有些村庄刚规划好就被确定为被拆迁村庄。

城镇规划如何体现流动人口的需求？城镇规划的首要目的就是改善城镇公共服务。规划目的是在城镇人口负担得起的情况下改善公共服务。但是，在现行体制下，那些不拥有本地户籍的城镇"流动"常住人口与拥有本地户籍的城镇常住人口并不享有同等的权利。因此，规划时如何计算城镇公共服务需求便有了一定的不确定性。不同的城镇、不同的人群有着不同的态度。户籍差异的本质是"福利"享有权的差异。那些"流动"人口是否进入规划范围，是只在需要将城镇规划算大时被包括进来，还是在制定低收入人群支持政策时、在配备相应的基本公共服务设施时考虑进来，便成为规划的困扰。

（3）城镇财政管理体制挑战规划

中国1994年的税收改革明确了中央和地方的税收种类及分配比例，总体上使财政收入朝着有利于中央政府的方向发展。但是，一方面作为现行政府间财政分配基础的《预算法》对中央政府和地方政府的职责分工是非常粗略的，没有涉及省级以下政府应承担的责任，而是由省级政府自行规定[①]。省以下各级地方政府间公共财力的分配又通过上级政府"红头文件"的方式灵活处理。因此，城镇行政级别越低，财政的独立性越差。

表4　　　　　　1993～2003年中国各级政府的收入和支出比重（%）

项目		1993	1999	2003
收入	中央政府	22	51	55
	省	13	10	12
	市	34	17	16
	县镇	32	21	17
支出	中央政府	28	31	30
	省	17	19	19
	市	23	21	21
	县镇	31	28	30

资料来源：楼继伟等编：《中国公共财政：推动改革增长 构建和谐社会》，中国财政经济出版社2009年版，第35页。

表5　　　　　　浙江省台州市大溪镇2003年税收分配表　　　　单位：万元

项目	总额	镇	中央	县级市
增值税	8090		6068	2022
营业税	492	492		

① 杜大伟、Bert Hofman："政府间财政改革、支出和治理"，楼继伟、王水林编：《中国公共财政：推动改革增长 构建和谐社会》，中国财政经济出版社2009年版，第39页。

续表

项目	总额	镇	中央	县级市
企业所得税	2330	932	1398	
个人所得税	2268	907	2362	
城市维护建设税	278	278		
房产税（用于商业或租用）	178	178		
印花税	52	52		
城市土地使用税收	9	9		
农业税	137	137		
耕地占用税	33	33		
消费税	1		1	
总计	13868	3018 （21.7%）	8828 （63.7%）	2022 （14.6%）

资料来源：邱爱军：世界银行项目《中国小城镇及区域规划回顾》，2005年。

有迹象表明，分配给地方的预算不足以支撑运行。一方面，省级以下政府的债务不断增长。据估计地方政府债务总计高达GDP的14%[1]；另一方面地方政府存在大量的预算外收入，甚至很多城镇的公共财政都成为"土地财政"，如2010年北京市土地出让金高达1636.72亿元，占北京市全市财政总收入2353.9亿元的69.5%。

中国《预算法》规定地方政府（包括城镇政府）在预算中自求平衡，不得出现预算赤字，也不能举债。随着城镇建设的加快，城镇投资不断增长，2009年城市固定资产投资占全社会固定资产投资的86.34%，其中自筹和其他资金一直是最主要的投资来源，其具体来源模糊不清[2]。有研究表明，几乎所有的城镇政府，为了能较快地促进当地社会的经济发展，常常通过各种渠道或明或暗地举债，而且政府对债务问题比较敏感，对外界不愿公开实际负债情况。2003年，国务院发展研究中心"中国地方债务课题组"估算，中国地方政府债务至少在1万亿元以上[3]，而

---

[1] 其中一半是欠中央政府的。楼继伟、王水林编："中国公共财政：推动改革增长 构建和谐社会"，中国财政经济出版社2009年版，第35页。

[2] 自筹资金指由各地区、各部门及企、事业单位筹集用于固定资产投资的预算外资金，包括中央各部门、各级地方和企、事业单位的自筹资金；其他资金指企业或金融机构通过发行各种债券筹集到的资金、群众集资、个人资金、无偿捐赠的资金及其他单位拨入的资金等。

[3] 邵益生、石楠等著：《中国城市发展问题观察》，中国建筑工业出版社2006年版，第224页。

2003年地方财政收入仅为9849.98亿元（支出17229.85亿元）。从2009年城市和县城市政公用设施建设固定资产投资来源结构看，国内贷款城市占38.51%，县城占17.97%；自筹资金城市占23.74%，县城占23.19%。

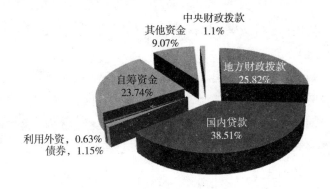

图12　2009年城市市政公用设施建设固定资产投资来源结构

资料来源：《中国城市建设统计年鉴2009年》，中国计划出版社2010年版，第210～211页。

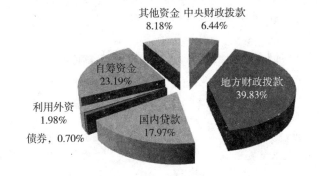

图13　2009年县城市政公用设施固定资产投资资金来源结构

资料来源：《中国城乡建设统计年鉴2009年》，中国计划出版社2010年版，第85页。

现行财政体制下，地方政府没有独立的税收权。即使是经济较发达的县级市镇，其预算内财政收入仅仅是"吃饭财政"。城镇建设发展根本没有资金保证。近年来，房地产业的发展使各级城镇财政严重依赖"土地财政"。土地出让金成为政府促进经济发展和实施基础设施建设的主要资金来源。划入规划区的土地越多，可出让的土地就越多，政府获得的土地出让金就越多。

现行财政体制对规划的挑战，一是规划对财政收入状况常常分析较少，而且不与规划项目挂钩，因此规划没有相应的财力保障，规划项目难以落实，规划目标难以实现；二是城镇一般不制定与规划项目相配套的财政政策，对城市发展建设中市场行为的引导作用就难以形成；三是城镇融资渠道不畅，城镇规划项目难以落实。

（4）土地制度对规划的挑战

城镇规划区范围的确定是城镇规划的核心。由于规划区与"土地财政"呈正相关，一般而言，城市政府希望规划区"大一些"，规划师往往很容易成为市长意图的科学证据提供者。当然也有坚持科学预测的规划师。但因规划经费的计算方法是按规划面积计算，规划师所属机构、公司为了自身利益往往有做大规划区的冲动。因此，根据人口预测城镇建设用地需求量的制度易于引发"调高"预测人口的现象；城市空间规划中有九类用地，用地结构不同，城市经济效益、生活环境迥异，如何在规划区进行土地的整治规划，实现土地的集约利用也是土地规划的难点。

专栏9　　　　　城镇经济快速发展与建设用地规划指标的冲突

北滘镇隶属广东省佛山市顺德区，地处珠江三角洲腹地。2009年，全镇总面积92.10平方公里，户籍人口为11.46万人，常住人口27.19万，人口城镇化水平为100%。首先，北滘镇地理位置优越，高速公路连接广州和港澳；经顺德港、北滘港水路直通香港。其次，北滘是中国的现代制造业名镇，是全球最大的风扇生产基地和全国最具规模的空调、电饭锅生产基地。2009年，GDP230亿元，人均GDP84590.92元（以常住人口计算），工业总产值1113亿元，北滘镇二、三产业产值均处于急速增长中，在经济发展迅速的顺德区10个镇（街）中名列第三，北滘镇的经济水平和发展速度也较高。如此快速的工业化和城市化，必然需要大量建设用地。事实上，2009年，北滘镇建设用地的实际面积已超过了上轮规划中2010年目标值。这种由于经济发展迅速突破规划指标的事例在东部发达地区并非只此一例。单纯限制并不能解决问题。

资料来源：CCUD根据地方实地调研资料整理，2010年。

城镇政府扩大规划区的冲动源于城乡建设用地权利的不同。依据《城乡规划法》，只有划入规划区的土地才能进行大产权房地产建设，未划入规划区的农村集体建设用地上开发的住房均为小产权房。在农村集体建设用地上开发产业、形成资产，但其所占用的土地均不可以作为抵押获得贷款。如北京市昌平区北七家镇的郑各庄村探索了农民自主型城市化的道路，但是，耗资巨大的温都水城因为是在集体建设用地上开发，至今都不能作为抵押获得银行贷款。因此，规划区的划定、规划建设管理的界定成为规划界正在探索的一个问题。如何实现城乡土地的统筹，特别是城乡建设用地挂钩方案的落实成为当前规划面临的最急迫的挑战。

专栏10　　重大项目落地对小城镇规划的影响——以大岗镇为例

大岗镇是广州5个重点中心镇之一，距广州57公里，是珠三角城镇网络的重要节点，水陆交通便利。2007年，全镇总面积90.07平方公里，建设用地总面积12.67平方公里，占14%；耕地47700亩，占35.5%。2007年全年地区生产总值达30.5亿元，是经济较发达乡镇，三产比例为12：54：34，处于工业化快速发展阶段。

2008年，遭受金融危机冲击影响，大岗镇面临产业升级压力，积极引进大型企业，意向企业有中船柴油机基地、沈阳重工和广州热电厂等。因此，当时对大岗镇的定位是：国家现代装备工业基地；广州南拓生活服务发展轴上的重要节点；适合中等以上收入人群宜居宜业的小城镇。

规划至2020年，镇域建设用地总量为1880公顷（18.8平方公里，占20.07%）。其中，建成区1120公顷，新联工业集聚区484公顷，农村建设用地153公顷，镇域交通用地123公顷。2007年建设用地总量已达12.67平方公里。因此，至2020年，规划建设用地增量仅为6.13平方公里。

2008年底出台的《珠江三角洲地区改革发展规划纲要》提出在珠三角建设一个世界先进制造业基地。2009年1月18日，广州大型装备产业基地项目正式落户具有海岸航道天然优势的大岗镇。项目占地42平方公里，规划为大型船舶配套区和大型装备两大主功能区，主要发展船舶、新能源发电装备、数控机床等重型装备、关键零部件制造以及海洋工程项目。随之，《广州市番禺大岗镇总体规划（2009～2020）》将城镇发展定位调整为：广东省中心镇，广州市重要的装备制造业基地，番禺区南部综合服务中心。

42平方公里建设用地项目的落地已远远超出大岗镇的常规建设用地规划指标。事实上，随着城镇定位的调整，2009年编制的总体规划中已将规划建设用地调整为5432.20公顷。落地大岗镇的广州市大型装备制造业基地建设所需占用的农用地，甚至基本农田，将在全市范围内进行占补平衡。而对于大岗镇，其建设用地的规模必然剧增，因此，2009年总体规划中的规划建设用地数已完全突破了2008年经济社会发展规划中的规划指标，城市建设用地达3060公顷，工业用地约1590公顷。

资料来源：吴斌，根据大岗镇调研材料整理，CCUD内部报告，2011年。

3. 发展理念使规划面临挑战

（1）小尺度对规划的挑战

无论是19世纪拥挤不堪的城市，还是功能分区的现代城市，社区公共空间均旨在为居民提供一个锻炼与休闲的场所，供公众消遣。因此，规划师坚持服务意识，从使用者的角度和需求思考规划社区公共空间尤其重要。这种围绕住宅社区建设的绿地面积可以根据实际情况大小不一，在高密度住宅地区往往是几条小街区的居民形成一个小的组团来分享一块绿地。绿地的位置可以根据到组团内各个住户的距离而定，原则上每户人家均可在步行10~15分钟内到达离自己住宅最近的公共绿地；对居住密度较低的区域则可以在较大范围内修建一个小型公园来供人们日常锻炼和休闲使用。距离可以稍远一些，但仍要使其处于居民步行可接受的范围，因为便利性是设置此类公共绿地的首要因素。

公共绿地或小型公园不必建设大型或复杂的娱乐设施，可以只建设简单的娱乐设施，甚至仅提供良好的场地即可。此类公共绿地或小公园主要作为社区内居民的休闲场所。重要的是要有曲折有致的林荫道供居民"散步"，宽敞地带供人们嬉戏，良好的生态环境可以让小动物出没，同时，安全的场地可以为幼儿娱乐提供保障。总之，小空间的规划重在无微不至的细节设计。

（2）小项目对规划的挑战

中国城市一般都有开发区，而且面积较大。类似"狠抓重大项目建设，加快提升城市竞争力"的字样经常出现在各地城镇政府的工作报告、政策文件和媒体报道中。在一些地方的招商引资中，常常看到这样的现象：一些投资商把"零地价"视作投资首选条件，而一些基层政府则把"零地价"视作"第一硬件"。一些贫困地区为了招商，甚至通过媒体推出"零地价"或"税后返还企业"等优惠条款来吸引大项目投资①。此外，一些城镇为了吸引大项目投资，频繁"调整"规划；有的城镇为了吸引大项目投资，直接为企业定向提供公租房。与此同时，小企业小投资却很少被"眷顾"。例如，住宅开发中土地出让的最小单位面积过大就严重制约了个人合作建房。北京市通过清理小企业小门店、清理地下室出租、清理菜市场"逼走"已在北京"常住"多年的外来小生意人②。许多城镇忽视了我国农村劳动力向城镇转移所需要的就业和生存条件，忽视了城镇化进程的市场经济属性，忽视了城镇化发展中最重要的转移农村人口的长远目标。在利用大项目改变城镇形象的同时，抬高了城镇的门槛，拉大了城乡的差距，使农民进城就业和定居的成本上升，实际上延缓了城镇化的进程。

事实上，城镇化进程中服务业的发展非常重要。随着人口的不断聚集，对生活性服务业的需求必然与日俱增，而生活性服务业往往是小项目，需要的是小地块。如何合理地规划小项目自然成为对规划师的挑战。只有合理规划小项目小投资，才能充分动员社会资金。规划整体布局，通过色彩、建筑风格的统一，可以使小投资整合塑造城市大形象，甚至成为城市名片。如安徽西递宏村的小商铺特色街、云南丽江的小纪念品店特色街、上海的田子坊。

（3）公众参与对规划的挑战

规划城镇的目的不是为了"形态"的美观，而是为了改善居民的生活环境，提高人们的生活质量，因此，规划需更多地考虑居民的需求、让居民充分参与规划。

20世纪90年代，公众参与城市政府管理的概念开始在中国讨论。规

---

① "'零地价'何以生命力顽强？"，http://www.mlr.gov.cn/xwdt/xwpl/201105/t20110510_863694.htm。
② "北京市人大建议清理小企业小门店缩减低端劳力"，http://www.chinahrd.net/news/info/157544。

划界学者对公众参与城镇规划进行了不同角度的研究和探索，在制度建设、规划编制和实施管理等方面提出了一些建议，规划编制单位也在广州、深圳、青岛等城市进行了小范围的公众参与规划的尝试。但从研究和规划编制的内容和成果上看，相比加拿大及其他西方国家，我国公众参与城镇规划仍处于起步阶段。规划师、地方官员和城镇居民之间还未能达成一致的认识。长期以来，高度集中的政治体制造成城市政府成为广大民众的权利"代表"，城镇规划或管理事务大都由政府说了算，无论是从政策、法律还是体制的角度，公众长期被动地接受政府的规划和安排，主动参与城镇规划等与自身利益相关的城市事务的经验还很缺乏。

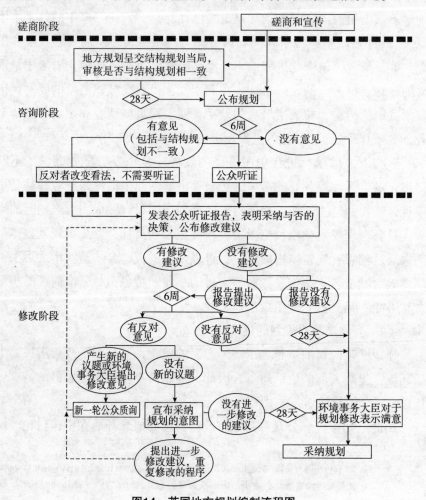

图14　英国地方规划编制流程图

资料来源：Urban Planning and the Development Process，UCL Press，1996年。

2008年1月1日开始实施的《中华人民共和国城乡规划法》第二章
"规划制定"中规定乡规划、村庄规划要尊重农民意愿；第三章"规划
实施"中规定要量力而行、尊重群众意见；第四章"规划修改"中提出
要对规划实施进行评估并采取听证会征求公众意见。虽然该法提出了要
在一些环节进行公众参与，但是只提出了原则性的目标，对如何建立适
当的公众参与表达途径和平台没有细化；对公众参与规划的方法和技巧
没有细化；对公众意见如何处理，如何建立意见建议反馈机制没有细
化。总之，要真正实现公众对规划的参与，规划师必须学会平等地与当
地人交流，在"改变什么、保留什么"上与当地人达成一致，努力动员
社会各个方面的力量，共同建设城镇。

专栏11　　　　德国城市规划过程中的利益相关者参与及协调

阶段1：规划编制的告知。通过报纸、公告、通知单和宣传册等方式将社
区规划的决定通知到社区内的每一个家庭。通知内容必须包括规划名称、规
划地域地籍图。

阶段2：第一轮市民参与——规划内容的讨论。通过公告、公开通知文
件、规划宣传册和传单、规划管理部的专门接待、现场接待、规划展览会和
全体市民大会等等形式，向居民解释规划的目标、内容、判断标准以及规划
的影响和作用。

阶段3：公共机构和相邻社区参与。德国《建设法典》要求尽早通知与规划
相关的各公共管理部门和各社会公共利益团体。一般情况下，规划编制机关和
机构要将规划草案及《说明报告》或者《规划依据》邮寄给这些相关的部门和
团体，并请他们在一定的期限之内，发表看法。一个城市或社区在编制城市规
划的时候，都必须邀请所有与该城市或社区接壤的城市或社区的政府代表
参与。

阶段4：第二轮市民参与——规划方案征集意见。在规划草案批准后，
公开规划方案。向市民公开规划方案的内容包括：规划内容（规划类型、精
确的位置和界限、规划的有效范围）；有关内容的处理（街道、接点、就业
岗位）；方案的公开日期（开始和结束之日）；方案公开的具体时间（星期
几、几点到几点）。

阶段5：协调与权衡争议，确定方案。对公共部门和私人按时反馈的所有规划想法和建议，都必须对其内容的正确性和可用性以及可操作性进行分类审查。

阶段6：批准和宣布指令，执行规划。德国城市的《建设指导规划》在上报上一级政府管理机关时，作为政府文件卷宗运行处理。按照规定，此卷宗应包括编制该规划各个过程中产生的基础资料和决定：编制规划过程中的所有方案草案以及规划说明书；所有的公告、通知和海报；所有在第一轮市民参与中产生的想法和建议的记录；所有公共机关参与中产生的态度和建议；所有在第2轮市民参与中产生的想法和建议的记录；市议会或社区代表议会按照《建设法典》对这些想法和建议做出的决定。

资料来源：殷成志："德国城市建设中的公众参与"，《城市问题》，2005年第4期，第90～94页；吴志强："德国城市规划的编制过程"，《国外城市规划》，1998年第2期，第30～34页。

（4）城市文化的塑造挑战规划

文化作为人类社会历史发展过程中所创造的物质与精神财富的总和，表现出无比深厚的内涵。城市因所在地域的文化内涵，在发展过程中呈现出完全不同的特征；文化积淀所反映出的传统理念、研究物化的风格样式，成为城市空间的典型表象，并作为文脉而传承[1]。城市尺度、城市绿地和城市建筑中都有丰富的文化内涵。如何深入研究城市历史、城市文化，在规划中体现城市文化、塑造城市品牌成为对规划师的重大考验和挑战。

专栏12　　　　规划商业街的同时塑造城市文化

城市公共空间是承载居民日常社会生活的重要场所，同时也是城市文化的重要展示区。卡迪夫市的Queen Street通过定期的文化及传统习俗活动，既展示了独特的城市文化，又传承了城市的传统习俗，从而为这条古老的街道注入了鲜明的活力。

[1] 郑曙旸："城市竞争力与人文景观建设"，清华大学美术学院课件，2011年。

　　历史保护和市场价值的更新增加了街道的可视性。在空间形态上，街道通过保留了历史形成的弯曲走势、自然环境和两旁的古建筑，最大限度地继承了历史的痕迹。同时根据现代市场价值的需求通过公共设施和部分建筑外貌的改造为街道注入了现代因素，街道的可视性大大加强。

图15　古建筑细部和现代风格的建筑

　　因地制宜的布局，增加空间的趣味性。出于对历史自然形态的保留，街道宽窄不断变化并在支路处形成大小不一的小型空间，促使户外活动的发生，大大提升了户外活动发生的概率，增加空间的趣味性。

图16　支路口的户外活动和玩耍的孩子

　　习俗活动的传承增加了空间的职能。民俗文化通常在"集体无意识"中代代相传，成为共同的习惯，其稳定性非常强。通常民俗文化中公共性的活动已成为集体记忆，而公共空间就是这种集体记忆的场所。在传统节日里，Queen Street作为承载节日公共活动的场所，每年在固定地点举办传统的活动。例如，每年在固定的三天，街道都会组织传统商品市场，该市场内严格要求商品均为威尔士文化的饰品、美食、服饰等。类似习俗文化的形成为这条古老的商业街注入了社会文化要素。作为活动的承载场所，这个空间在满足各种需求的同时也使自身成为城市的活力场所。

图17 圣诞期间和感恩节的传统商品市场
资料来源：吴晓敏："感受英国城市公共空间"CCUD内部研究报告，
2011年5月。

四、以科学规划消解城镇发展问题

　　消解快速城镇化过程中城镇发展面临的问题，需要统筹协调，需要调动各方面的资源，形成有效的激励机制，使城镇发展中的各利益相关方都积极参与城镇发展，为城镇发展尽力献策。但是，首要的问题是制定一个科学的、有针对性的、可操作的规划。用科学的规划消解问题，引领城镇发展。

1. 加快体制机制改革，以"常住人口"为基础规划城镇

　　从本质上看，制约城镇发展的关键是体制机制问题，科学规划城镇必须以体制机制改革为前提。一是要树立"市域"的概念，统筹城乡发展。通过规划的实施及政策的落实，逐步缩小城乡居民在公共服务设施、社会保障、生活环境等方面的差距；二是要改革户籍管理制度，将流动人口纳入城镇公共服务对象。通过剥离附着在户籍上的福利，使户籍仅仅成为人口登记和人口管理的方式；三是改革财政管理体制，建立以"常住人口"为基础的税收分配、财政转移支付及公共服务专项配给

制度；四是要改革行政管理权限及管理岗位设置体制，赋予特大镇等经济发达镇相应的管理权限，使城镇政府管理与"常住人口"的需求相匹配，解决"小马拉大车"问题；五要贯彻落实《社会保险法》，建立跨行政区域的社会保障对接机制。通过一系列政策改革，可以逐步将"不完全"城镇化的人口即农民工转变为"完全"城镇化人口。只有实现了上述体制机制的变革，才能使以"常住人口"为基础规划城镇成为城镇领导者自觉自愿的行动。

2. 加速发展规划立法，提高规划的协调性

（1）确立规划的法律地位，保证规划的权威性

尽快出台《发展规划法》，明确规划的法律地位。目前，城市规划和土地规划都有一定的法律依据，经济社会发展规划虽然以《宪法》为依据，但是没有具体的可操作性依据，从而使其法律地位较为尴尬。虽然国务院《关于加强国民经济和社会发展规划编制工作的若干意见》为规划编制工作的规范化、制度化提供了依据和支撑，但是并没有明确与城乡规划、土地利用规划等空间规划之间的关系。宁波市在地方实践的基础上在2005年出台了《宁波市规划管理办法》，但在空间规划方面统筹的难度依然较大。建议尽快出台《发展规划法》为经济社会发展规划的编制提供法律依据，也为经济社会发展规划的实施提供执法依据。

（2）明确规划责任，确保规划有效实施

各类规划的任务和目标各有侧重，只有明确各自的责任才能确保规划的有效实施。各类规划的目标虽然有所差异，但总的目标是促进经济社会协调发展，可以在经济社会发展规划目标的统领下进行衔接。经济社会发展规划侧重发展方向的把握和宏观调节；空间规划侧重优化空间资源的配置；专项规划侧重引导性政策的落实。各类规划都要明确其任务，通过具体的项目与举措落实；对政府自身落实的目标和任务一旦确定就要与预算挂钩，实现项目与资金的衔接。

3. 遵循市场经济规律，以主体功能区为基础规划城镇产业

（1）以经济社会发展规划为统领，形成规划合力

城镇规划从宏观角度分为总体规划、空间规划和专项规划[①]，各类规划的共同目标是促进城镇经济社会发展。因此，要对各类规划纵向的层级和横向的边界进行明确、理顺规划关系、形成规划合力。只有这样才能整合提升经济社会发展规划的效能，才能使经济社会发展规划起到"龙头"和"统领"的作用[②]。

（2）以主体功能区规划为基础，实现规划"融合"

随着《全国主体功能区规划》的颁布，全国空间资源的管制有了法律依据。主体功能区规划具有国土规划的意义和作用，而国土规划[③]是具有战略性、综合性和地域性的空间综合规划。全国主体功能区规划以全国国土空间为对象，在城镇规划中，主体功能区规划是实现经济社会发展规划、城乡规划、土地规划"三规融合"的基础和抓手。确定了城镇的主体功能区定位才能明确城镇发展战略思路，各类规划才能明确各自的定位，才能实现规划的"融合"，才能建立相互协调的、科学的城镇规划。

（3）遵循市场经济规律引导产业发展

尽管中国的城镇是有行政级别的，但是，城镇发展根本上是要靠市场经济来推动。一方面，政府要努力改善投资环境，促进市场要素的集聚和提升。在快速城镇化过程中，企业是否能落户某城镇，关键在于市场要素的配置。比如土地要素（是否有适宜的土地类型、价格是否可承受）、劳动力要素（是否可以招到适宜的员工、劳动力工资水平）、交通要素（交通区位是否能保证企业的产品与消费者易于对接）、人口

---

① 总体规划即"总体（发展）规划"，包括发展规划、国土规划、主体功能区规划、区域规划等。具有宏观性、战略性、指导性的特点；战略指导性强，空间尺度大，但管制能力弱；空间规划即"（地域）空间规划"，包括城乡规划、土地利用规划等。具有微观性、战术性、管制性的特点；它的空间管制性强，空间尺度小，战略指导性弱；专项规划即"（行业）专项规划"，包括行业规划、事业规划等，具有中观性、战役性、指导性和管制性相结合的特点；它的行业专门性强，空间尺度适中。

② 杨伟民编著：《发展规划的理论和实践》，清华大学出版社2010年版，第111～125页。

③ 国土规划规划期限一般在20年以上，1980年代国家计划主管部门曾经主管过国土规划，并已完成《全国国土总体规划纲要》，大多数省区和部分省以下地区也编制了相应的地区性国土规划，但最终未能报经国务院批准执行。致使作为规划体系中基础性地位的国土规划一直缺位。2001年，国土资源部开始在深圳市和天津市进行国土规划试点。

要素（本地及周边是否有足够的消费人群）等等，所以，政府要设法通过各种政策促进市场要素的集聚和提升；另一方面，政府既不要干预市场，又要"借力"市场。比如可以出台用地调整激励政策，通过"退二进三"，鼓励工业集聚，改造低效用地，使工业存量用地部分转化为商业和服务业用地。另外，也可以通过城镇核心区建设密度的提高和社区开放空间建设，为服务业的发展集聚人气。

4. 完善公众参与手段，以居民需求为导向规划城镇

（1）追求包容性增长

我国宪法规定"中华人民共和国的一切权力属于人民"，公众参与城镇规划是宪法赋予人民的权利。为了促进城镇健康和谐发展，城镇规划必须倾听"利益攸关方"的声音，特别是弱势人群的声音。如在发放城市规划相关信息时不仅要在普通城镇社区发放，也要考虑在农民工聚集的出租屋区域发放；在进行规划征地拆迁时，不能只考虑开发项目的效益，还要考虑被征地农民、被拆迁居民的利益，而且要考虑在土地上劳动的外来人口的利益；在规划管理过程中不能一味强调城市的美观，也要考虑低收入群体的出路。要将弱势人群作为编制规划和实施规划的优先考虑对象。构建包容性社会，实现包容性增长。

（2）倾听居民的声音

规划需要专家的智慧和技术，但更需要考虑居民的需求，让居民充分参与规划。上海在地价奇高的陆家嘴金融中心区的核心部位，规划并建造了10万平方米的开放式草坪，就是因为规划时考虑到生活在金融中心的人"需要呼吸、需要肺、需要绿色"；城镇的发展也不仅仅为了让农民从平房搬到楼房，而是为了提高农民的生活水平、生活质量。因此，在制定规划时就需要和本地居民共同讨论未来的就业、社会保障和社会管理问题。如天津市华明镇通过政府、专家与农民的多次反复交流，通过科学设计"宅基地换房"运营机制，规划建设了一个新型城镇，使农民不花一分钱就改善了居住环境，还通过新城镇建设新增就业岗位1.12万个，有效解决了青年失地农民的就业问题。

2008年5月1日起实施的《中华人民共和国政府信息公开条例》第二章明确规定政府要将国民经济和社会发展规划、专项规划、区域规划及

相关规划作为重点公开的政府信息及时向公众公开，保障公众对政府事务的知情权。

加强公众监督将"三个代表"落到实处。公众通过了解规划内容，可以监督政府对规划的落实，并可以帮助政府做出更为公正合理的决策，使城镇发展更能切实维护公众的利益，构建和谐城镇。

公众监督一方面要借助现代技术手段，比如"微博"，让公众的意见能够及时有效地得到回应；一方面对一些关系公众切身利益的重大项目，要全过程地引入公众参与，分析公众的构成，保证利益相关方的普遍性，了解公众关心的焦点问题，邀请行业专家参与研究比较不同的方案，拟定符合大部分公众利益、有利于城市健康发展的具体实施方案，通过在具体项目中引入公众参与机制，探索不同阶段和环节中需要建立的公众参与模式。

总之，规划不应该仅仅成为规划师表现其规划技术的结果，而应该是居民、农民、政府等利益攸关方利益博弈的结果。规划师要平等地与当地人交流，倾听当地居民的声音。通过为当地居民搭建自由发表意见的渠道与平台，让当地人真正参与规划，充分发挥当地人的知识和智慧。只有通过利益攸关方的充分参与，才能建立以居民需求为导向的规划，才能真正体现"以人为本"的发展思想，规划才能成为政府决策的科学依据①。

5. 坚持"以人为本"，突出城镇政府的服务性

（1）倡导精明增长理念

在进行功能分区的同时注意适当的"混合用地"，倡导城市精明增长，使居民既有就业机会又能方便生活。比如城镇广场的规划，不仅要考虑大型活动的需要，更要考虑居民交流的需要；城镇街道不仅要考虑汽车的通行需要，更要考虑居民步行、骑自行车的需要；住宅区规划不仅要考虑居民的购买能力，更要考虑与社区居民收入水平相匹配的教育、医疗、商业等配套公共服务。上海的安亭新镇从形态、布局、甚至能源利用上都参照了德国魏玛的经验，入住居民也多为上海市区高收入的未来人口。同时，坐落在安亭镇的上海国际汽车城有多家大型跨国企

---

① 邱爱军、白玮："落实科学发展观 合理规划小城镇"，《理论前沿》，2009年第17期，第12～14页。

业，集聚了大批高收入人群。但是，安亭镇区却没有高档次的购物、娱乐场所，也没有高档次的饭店，导致"安亭人有钱，但安亭人却没处花钱"的现象。可见，城镇规划一定要细分人群，根据服务对象的不同，规划不同档次的功能区。

（2）关注小尺度空间的活力

规划不仅要关注城镇的主干道宽敞、大商场繁华，更要关注社区公园的幽雅、社区空地的活跃、街巷零售角的热闹，让居民在公共空间中感受愉快与舒适，享受生活。安徽呈坎等古镇的水口不仅为村民提供了公共活动的空间，还通过集中的水面和穿流的小溪改善了社区的生活环境和生产条件。上海市打浦桥地区的田子坊就是将旧工厂改造成了富有生活、文化气息的商业街。来自各个国家的游客之所以流连于拥挤的弄堂是因为这里不仅仅可以购物，还能感受到老上海的建筑文化、生活方式，以及现代社会创意产业的活力。

（3）建立社区规划机制

从加拿大公众参与城镇规划实际情况看，公众参与规划的特点是规划时间较长、人力投入较多。从具体实施效果看，社区规划是开展公众参与规划的最佳形式。一是加拿大有社区非盈利机构，可以提供技术、人力和融资支持；二是加拿大有庞大的社区志愿者队伍，社区志愿者可以通过事先申请免费使用社区活动中心，为社区发展出谋划策[1]。

建议在我国城镇规划体系中增加社区规划一级。授予社区基层组织规划征询和项目征询的权利，通过财政资金或社区融资机制给予社区规划资金支持，通过税收优惠制度，支持社区非盈利机构的建立，鼓励社区志愿者队伍的建设。加强规划部门的力量，逐步促进非政府的技术服务机构和社区组织在规划中的作用。应提倡以住户为协调核心，广泛吸纳各方面的利益相关者。并可以考虑将国外"参与式城市评估"、"社区行动规划"及"参与式预算"等规划工具应用到规划实践中[2]。

执笔人：邱爱军

---

[1] 邱爱军："谁在挑战规划执法"，《中国改革》，2009年第12期，第58～61页。
[2] 毛其智："构建和谐发展的城乡规划体系研究"，福特基金会报告，CCUD内部报告，2011年。

构建和谐发展的城乡规划体系研究

一、我国现行城乡规划体系的主要问题分析

我国作为政府政策工具的规划种类繁多，据不完全统计，经国家法律授权编制的规划至少有83种（中规院，2003）。与我国的管理体制相适应，这些规划大多从行业管理的角度出发，具有很强的部门色彩（见图1）。每一项规划都可能对城乡发展产生不同的引导作用，大多自成体系，综合性和全局性不够，造成了许多协调问题和"打架"现象。

1. 规划法规体系不完善

规划法规对保证城乡建设的顺利实施作用显著，建立健全的法律法规，加强城乡规划的法规建设，有助于对规划行为进行法律约束和公众监督。目前，我国的空间规划法律，已从1989年颁布的《中华人民共和国城市规划法》（以下简称《城市规划法》），发展到2008年开始实施的《中华人民共和国城乡规划法》（以下简称《城乡规划法》）。同时，1986年颁布的《中华人民共和国土地管理法》（以下简称《土地管理法》），于2004年完成第二次修正。与这两个法律相关的、对城乡建设发展具有约束作用的法律还有《中华人民共和国环境保护法》、《中华人民共和国房地产管理法》、《中华人民共和国文物保护法》等，它们共同为城乡规划的编制提供法律依据。目前规划法律体系的不健全之处，主要表现在以下几个方面。

（1）规划间的法律关系模糊

《城乡规划法》第二条指出："制定和实施城乡规划，在规划区内进行建设活动，必须遵守本法……本法所称规划区，是指城市、镇和村庄的建成区以及因城乡建设和发展需要，必须实行规划控制的区域。"

第四十二条规定："城乡规划主管部门不得在城乡规划确定的建设用地范围以外作出规划许可。"《土地管理法》第二十二条规定："城市总体规划、村庄和集镇规划中建设用地规模不得超过土地利用总体规划确定的城市和村庄、集镇建设用地规模。在城市规划区内、村庄和集镇规划区内，城市和村庄、集镇建设用地应当符合城市规划、村庄和集镇规划。"由此可以看出《城乡规划法》和《土地管理法》在确定规划区范围和建设用地范围上的差别，显然，城乡规划在实质上管理的仅为规划确定的建设用地，而规划区范围内的非建设用地则必须符合土地利用总体规划。《城乡规划法》和《土地管理法》具有同等重要的法律地位，二者之间的矛盾必然导致实际工作之中的矛盾。

（2）规划协调的具体内容缺失

原《城市规划法》第七条规定："城市总体规划应当和国土规划、区域规划、江河流域规划、土地利用总体规划相协调。"《土地管理法》则规定："城市总体规划、村庄和集镇规划，应当与土地利用总体规划相衔接。"上述相关法律条款中虽然就不同规划间的"协调"或"衔接"问题进行了表述，但具体内容缺失，未能对协调的模式、内容以及监督的程序进行定位，各类空间规划之间分工协作的法律关系有待进一步梳理。

（3）国土规划和区域规划缺乏应有的法律地位

国土规划和区域规划的法律地位问题，没有在相关法律中体现出来，使得国土规划和区域规划的编制和内容框架只是"实践共识"，更没有对审批机构和流程做出具体的法律规定。现在只能认为这两个规划是对城乡建设和空间发展具有非常重要意义的"非法定规划"。

（4）部门法规、规章存在着严重的重叠

例如，关于江河流域等水利风景区规划中，有两个部门法规需要参考。一是建设部颁布的《风景名胜区规划规范》（国家标准）；二是水利部颁布的《水利风景区规划编制导则》（行业标准）。在规划编制与管理中，这类重叠常常使地方政府以及规划编制单位陷入困境。

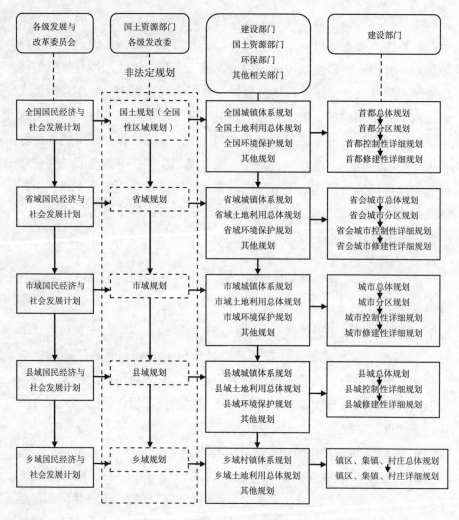

图1　我国现行规划运作体系

2. 规划行政体系矛盾

我国尚未形成较为统一协调的规划行政体系。长期以来，各类规划机构的变动较大。就中央一级城市规划机构而言，新中国成立以来较大的变动就有20多次，地方机构受其影响也有频繁的变动，对规划行政体系产生极大的影响。规划分别受不同的机构管理，如我国空间规划的行政体系主体由三个纵向部门组成，即国土资源部、国家发展与改革委员会及住房和城乡建设部分别主导的"国土规划"、"区域规划"、"城乡规划"行政主管部门，以及各级地方"国土"、"发展与改革"及"住房和城乡建设"部门分别主导的地方行政主管部门，分别对各自行政辖区的规划工作进行管理，并对同级政府负责，上级规划行政主管部门对下级规划行政主管部门进行业务指导和监督。

这种行政体系对规划的专业分工有很大的帮助，但是也存在规划行动中的问题与矛盾。这主要表现在三个行政主管部门在各自行政体系架构内对规划进行编制和实施，其工作均在各自的行政体系内完成，在规划编制过程中均接受各自上级行政主管部门的指导与监督，但缺少一个统一的规划运作协调机构。在这种相对封闭的空间内，使得国土部门与规划部门缺乏有效沟通，由于长期各自行事，沟通成本日益加大。这种体制和工作安排上的不尽合理，造成了两个部门在实际工作中的博弈行为。这不仅使规划的衔接变得困难，而且导致二类规划对国土空间的调控价值取向各不相同。在市场经济条件下，支离破碎的规划体系不能真正担当起政府宏观调控的职能。在具体的规划运作中，三类规划各行其是，甚至在城乡规划中会出现"上无国土规划、区域规划指导，下无建设图则的法律保障"的困境（王金岩等，2008；何子张，2006）。

多年来，各地城市政府在改革中不断进行合并国土与建设规划两个部门的尝试，但由于国务院主管领导的分立和政出多门，致使地方城市的这种努力无功而返。

3. 规划编制体系的问题

（1）规划定位不清

一是事业发展规划和空间布局规划界限模糊。事业发展规划的任务，是谋划发展的目标和策略；空间布局规划的任务，则是进行空间组织上的具体安排，两类规划目标不同，工作方法和要解决的问题也不同。但在实际工作中，两类不同性质的规划经常处于混同状态：一些本属谋略范畴的事业发展规划没有在战略层面统领全局，而是也着眼于具体布局和项目布点，这不仅一方面降低了事业发展规划的先导作用，使其战略意义被削弱，使空间布局规划的依据不充分；另一方面，从单一事业发展角度出发所提出的具体空间安排，往往又很难与其他规划在空间上达到协调一致、统筹平衡，易导致空间布局矛盾加剧、削弱城乡规划体系整体性的后果。纵观我国现行规划体系，缺少统领、协调性的上位规划和顶层设计，是规划体系构成中存在的主要问题之一。

（2）各自为政，内容冲突

各类规划常常只关注自己专业领域的问题，不考虑其他专业的相关决策和意见。这些"外在"与"内在"矛盾，使得空间规划的效用大打折扣，也严重影响了规划的口碑，成为"图上画画，墙上挂挂"的"空话"。

第一，内容交叉。以土地利用总体规划和城市总体规划为例，由于两者在编制内容上存在着很大的交叉面，如土地利用规划中通常包括城镇土地利用的规划内容，这与城市总体规划中的土地利用部分内容交叉重叠。由于分属两种编制体系，工作方法、依据均存在较大差别，同时之间缺少应有的交流，因而使得规划的执行出现重叠、交错，甚至"打架"的现象（朱才斌，1999）。

第二，分类标准不一致。2012年之前城市总体规划一直采用的是1991年开始施行的《城市用地分类与规划建设用地标准》（GBJ 137-90），城市用地分类采用大类、中类和小类三个层次的分类体系，共分为10大类、46中类、73小类。土地利用总体规划则在国土资源部多次修改调整的基础上，于2007年开始施行《土地利用现状分类》（GB/T 21010-2007），该标准采用一级、二级两个层次的分类体系，共分12个一级类、56个二级类。从2012年1月1日起，新的《城市用地分类与规划建设用地标准》（GB50137-2011）开始实施，用地分类包括城乡用地（分为2大类、8中类、17小类）、城市建设用地（分为8大类、35中类、44小类）两部分，仍与土地部门的分类不同。这两种用地分类体系的差别直接影响到数据的可比性和统一性，增加了规划相互衔接的难度。

第三，指标之间相互矛盾。无论是编制土地利用总体规划，还是编制城市总体规划，人口、用地规模都是最基本的规划依据。如果这两项最基本的指标都得不到统一，那么在统计口径上就不可能达成一致，规划的协调与对比实施也就无从谈起。由于两种规划的统计口径和预测基期不一样，使得对人口规模的预测值不一致。同时，在用地规模的确定上，土地利用总体规划的编制一般采取从总部到局部、逐级进行的方法，而城市总体规划基本上采用的是从上到下与从下到上相结合的工作路线；土地利用总体规划的编制强调土地尤其是耕地的保护，耕地占用和保护指标的分配采取层层下达的方式，不得突破，带有很强的计划性，城市总体规划侧重于城市的建设和发展，规划编制一般从各行业用地需求的角度进行各种土地利用的时空安排。由于二者工作思路和路线的不同，往往造成两种规划在建设用地指标等方面相互不一致的情况，由于总量有限，土地指标的分解结果很难满足所有城市的发展、建设对土地的需求。

（3）编制研究薄弱

目前各类规划均针对于当前时代问题背景，在规划内容和方法上均有拓展与突破，时间发展类规划也逐渐开始强调空间布局方面的特征。但由于各类规划的发展历史、理论基础、编制方法与技术路线不同，因而在处理问题时的方式方法和特点相异。国民经济和社会发展规划往往强调时间序列和项目安排，对空间布局方面的研究还停留在理念阶段，对建设实施的研究不足。相比较而言，城市规划与土地利用总体规划的编制技术较为完善，方法和体系较为成熟。

总的看来，相关规划的研究仍显不足。当前的城市规划注重对物质空间和人居环境的规划与设计，在很大程度上作为一项工程技术手段，对社会、经济、环境和政治要素相对重视不够。这种规划方式无法满足日益增长、规模庞大的城市新移民（特别是农民工）的基本需求，导致该群体在空间上的边缘化。只有关注城市经济、文化、环境、经济等综合性城市内涵，城市规划体系的变革才能取得实质性进展。

土地利用规划对城市土地整体发展方向把握不足。在土地利用规划编制过程中，基于土地适宜性和保护基本农田，不能对城市土地市场上的交易行为和用地活动进行有效的调节和控制。由于我国工业化和城市化进程不断加快，经济的快速增长，带来了新一轮的圈地热，暴露出现行土地利用规划的脆弱性和局限性。

4. 规划实施体系不顺

（1）缺乏区域规划的统一指导

自1950年代起，我国为了推动新工业城市的建设，学习引进苏联的区域规划经验。 1956年国家建委就公布了《区域规划编制和审批暂行办法（草案）》，并在茂名、个旧、兰州、包头等地进行了区域规划实践。在1978年的全国城市工作会议上，再一次提出开展区域规划的工作。但是，由于多方面的原因，我国在区域规划及其管理方面一直没有形成较为清晰的体系，与城市规划之间的衔接关系也没有很好地建立起来。1980年代提出国土规划工作后，区域规划与国土规划混淆，存在着"国土规划就是区域规划"的错误认识。

（2）公众参与规划尚待探索

规划同时具有政府职能、社会活动、工程建设科学等属性。在规划编制与实施过程中，各种属性共同发挥作用。而目前规划的社会属性往往被忽视，规划中的长官意志较强、可操作性较差等问题常常出现。我国在公众参与方面已经开始探索和实践，但基本还处在让公民知道、认识规划的阶段。在哪些方面参与、参与什么、怎样解决不同的意见等许多具体的问题还有待于进一步在理论和实践上深入。

二、新形势下城乡规划体系的变化趋势

1. 区域规划由生产力布局向空间治理转型

早期的国土规划由各级计划部门负责，着重对行政区划范围内的生产力布局、重大基础设施和国土整治项目做出长期安排，与建设部门负责的城镇体系规划等各有侧重。随着社会主义市场经济体制逐步发展，市场配置资源的基础性作用不断加强，政府通过计划手段在产业发展领域的功能弱化。与此同时，由于竞争引发区域间的重复建设和恶性竞争等问题日益突出，通过规划对相邻行政区之间的基础设施、生态建设和环境保护等做出统筹安排，以此促进协调区域关系成为建设与发展实践的需要。在此背景下，以行政区或跨行政区的特定区域为对象的发展规划沿着不同的路径演变。

2005年10月，为指导正在进行的国民经济和社会发展"十一五"规划的编制工作，国务院发布了《关于加强国民经济和社会发展规划编制工作的若干意见》（国发〔2005〕33号），提出要建立国家、省（区、

市）和市县三级，总体规划、专项规划和区域规划三类的规划管理体系。规定区域规划是以跨行政区的特定区域国民经济和社会发展为对象编制的规划，是总体规划在特定区域的细化和落实。跨省（区、市）的区域规划是编制区域内省（区、市）级总体规划、专项规划的依据。跨省（区、市）的区域规划由国务院发展改革部门组织国务院有关部门编制，省内区域的规划由省（区、市）人民政府有关部门编制。

2006 年初，全国人大十届四次会议批准的《国民经济和社会发展第十一个五年规划纲要》（以下简称《纲要》）在国家规划文件中首次提出了主体功能区域的划分和区域互动机制的构建。作为国家"十一五"期间实施宏观调控的一项重大举措，主体功能定位是政府在市场经济体制下调控社会经济发展的一个"有形"之手，对落实科学发展观、建立完善社会主义市场经济体制、促进资源节约和环境友好、统筹城乡区域发展的效率与公平关系都具有重要价值和创新意义。这一新的国土开发思想，将直接影响到各类空间规划的编制，可望结束空间规划"群龙无首"的混乱状态，最终形成以主体功能区规划为统领，城市规划、土地规划、流域规划、海域规划等专项规划为主体，各类规划定位清晰、功能互补、统一衔接的规划体系（樊杰，2007；顾朝林，2007）。

2. 城市规划的角色转变

（1）从技术手段到公共政策的转变

在社会主义计划经济时期，城市规划被认为是建设城市和管理城市的基本依据，是保证城市合理地进行建设和城市土地合理开发利用及其正常经营活动的前提和基础，是实现城市社会经济发展目标的综合性手段。

在经济转轨时期，在强调城市规划综合协调作用的同时，城市规划试图从宏观和微观两个领域拓展其内涵，一方面，它是社会经济发展的战略；另一方面它又是具体建设项目的空间安排。在宏观上，规划的功能在于协调政府各个部门和各个行业的发展；在微观上，它又凭借在技术和艺术方面的传统，直接对各个建设项目和建设活动进行具体的指导和安排。

而在市场经济体制下，开始强调规划作为政府的一项公共政策，是政府在土地利用和空间资源配置领域对于市场的一种干预、引导和补充，它的核心在于通过对土地利用的管理，在社会财富增加的同时，减少对于资源的破坏，实现社会的安全、健康、平等与公平，因此，它是政府进行宏观调控的重要手段。

在我国，城乡规划工作"是一项全局性、综合性、战略性的工作，涉及政治、经济、文化和社会等各个领域"[①]，它是实现城乡经济和社会发展目标的重要手段，是政府用以保护生态与环境，合理利用资源，统筹安排城乡发展与空间布局，维护城乡建设过程中公正与公平的重要依据。"通过加强和改进城市规划工作，促进城市健康发展，为人民群众创造良好的工作和社会环境"。

（2）从"城市规划"到"城乡规划"

早期的城市总体规划缺乏对城市的外部空间以及城市间的关系进行分析，可以看作是以城市功能组织和空间布局为主要内容的体形规划（physical planning）。1990年4月起实施的《城市规划法》要求"设市城市和县级人民政府所在地镇的总体规划，应当包括市或者县的行政区域的城镇体系规划"。由此，以解决区域范围内城市空间关系和重大基础设施布局为重点的城镇体系规划，成为与城市的区域性发展规划，并且确立了自身的法律地位。

近年来，城市总体规划作为政府调控城市发展的重要手段，对于城市建设用地的过度扩张控制不力，受到多方面的批评。在此背景下，从法律层面开始把城市规划扩展到城乡规划的广义范畴，从源头上努力把城市与其所在的区域纳入到一个统筹发展的框架，逐渐成为各个方面的共识。2008年，原有的《城市规划法》被《城乡规划法》所取代，城市规划的空间范围也由城市内部扩展到区域空间层次，进入了城乡统筹规划的新时代。

突出强化城镇体系规划的地位，使其成为城乡规划的重要组成部分并为总体规划提供依据，是《城乡规划法》的一大突破，也表明城市规划的区域化是城乡规划有别于传统城市总体规划的重要特点。按照原有

[①] 温家宝，在中国市长协会第三次全国代表大会上的讲话。

《城市规划法》的规定，城镇体系规划是总体规划的组成部分，没有自身独立的法律地位。《城乡规划法》将城镇体系规划从总体规划中独立出来，与城市规划、镇规划、乡规划和村庄规划并列，共同构成城乡规划体系。并要求全国城镇体系规划要用于指导省域城镇体系规划和城市总体规划的编制（第12条）。

现有城市总体规划的任务之一，是将各类城市功能与相应的用地范围一一落实，形成空间布局方案。这种着眼于城市建成区本体的规划，因缺少对区域整体的把握，越来越多地表现出就城市论城市、缺少城乡和区域统筹视角的缺陷。近年来，部分城市引进了区域研究为基础、以空间关系为重点制定城市发展重大战略的概念性规划，城市总体规划的区域性特征更加突出。因此，从城市规划转型为更加重视从区域角度面对城市发展的城乡规划，既是城市发展实践的必然要求，也是贯彻落实科学发展观，统筹城乡发展的必然要求。

3. 土地利用规划从"协调"到更强调"控制"

从我国土地利用规划发展的历程可以看到，实现供需双方的综合平衡是传统土地利用规划的主要目标。近年来，随着我国耕地面积持续下降，耕地保护的形势日益严峻。在中央多次强调加强土地管理，实施最严格的耕地保护制度的背景下，土地利用总体规划担当起了从源头上控制耕地面积减少的重任。在加强国家对土地利用的宏观控制和计划管理、协调各部门用地需求两大任务并重的同时，土地利用总体规划更多地倾向于保护耕地，呈现出以突出强调耕地保护为主线的鲜明特征。国土资源部提出要进一步深化对生态退耕、基本农田保护面积以及建设用地总量等主要控制指标的研究，加强对土地利用的城乡统筹、土地利用主体功能区的划分以及土地集约利用的机制等问题的研究。土地利用总体规划的"控制"特征不断得到强化。

三、国外空间规划体系比较分析

规划的多元化是当今国际各类规划的共同点。作为一种政策工具，西方发达国家的各类规划与该国的发展历史、政治体制、经济发展阶段、资源环境状况等有着密不可分的关系。不同国家的规划体系都具有各自的特点。根据政体划分，其规划体系基本可以分为：中央集权国家的规划体系、联邦制国家的规划体系，以及联盟（各种政治、经济联盟）国家的空间规划体系。

1. 联邦制国家的空间规划体系

（1）联邦德国

德国空间规划是指各种范围的土地及其上部空间的使用规划和秩序的总和，由联邦、州、地区、城镇等四个层次构成。按照制定部门及管理主体，空间规划体系可分为上层次规划与地方规划。上层次规划包括联邦空间整治规划、州规划、区域规划，地方规划亦即城镇规划，由指导性土地利用规划与修建性规划两部分组成（见图2、图3）。

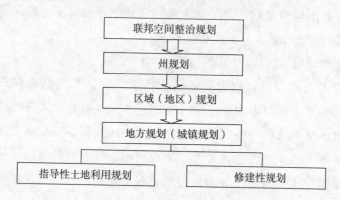

图2　德国的空间规划体系

德国的规划体系具有以下特点。

① 空间规划体系的系统性。德国各层次空间规划分工清晰，构成具有连续性的整体。德国联邦空间整治规划综合了我国的国土规划与城镇体系规划的功能，州规划则综合了我国的省级土地利用总体规划与城镇体系规划的功能。在城市层面的空间规划，是由指导性土地利用总体规划统筹指导修建性工作。

② 上下沟通的编制方法。德国各层次规划在编制方法上强调对流原则，即遵循"自上而下"和"自下而上"两个信息流互相交流的原则。通过信息交流既保证了联邦的发展战略的落实，也充分发挥了地方的发

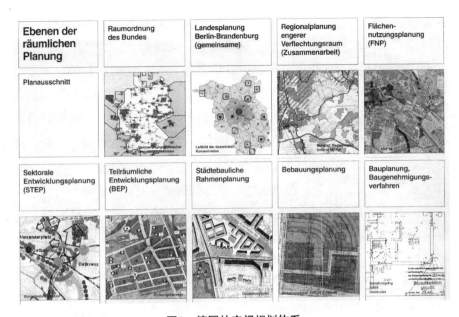

图3 德国的空间规划体系
（规划层次：联邦—州—区域—土地利用—结构—空间—框架—修建—建筑）

展积极性与活力，地方与联邦各司其职，和谐共处。

③ 空间规划法律体系完善。从联邦层次的《区域规划法》、《联邦建设法典》，到州层次的各州《国土空间规划法》、地方层次的《建设利用条例》，每个层次空间规划均有相应的法律支持。这些法律支持是使空间规划切实落实的保障。

④ 公众参与。德国空间规划从制定到实施始终贯彻公众参与的观念。《区域规划法》第7条第5、6两款规定，"制定空间规划目标时必须有公共部门和个人的参与……"，"在制定空间规划计划时必须有公众的参加或参与"。第20条规定"在负责空间规划的联邦部内必须建立一个咨询委员会"。专家除了来自规划部门之外，还必须有来自经济、农业和林业经济、自然保护和景观维护、雇主、雇员及体育领域。

（2）美国

美国作为联邦制国家，各州都有独立的立法和行政体制。美国的空间规划立法、行政以及规划的名称有许多种类，缺乏有效的协调机制。

美国在政府的各个层次上都有各种规划。在土地使用规划方面，联邦政府只能决定联邦政府所有的土地的使用而没有权力来管理其他用地。州政府也通常运用州宪法或其他特别的法规而将除了州所有的土地之外的土地使用管理权下放给地方政府进行管理。城市、县的地方法规在执行所在州和地方的宪章的同时也确定了规划的范围。根据联邦政府各项计划的要求，如果地方政府想要获得联邦政府的某一项计划的资助，就必须先编制综合规划，必须首先确立详细的土地使用，妥善安排好交通、卫生、住房、能源、安全设施、教育和娱乐设施、环境保护的方式和其他与地方社会、经济和物质空间结构相关的各项因素。

区划法规是美国城市中进行开发控制的重要依据。在这一方面，绝大多数的州都在法律条文中明确要求区划法规的制定必须以综合规划为基础；而规划委员会则担当着这样的职能。在有些州设有独立的区划委员会，它们也必须与现有的规划委员会进行紧密的协作；有些州不设规划委员会，但综合规划的基本原则也必须运用到区划法规的阐述之中。区划法规需经地方立法机构的审查批准，并作为地方法规而对土地使用的管理起作用。

2. 中央集权国家的空间规划体系

（1）日本

日本的城市规划体系在战后50年代开始有了较大发展，经过20多年的努力，逐步建立起完善的、自上而下的全国、地域和市町村三级国土和区域规划体系和都市规划体系（见图4）。在地域规划中，除都道府县的规划外，更有首都圈等特殊地域的规划，对指导全国及重点区域的整体协调发展发挥着重要的作用。

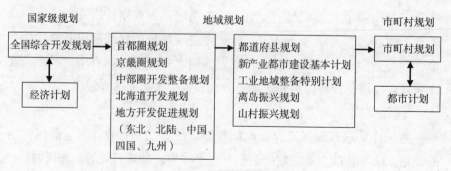

图4　日本的国家（空间）规划体系

　　日本现行的与城市规划有关的法律、法令和条例数以万计，其中与城市规划相关的法律体系完备，将近200多部。城市规划法规体系主要包括六类：① 宪法基本法和专业法规、政令、条例、通知等；② 基本法——都市计划法；③ 城市开发法规；④ 土地利用控制法规；⑤ 城市设施管理法规；⑥ 其他。

　　《都市计划法》是适用于全国的基本法，与《建筑基准法》有密切的联系，尤其在土地利用控制方面可以看做和城市规划的区域不受行政边界的限制。《都市计划法》是基于《国土综合开发法》和《国土利用规划法》两个全国性土地基本法，《国土利用规划法》将土地划分为城市地域、农业地域、森林地域、自然公园地域和自然保护地域五类，每一类地域都有与之相应的管理各项用地的基本法，《都市计划法》仅适用于城市地域，城市规划由国家建设部门主管。对城市地域以外的建筑行为的管理仅建议参照有关条例，对用地规模及形态加以控制没有实质性的意义。

　　按照《都市计划法》，一般城市规划的编制和审批分为由都道府县地方行政领导或由区市町村决定的两类城市规划编制和审批过程。城市规划的范围是从城市整体空间出发的，不受行政边界的限制。但多数情况下城市规划的范围与行政边界是一体的，当规划涉及地域较广和内容较多，或跨越区市町村行政边界时，需要通过都道府县知事（地方行政领导）批准；当涉及两个以上都道府县时，由国家建设主管部门批准；与国家利益关系重大的城市规划必须经内阁部长审批。

　　规划定案过程复杂，要履行公听会、公开展出和收集居民意见书等手续。听取居民意见时需公布规划方案，由居民和利益相关者提出书面意见，经相应的公听会讨论。城市规划审议会有设在建设省的中央审议会和都道府县的地方审议会，其主要职能是负责与城市规划有关事项的调查、咨询和技术审查。此外，有些区市町村也设有规划审议会，负责区市町村规划方案的审查。

　　（2）英国

　　英国是传统的中央集权国家，是现代城市规划的发源地，城市规划为自上而下的三级体系。目前，以全国发展规划、区域发展战略和区域规划构成国家级的规划；以"结构规划"为主构成郡级规划；以"地方规划"为主构成城镇规划。国家级规划对下级规划具有指导作用（见图5），同时也形成一套完整的规划审批、听证制度。

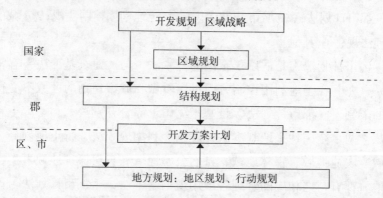

图5　英国的国家（空间）规划体系

在1997年之前，负责城市规划的中央政府机构是环境部（the Department of the Environment）；1997～2001年间，城市规划事务是由环境、运输和区域部（Department of Environment, Transport and Regions, DETR）负责；2001～2002年间由运输、地方政府和区域部（Department of Transport, Local Government and the Regions, DTLR）负责；2002年5月开始则由副首相办公室（Office of Deputy Prime Minister）负责，直接归副首相进行领导，从而使城市规划的权利越来越集中。

在由环境部负责城市规划的时期，英国法定的发展规划实行二级体系，分别是结构规划（structure plan）和地方规划（local plan）。结构规划由郡政府的规划部门编制，上报环境部审批；地方规划由区政府的规划部门编制，不需上报环境部审批，但地方规划必须与结构规划的发展政策相符合。在大伦敦地区和其他大都会地区，由于郡议会已被解散，采取了单一发展规划（unitary development plan），包括结构规划和地方规划两个部分，都由区政府的规划部门编制，第一部分的战略规划上报环境部审批。开发控制是区政府规划部门的职能，但中央环境部可以通过法律赋予的权限对其进行干预（郝娟，1994；孙施文，2005）。

然而从1990年开始，英国的政府体系经历了一系列改革，这一改革在整体上更加强调服务导向和对客户负责，强调新的城市规划体系不应该有过于详尽的结构，它最好由不是太综合性的、较少数量的文件构成。结构规划、地方规划和单一发展规划（由单一政府机构制定）将被取消，它们将由"地方发展框架"（Local Development Framework）所取代，该框架包括一个对战略和长期规划目标的简短陈述、更为详细的具体场址和专题的"行动规划"（Action Plan）。这些行动规划将处理行政区范围内的专题（如绿带或设计等方面的内容）或者特定区域（如主要的开发或更新的地区）。

英国的城市规划和土地开发控制是以法规控制为主。任何开发行为必须限制在法律规定许可的范围之内；任何行政领导及部门不得利用行政职权发布超越法律规定的范围之外的"指示"或"意见"及更改具有法律约束力的规划方面的法律文件内容。各类具有法律效力的法律规范的相互关系，既相互补充、相互衔接，又层次分明，具有相对独立的内容，由于这种相互制约的关系，各类法律性文件之间就构成了一个严密的法规体系。英国的城市规划法律，既有纲领性的法律文件，如城乡规划法；又有解释性的法律文件，如各类规则和条例；还有大量的补充性的政府文件，如各类通告和政策指导书。同时，地方政府还通过地方议会不定期地发布地方的规划法规和规章。而我国的城市规划及管理工作实行的是行政管理机制，而不是法规控制。

（3）法国

法国的规划体系可以分为全国、大区、城市群或聚居区以及市镇四个层次（表1）。在法国的政府体制中，各层次之间的相互关系并不构成一个完全的等级系统。国家政府通过国家特派员（Commissaire de la Republique），并且在省的层次上有着相应的国家机构（DDE）从而获得对市镇的监控权。考虑到有如此大量的市镇，并为了达到规划和管理的效率，建立了一些机构，以促进在地区发展的微观层次上进行更好的合作。目前有如下主要机构：9个大都市地区开发当局，214个市镇规划机构，35个地方性的地区规划机构，17014个社区间发展联合体（唐子来，2003）。

表1　　　法国《社会团结与城市更新法》后的城市规划体系简表

地域尺度	规划文件	编审人
全国	公共服务纲要（SSC）	国家政府（Etat）
大区	城市规划地域指令（DTA）	国家政府（Etat）
大区	大区国土规划纲要（SRADT）	大区议会（Conseil Regional）
城市群或聚居区	地域协调发展纲要（SCOT）	市际合作管理公共机构（EPCI）
市镇	地方城市规划（PLU）	市镇（Commune）

资料来源：卓健，刘玉民，2004。

① 城市规划的构成。首先，城市主导规划（SDAU）。自1983年以来，城市主导规划是由市镇之间的合作机构编制的。城市主导规划的主要目标是安排和研究与地区发展问题相关的总体的规划方向，以达到在未来城市发展、农业发展和其他经济行为以及自然区保护方面取得平衡的发展条件，并建立起未来土地使用模式的方向，以此来达到政府所确立的发展计划与受到城市主导规划影响的地方自治之间的协调。一个市镇可以通过城市主导规划的法律效应消除它的地域限制，此时，城市主导规划的指令不再约束市镇的发展问题。其次，地方性的土地使用规划（POS）确定与各地块的土地使用尤其是与每个地块上的建筑特征相关的规章和条例。这些规划通常由所在的行政当局进行编制。然而，这种管辖权限也可以被扩展到相邻的、没有编制地方性的土地使用规划的行政区。地方性的土地使用规划（POS）是唯一的法定规划文本，对于地域范围内所有地块的土地和建筑使用具有强制性。而城市主导规划与规划问题相关的指令只能运用于地方当局层次的城市发展和基础设施规划方面，特别是用于地方性的土地使用规划的深化方面，而不能用于个别土地或财产的拥有者。1983年以来，地方性的土地使用规划是由市镇发起并在其负责下编制的。一般而言，这些规划是由政府部门编制后免费递交给地方当局的，但经常是由地方当局在上级政府部门的财政资助下，聘请私人规划事务所来编制他们各自的地方性土地使用规划。

② 1992年以来城市规划体系的新发展。1992年法国行政法院对《总体规划纲要》（SD）实施情况的分析报告指出国家政府应当放弃恢复

SD指导作用的幻想，并建议由国家政府在大区或省一级行政区编制"城市规划地域指令"。这一提议在1995年的《地域规划与发展指导法》（LOADT）中得到了落实，1999年颁发的《地域规划与可持续发展指导法》（LOADD）吸取了LOADT试图编制《全国土地规划与发展纲要》（SNADT）的失败教训，以新的思路提出编制国家层次的规划指导文件——"公共服务发展纲要"（SSC）。它的编制年限为20年。以全国为地理范围，拟订9项对国土利用具有结构性影响的公共设施的发展计划，它们是：高等教育与科研、文化设施、信息与通讯、医疗保健、客运、货运、能源、体育设施以及自然保护用地。

2000年12月13日颁布的《社会团结与城市更新法》提出彻底更新《土地指导法》实施以来的两项规划文件（SD和POS），首先它提出以"地域协调发展纲要"（SCOT）取代原来的"总体规划纲要"（SD）。SCOT在城市聚居区（市镇群）的尺度上进行编制，必要时还可以通过编制分区的SCOT进一步深化。

在市镇尺度上，新的"地方城市规划"（PLU）将取代原来的"土地利用规划"（POS）。PLU不仅是地方进行规划管理的控制性的文件，也是地方发展的战略性、实施性的方案。"土地利用规划"原理被彻底抛弃，PLU不再进行土地细分，也不再编制容积率等抽象的指标，而是根据综合规划方案确定用地性质和具体的建筑控制要求。

（4）新加坡

新加坡的发展规划采取二级体系（two tier system），分别是战略性的概念规划（Concept Plan）和实施性的开发指导规划（Development Guide Plan，简称DGP）或总体规划（Master Plan）。

概念规划是长期性和战略性的，制定长远发展的目标和原则，体现在形态结构、空间布局和基础设施体系。概念规划的作用是协调和指导公共建设（public sector development）的长期计划，并为实施性规划提供依据。规划图只是示意性的，并不是详细的土地利用规划，不足以指导具体的开发活动，因而不是法定规划。值得指出的是，概念规划的远景只是一个发展目标，并没有具体的实现期限。新加坡的概念规划是一个富于创新的规划实践，它跳出了以时间期限为主导的规划模式，转向淡化规划期限,成为以规模为主导的规划方法。

总体规划曾经是新加坡的法定规划(statutory plan),作为开发控制的依据。由于总体规划的法定地位,其编制、增改和审批都必须遵循法定程序,这就是1962年的总体规划条例。总体规划的任务是制定土地使用的管制措施,包括用途区划和开发强度,以及基础设施和其他公共建设的保留用地。对于具有重要和特殊意义的地区(如景观走廊和历史保护地区),以及开发活动较活跃的地区,还需要在总体规划的基础上,制定非法定的地区规划,包括微观区划(micro-zoning plans)、城市设计指导规划(urban design guide plans)和方案规划(scheme plans),提供更为详细和具体的开发控制和引导(如建筑物和基地布置的规定)。

1980年代以来,新加坡的开发指导规划(DGP)逐步取代了总体规划,成为开发控制的法定依据,其编制、增改和审批的程序是与总体规划相同的。城市重建局(Urban Redevelopment Authority)在开发指导规划的编制中起着全面协调的作用,但有些地区的开发指导规划是由规划事务所承担的。每个分区的开发指导规划以土地使用和交通规划为核心,根据概念规划的原则和政策,针对分区的特定发展条件,制止用途区划、交通组织、环境改善、步行和开敞空间体系、历史保护和旧区改造等方面的开发指导细则。分区的开发指导规划显然要比全岛的总体规划更为详细和更有针对性,因而对于具体的开发活动更具有指导意义。开发指导规划不但取代了法定的总体规划,而且在很大程度上涵盖了非法定的地区规划内容。

3. 欧盟的空间规划体系

根据欧洲一体化的发展要求和欧盟的建立,为求得共同发展、减少地区差距,欧盟建立了统一的空间规划体系。1983年欧洲区域规划部长会是区域/空间规划的里程碑,会议通过了《欧洲空间规划章程》。这一划时代的文件,为欧洲社会带来了长期的影响,促进了合作,提高了认同,同时对欧盟的建立也起到了非常重要的作用。根据该项文件,欧盟空间发展委员会于1999年编制完成了欧盟的空间规划——《欧洲空间发展远景》。欧盟的空间规划也带动了相关地区的空间规划,1998年,波罗的海地区空间发展委员会组织编制完成了波罗的海地区可持续发展的空间规划。这样，欧洲大陆上就出现了不少跨国界的空间规划。尽管也有批评之声，但总体看，由于欧洲一体化的大趋势和各国政府的积极参与，欧洲的空间规划还是成功的，也有了比较成功的理论、方法和大量的研究成果。

欧盟的空间规划体系是创新的，与欧洲的一体化相呼应。在欧洲议会的领导下，签署了空间规划宪章，定期召开部长级会议，花近十年的时间指定并通过了欧洲空间规划。规划不仅具有长远的规划，而且还有近期行动规划和计划，有"结构基金"的支持。比较而言，欧盟的空间规划体系是比较先进的，有许多可供我们借鉴的地方。

四、构建适合我国国情的城乡空间规划体系

解决我国现行城乡规划体系中的主要问题，理顺各类规划特别是各种空间规划之间的关系，推进建立我国统一协调的空间规划体系，是城乡规划改革的目标之一。统一协调的空间规划体系的建立，要进行各空间规划层次的合理划分，确定各类规划的定位。

1. 规划层次

在传统的以"国土规划—区域规划—城乡规划"为核心的空间规划体系中，三者都包含着对自然与人类直接与间接的协调。国土规划提出的是关于地域"人—地"关系演化的宏观性策略，也是最高层面的策略；区域规划是具体对策和措施；城乡规划则是空间与景观实施，并执行监督对策和实施行动计划。三者在协调的程度上具有渐进性。这就为空间规划的整合提供了价值基础和逻辑动力。建构完整空间规划编制体系，核心是将建国后至今我国形成的多部门主导的"国土规划"、"区域规划"和"城乡规划"体系进行整合，使得编制体系建立在价值取向和对空间发展认知的统一框架下。

国土规划是在全国城镇体系规划的基础上进行编制的；应增加各层次的区域规划；城市及以下层次的规划以现行城市规划体系为基础，综合土地利用规划编制；各级空间规划均以各级的国民经济与发展计划为依据。形成以国民经济和社会发展规划为依据，以主体功能区规划为

基础，以城市规划和土地利用总体规划为支撑，以全国国土总体规划为最高层级空间规划，逐步形成定位清晰、功能互补、统一协调的国家空间规划体系。国家层面上以控制生态与资源容量、制定宏观发展战略为主；在区域和经济区层面上则要以资源控制和发展协调为主；在具体的城乡层面上，以引导与控制为主；在地段层面上以调节和塑造为主。不同的空间层次空间规划的编制要求不同（见图6）。

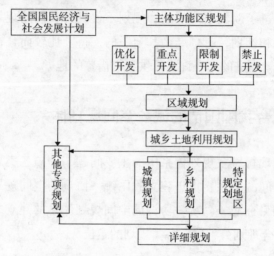

图6　我国规划体系构成的一种设想方案

2. 规划定位

在对已经有多种类型空间规划的相互关系没有完全清晰到位认识的情况下，首先需要明确各类规划的定性与定位，在此基础上才能形成科学有序的空间规划体系。对构成规划体系的"三规"应当有正确的定位。

（1）主体功能区划

2007年7月，国务院发布了《关于编制全国主体功能区规划的意见》（以下简称"意见"），进一步明确了"主体功能区"规划的重要地位。在一系列的国家层面的积极号召和推动下，促使了"主体功能区划"超越空间领域和一般规划领域。

从主体功能区划内容看，确定优化开发、重点开发、限制开发和禁止开发四种主体功能类型，是以约束开发冲动为主旨，以开发强度为单一坐标对各个区域作出的层次性类型划分。由于主体功能以开发强度等级为标志，不涉及具体的开发方向要求，不同层级规划之间必然产生重叠关系，同一类型（实际上是同样开发强度等级）的主体功能区必然会包含其他类型（开发强度等级）的功能区。也就是说，在国家级的优化开发区中，可能会出现省级的重点开发区、限制开发区甚至禁止开发区。因此，这种主体功能的确定，只是宏观的、原则性的开发强度要求，而且只是阶段性的识别结果。针对四种类型（实际上是四个层次）编制的主体功能区规划更大程度上体现的是一种以区划为基础的空间治理目标方案。

主体功能区规划不是整合现存各类空间规划形成的一个新规划，而是在现有各类空间规划之外，能够为城市规划、土地利用规划以及环境保护、交通等各类专项规划提供基本依据的空间规划。显然，主体功能区规划只有与现有各类空间规划建立起合作而不是替代的关系，成为具有长期性、战略性和基础性特征的框架性规划纲要，才能够满足为其他规划提供基本依据的要求。

严格地说，"主体功能区"只是一种理念，这种理念就是开发建设不能超过环境承载力（罗志刚，2008）。国家发改委国土所研究人员认为：主体功能区是"先有理念，再有实践，逐步总结"（汪生科、陈欢，2006）。

（2）土地利用规划

关于土地利用规划的功能可以这样理解：土地利用规划是与国家或区域国民经济发展战略相匹配的空间规划，它同时对资源利用与人口和环境之间的矛盾、有限的土地资源与不断增长的用地需求之间的矛盾及合理结构下各类用地需求之间的矛盾，进行综合协调，在一定的规划期内，根据国民经济发展战略目标与产业结构布局来实现土地资源利用的优化配置。土地利用规划用以引导和控制人们的土地利用行为，在保护生态环境、保护自然资源、节约集约利用土地、保障经济社会可持续发展方面符合国家政策及法律要求。

土地利用规划是城乡建设和土地管理的纲领性文件，也是国家实行最严格的土地管理制度的一项基本手段，因此，土地利用规划编制的组织与审批、实施的管理与监督等政府的公共行政行为，必须得到国家强制力的支持。

土地利用规划按类型可划分为国土规划和区域规划，按行政区可划分为国家级、省级、市级、县级和乡级土地利用总体规划，按功能作用可划分为控制性总体规划和控制性详细规划，从而形成了由宏观到微观，自上而下的多尺度的层级体系。

（3）城乡规划

城乡规划以在空间上协调各类城乡建设活动布局为目标，以土地为核心开展空间资源的合理配置和安排，规范城乡各项建设活动，保障社会发展整体利益，促进可持续发展。城市规划的主要任务则是确定规划期内的发展目标、行政区域内居民点与基础设施的发展布局、用地布局和建设用地规模、空间发展方向、关系安全的重要设施的建设布局、交通与绿地建设布局、防灾减灾措施、生态环境保护措施、自然与历史文化遗产保护措施、近期建设安排等。

城乡规划是一种在有限地域空间范围（规划区）内具有重要综合地位的规划，它与国民经济和社会发展规划的关系主要反映为平行关系，但也包含着上下关系的成分，与土地利用总体规划的关系基本上是一种双向的包含关系：土地利用总体规划的范围包含了城乡规划的地域范围，但在规划区内，土地利用总体规划只是城市总体规划的一个组成要素。从法律授权的角度看，城乡规划的作用和地位与国民经济和社会发展计划比较接近，两者都高于土地利用规划。从规划运行的外部环境分析，城乡规划在未来的作用和地位会不断得到强化和提高。

从《城市规划法》到《城乡规划法》，我国原有的城乡二元的规划结构逐步被打破，新的城乡秩序正在建立，这将有利于全面发挥城乡规划在协调城乡空间布局、促进城乡社会经济全面协调可持续发展中的作用。尽管《城乡规划法》中明确了城镇体系的规划层次，从全国城镇体系和省域城镇体系两个层次，对区域范围内的城镇空间布局、规模和重大基础设施布局等方面提出了要求，但与主体功能区规划相比，城乡规划更多关注的是城乡统筹问题。因此，在城乡规划的编制和实施中，在统筹城乡协调发展的同时，需要加强区域协调发展的规划理念。

五、规划体系协调途径与对策

1. 健全规划法规，统一规划体系

构建协调统一的规划体系的关键是确定规划的法律地位问题。由国家和地方制定的有关空间规划的法律、行政法规和技术法规，组成完整的空间规划法规体系，明确各规划的法定地位与相互关系，这是行政体系和编制体系整合的重要支撑（见图7）。

构建城乡空间规划法律规范框架的核心就是建构一部综合性的《空间规划法》，将其作为各种规划的基本法、其他与之配套的行政法规组成的国家空间规划行政法规体系；并逐步完善与之相配套的地方行政法规、部门章程和技术标准以及技术规范。如与《空间规划法》配套的空间规划的法律法规，可以分为空间规划咨询与督察法规、空间规划编制与审批法规、空间规划实施法规、空间规划实施监督检查法规、空间规划行业法规等。"编制与审批法规"是决策层面的法规，"实施管理法规"是执行层面的法规，"实施监督检查法规"是反馈层面的法规。而咨询与监督法规是约束决策、执行和反馈基本运作程序的法规，并对空间规划运作中的建议咨询、汇报督察成果和督促落实的循环流程进行建构和规范的过程，以确保空间规划法律法规的顺利实施和执行。

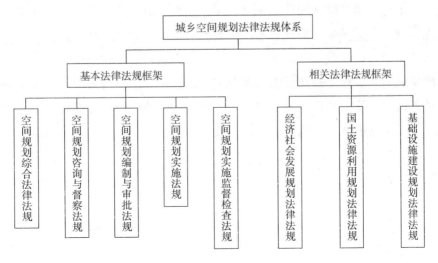

图7　建议我国城乡空间规划法律法规体系构成框架

建议进一步修改现行的《城乡规划法》和《土地管理法》，修改不适应新时期土地利用要求以及造成两大规划编制方法和程序不一致的环节，如建设用地控制指标的确定等。另外，建议在《空间规划法》中强化和保障国土规划和区域规划的编制，从而进一步统领、指导和协调城市总体规划和土地利用总体规划的编制和实施工作。

2. 改善编制方法与技术

（1）统一指导思想，加强规划前期研究

针对现在城乡规划中面临的各种问题，提倡战略性空间规划研究的指导性作用，强调广博而概念性的空间理念，而非细节化的物质环境规划设计；强调规划的灵活性，而非以最终状态为导向一成不变的"蓝图"式；改进传统城市规划中对经济、社会问题的关注的不足，加强对社会弱势群体和贫困阶层基本需求的研究；强调对环境问题的重视，寻求城市规划应用气候变化、可持续发展等问题的制度及技术上的解决方式。如遵循生态优先的原则，发展可再生能源、发展低碳城市模式、提倡小型分散式能源系统和水系统，并采用更高效的绿色基础设施体系、发展可持续交通、大规模推进"无贫民窟的城市"建设工作，改善贫困人口生活环境等。在具体的城市形态设计上，提倡"紧凑城市"和"新城市主义"所提倡的城市形态。

土地利用总体规划从土地资源供给出发，以上级下达的城乡建设用地控制指标为前提，按计划编制规划。城市总体规划则是考虑社会、经济、历史、产业政策、人文等多种因素综合分析，按市场经济条件下城市发展的客观规律和社会需求编制规划。在规划制定过程中，一方面城镇建设要坚持节约用地的原则，合理确定城镇建设用地布局；另一方面充分考虑城镇建设用地需求和保障农业的关系，在土地利用率较高、土地供给量不可能增加的情况下，尽可能提高土地利用集约度，解决土地的供需矛盾。

（2）协同编制规划

实行规划的协同编制主要是针对于土地利用规划与城市总体规划，在进行主体功能区划研究的基础上，对于两项规划尚未编制的地区，在编制时最好成立规划的联合课题组，以便统一研究、统一工作。而在城市规划编制较早的地区，在编制土地利用总体规划时，要吸收城市总体规划的有关人员参与规划，再根据土地利用总体规划的结果修订城市总体规划；在两项规划都已完成的地区，要成立联合协调课题组，在统一规划目标、统一基础资料、统一规划期限的基础上进行协调，最终达成协调方案，然后分别修订两项规划的内容。两种规划的研究与协调过程可概括为：成立规划联合研究、协调课题组；制订统一的工作计划；进行规划基础资料的调查分析，进行各项规划专题的研究；进行专题研究间的协调分析，制订规划的初步方案；协调论证初步方案，确定最终规划方案。

在规划编制时间、调整范围等方面统筹协调，最好是同时做，在同一地域范围内统一做。要做到"两图合一"，即城市、村镇规划建成区范围与土地利用总体规划确定的基本农田保护区、建设留用地和弹性控制区等共同要素在两个规划图上位置一致、相互吻合，提高和确保两个规划的合理性和可操作性。对原土地利用规划体系进行适当精简，土地利用总体规划的主要任务是对规划区域内城市用地做总体规模和布局的宏观控制，城市用地的具体安排、布局可以按照城市规划进行。这样既可保证土地利用规划对区域内土地利用的总体控制，又有利于城市规划的实施。

（3）协调技术规范

① 统一评价指标。针对主体功能区的划分，目前尚未形成一套成熟完整的指标体系，因此在具体划分操作上存在一定歧义（汪军英等，2007）。在编制的具体评价指标体系、划分标准与方法上进行统一与协调，利于主体功能区规划与城乡规划和土地利用规划的协调。

② 保持规划期限一致。建议修改现行的城市规划法和土地管理法，修改造成两种规划编制方法和程序不一致的环节，如建设用地控制指标的确定等；建议制定国土规划法，强化和保障城市国土规划和区域规划编制，指导和协调两个规划的编制和实施工作。两者的规划期限最好同国民经济和社会发展五年计划和长远规划的期限保持一致，以便与地方国民经济发展目标相协调。

③ 协调人口统计口径和建设用地规模目标。现行的土地利用总体规

划的用地数据是以行政区划（如区、县）为范围进行统计的，而城市总体规划以规划区作为统计各类用地的范围。用地统计范围的不一致，造成两者中同类用地量的不同和不可比性。因此，两者必须以统一的口径统计各类用地。建议以行政区划作为统计各类用地的范围，统计各类用地的范围保持一致了，要统计某类用地量时，只需将各个行政区划内的同类用地进行累加即得。这样两者的城市用地规模才真正具有可比性，从而实现两者用地规模的控制和反馈。

④ 统一城镇用地分类标准。城镇用地分类也是土地利用规划和城市规划中一个非常重要的技术指标，但由于两种规划的工作任务和重心不同，对城镇用地的分类采用了不同的分类标准。城市规划中城市建设用地分类侧重于按土地使用的用途分类，适用于城市和县人民政府所在地镇的总体规划和控制性详细规划的编制、用地统计和用地管理工作。新版《城市用地分类与规划建设用地标准》共设居住用地、公共管理与公共服务用地、商业服务业设施用地、工业用地、物流仓储用地、交通设施用地、公用设施用地、绿地等8大类。土地利用规划中涉及城镇土地分类的部分除了按照土地使用的用途性质分类以外，部分分类又按照土地使用的经营性与否进行了划分，主要有商服用地、工矿仓储用地、住宅用地、公共管理与公共服务用地、交通运输用地、水域及水利设施用地、特殊用地等7个一级类用地。

由于两种规划的分类标准侧重点不同，造成部分用地分类名称相同，但内涵不一致，为"两规"的协调增加了难度。如《土地利用现状分类》对城镇用地中的住宅用地进行了拆分，将为居住服务的小区级公共设施用地、道路用地和绿地相应地归入土地分类中的商服用地和公共管理与公共服务用地。这种分类方式虽然突出了土地使用用途的经营性与否，为贯彻土地有偿使用提供了有利条件，但是却造成同一用地分类名称内容不同，这给实现两个规划中城镇用地的协调管理带来了困难，并且未对何种级别居住区中的用地进行拆分做出明确规定，工作中也很难操作。因此，应从有利于城市发展和城市用地管理两个角度出发，对两个规划中的城镇用地分类的标准、用地的内涵等重新进行统一的明确的界定，为"两规"的协调提供技术上的支撑和保障。

3. 协调行政体制

一般认为，在国家管理层面，理顺我国空间规划管理体制出路有两条：一是"三规合一"，即实行空间规划的统一管理，将空间规划职能统一到一个主管部门之下；二是"三规合作"，即在多头管理的现行体制下，通过建立统一的空间规划体系，明确各部门相应的事权范围，避免规划内容上的交叉和空间上的重叠。从现实可行性上看，空间规划权力部门分置，集中与分散相结合，这是在中国政治框架下的既定事实，在中央集权的基础上不同部门的规划各有侧重，相互牵制，具有一定的权力制衡的色彩，在短时期内这种格局难以打破。

在此，建议整合空间规划行政机制，将目前有关部门规划编制与管理机构整合在同一个系统中，以实现空间分析与规划价值取向的统一性，建立空间规划的"大部门体制"。有一种建议是建立国家空间规划委员会（以下简称规划委），规划委将在协调各部门利益以及对空间发展的思路与价值的理性认知基础上，专门进行规划的研究、编制与咨询，并对规划的实施进行监督检查。实际上，20世纪90年代末建立的"城市总体规划部级联席会议制度"为改革规划行政体系和建立"规划委"提供了巨大的启示，但是关键之处在于将这种运作模式完善化、制度化、程序化。

对于地方各级空间规划部门行政体系也有必要理顺。在省（区、直辖市）一级设立职能相仿的空间规划委员会（厅），引导该省（区、直辖市）空间规划的编制、实施与监督管理等；市县要进一步理顺规划局的职能范围，管理和引导政府性和公众参与性空间规划，监督引导市场性空间规划的编制。

同时，在规划编制和修编过程中组成规划编制统一协调小组，加强政府土地管理部门与城市建设规划部门的协作，做好规划的衔接工作，两部门要加强对城市用地的统一管理，严格审批制度，真正做到"统一规划、统一征地、统一开发、统一建设、统一管理"。切实加强两大规划实施后的监督检查，严肃查处违法建设和用地案件。综合考虑和统筹兼顾，避免原来由两个部门分头编制而出现的片面强调某一方面的情况，实现规划在用地指标、布局和保护控制等方面的协调一致。各级的城市建设规划部门和土地规划部门，可以考虑成立统一的规划编制实施管理小组，使两大规划在编制和实施过程中具有一致性和可操作性。此外，为加强两大规划在用地安排上的协调与落实，提高规划的审批和实施效率，同一级别的两项规划的审批部门应该一致，建议采用相同的审批机制。

4. 完善运作机制

首先，通过对规划体系的整体管理，提高各类规划的科学性，并作为实施城乡空间整体调控、全面推进城乡统筹的着力点。为促进地方规划体系的组织推动工作，应及时出台符合实际工作需要的体系管理政策，如针对于《城乡规划法》的实施，制定各地的实施办法等，规定省、市、县各级各部门和地方各级政府在推动规划体系建设中的工作职责和目标任务，通过加强规划体系建设切实推动城乡统筹工作的总体要求和指导思想，以法制化的方式建立保障规划体系组织与实施的长效机制，强力推动规划体系的管理与效能监察工作。

其次，制定各地执行规划体系的指导意见。要按照分类、分级、分工的原则，系统地开展规划体系的贯彻执行工作；对国民经济与社会发展规划、土地利用规划和城乡规划三大类规划，要提出明确的分类实施指导意见，并据此制定具体的工作方法。其中，城乡规划的实施要统一建立在国务院批准的省域城镇体系规划的基础上，赋予其依据经济社会发展战略、协调区域土地利用政策、整体调控城乡建设的空间统筹职能，强化省域城镇体系规划对市县城镇总体规划的指导，以构建科学合理的全区域空间发展体系。同时，还要明确各类规划实施的具体途径和程序等，积极引导社会公众参与到规划的实施和监督中来，切实保障规划体系的实施效果。

再次，要建立规划体系的管理研究与运行评估制度。要把规划体系的管理研究作为一项重要工作，开展日常性的管理运行研究工作，并配套研究成果评优与奖励政策，鼓励对规划体系的管理运行进行跟踪研究，不断提高规划体系的管理水平和运行质量。同时，要按照《城乡规划法》的要求，建立经常性的规划评估制度，对规划体系的实施情况进行跟踪和评估，并采取论证会、听证会或其他方式征求公众意见，向本级人民代表大会常务委员会和原审批机关提出评估报告并附具征求意见情况，以加强规划的实施管理。

最后，应当强调规划从制定到实施始终贯彻公众参与的观念。加强规划部门的力量，逐步促进非政府的技术服务机构和社区组织在规划中的作用。城乡规划具有无法取消的社会功能。对规划审批管理权的下放，应和公众参与相结合，并应有相应的法规和监督体制作保证。应提倡以政府为协调核心，广泛地吸纳各方面的利益相关者，以法律为实践基础和评判标准，在不同的层面合作经营，调配土地资源，高效公正地解决各种城市问题。参与性规划领域有一些比较好的实践方法可供学习与借鉴。在社区层面，可借用"参与性城市评估"（Participatory Urban Appraisal，PUA），确定规划涉及地区的实际需求和优先原则等信息。"参与性城市评估"作为项目前期的一种信息收集工具，而本身并不具备决策功能。其后，地方政府可以利用"社区行动规划"工具（Community Action Planning，CAP），在"参与性城市评估"所收集的资料的基础上，建立有可操作性的规划理念和设计标准，指导实际的规划设计工作。在城市层面，"参与性预算体系"（Participatory Budgeting）将允许公民实际参与政府预算和支出的决策，进而利用如"城市发展战略"（City Development Strategies，CDSs）等工具，确定城市发展项目的优先次序，建立平等协调的城市发展格局。

执笔人：毛其智　朱强

城镇规划多规协调案例分析研究

一、河南省永城市突破体制分割 开展多规协调的实践探索

1. 背景

　　永城市位于河南省最东部，处于豫、鲁、苏、皖四省的交界地带，总面积1994平方公里，现有人口约140万人。1995年永城老县城因永夏煤田开发需要实行动迁，在老城东北5公里处建设新城；1996年11月经国务院批准撤县设市（县级市），由商丘市代管；2004年国家"促进中部崛起"战略提出。行政区划调整和国家发展新战略为永城城市发展带来巨大机遇，促进了永城城市经济、社会快速发展。永城为全国六大无烟煤基地之一，是煤炭产业"十一五"规划确定的全国13个大型煤炭基地之一。如何在科学发展观的指导下，正确认识和把握这些发展机遇，探索符合永城快速发展煤炭资源，又保护生态环境，使经济与社会协调发展，实现城乡统筹、合理布局、节约土地的发展模式，是永城发展面临的重要课题。永城市拥有丰富的煤炭资源，但也面临着城市转型、经济社会协调发展和生态环境可持续发展等多方面压力。永城在中部地区乃至全国的100多个工矿业城镇中具有一定的代表性，是一个在很多方面非常值得研究的案例。在永城市政府的大力支持下，中国对外建设总公司城市规划设计院牵头先后承担了"永城市城市总体发展战略研究"和"永城市城市总体规划"等任务，中国对外建设总公司城市规划设计院与在经济社会发展规划、土地利用规划和生态环境保护规划方面有研究专长并有实践经验的相关单位联手、协同工作。经过一年多的探索实践，最终提出了永城市城乡一体的城镇体系和城市空间结构，综合产业布局、土地利用和环境保护方略。其成果得到了从北京到河南相关专业

的专家组的肯定，也获得永城市委市政府的认可。永城规划探索的特点是既要突破"大企业、小政府"的体制分割，又要寻求"多规"协调的途径。尽管成果是初步的，在有效控制和引导永城市特别是重点发展地区的开发建设方面，在规划实施方面仍会遇到一些新问题。但作为一个发展迅速的资源型城市，永城市的规划实践探索为规划界提供了一个新案例，值得分析和借鉴。

2. 规划编制实施过程中若干体制难题

（1）"矿城分离"导致城市规划编制实施过程中的难题

永城出现的"矿城分离"现象是我国城市管理体制"条块分割"造成的，这种现象给永城市城市规划、城市管理带来诸多问题。

永城目前有两个大型煤炭企业集团，分属于省属、地市属行业主管部门，由这些行业主管部门直接管理，永城市政府没有管理的权限。两大企业由于煤炭开采、生产需要以及职工生活需要，在永城市域和城区范围内占据了大面积的建设用地，这些建设用地上的生产建设全部由企业自主进行，其中有一些与永城城市规划、城市发展不相协调，永城市政府因为管理权限的问题无法参与管理，一定程度上造成了城区空间功能混乱的局面。在城市规划制定过程中，企业也经常以企业商业机密为由，不愿意提供相关地质资源基础资料。

由于永城市政府难于直接参与产业的资源配置过程，企业自身经济发展与地方政府合作不积极，对当地的就业吸纳也比较少；对于采煤造成的大面积采空塌陷区，由于企业和政府缺乏充分协调，难以及时治理塌陷土地、解决搬迁损毁房屋与基础设施等问题。这些问题直接对城市安全与可持续发展造成巨大影响。

（2）不同部门分头重复规划造成的难题

从永城现有规划体制来看，存在多个相对独立的专业规划系统。其中有永城发展和改革部门组织编制的《永城十一五社会经济发展规划》，永城国土部门组织编制的《永城市土地利用总体规划》，永城环境部门组织编制的《永城市生态市规划》以及建设部门组织编制的《永城市城市总体规划》等多种规划。这些规划虽然针对同一空间地域，但因为组织编制部门职责不同，有着不同的规划思路和着重点。国民经济和社会发展规划重点放在发展的方略和全局部署上，对生产布局和居民生活的安排做出轮廓性考虑；土地利用总体规划，以保护土地资源（特别是耕地）为主要目标编制城乡土地利用规划；环境规划以环境保护和资源利用为主要目标编制控制性规划；城市总体规划，主要侧重对城镇的发展规模、职能分工、发展方向和建设用地布局等进行规划。由于这些规划编制的主管部门之间缺乏足够的协调，不同的出发点和侧重点导致了各项规划在同一个问题上常出现不同的规划策略，造成各部门规划之间的多种矛盾。

最主要的矛盾之一是规划主管隶属关系不同，法规协调不明晰。发改部门的经济社会发展规划、土地部门的土地利用总体规划、环境部门的环境保护规划、建设部门的城市总体规划，各行政主管部门缺乏沟通，在法律上没有明确的协调定位，导致规划混乱。虽然《城乡规划法》指出编制城市总体规划要以经济社会发展规划为指导，与土地利用总体规划相协调，可是对于如何指导、具体怎样协调并没有明确的实施办法，多头单项规划常造成空间上难以协调统一，为规划实施设置了障碍。

其次是各规划起始年限不一致，空间布局不统一等技术问题上的矛盾。发改部门的经济社会发展规划为五年、土地部门的土地利用总体规划为二十年、环境部门的环境保护规划多为十年、建设部门的城市总体规划为二十年。经济社会发展规划是国家、地方发展的总体指导规划，根据城乡规划法的要求指导城市总体规划编制，可是该规划期限只有五年，要指导规划期限为二十年的城市总体规划，实在有许多难以预测和把握的问题。

3. 永城规划破解体制难题的实践探索

（1）以塌陷区治理为楔入点，探索破解"矿城分离"的难题

根据专业的研究和测算，永城规划井田开采完毕，预计形成500多平方公里的塌陷区，将极大地改变永城现在的地貌特征和城乡结构，因此应该把塌陷区治理作为探索解决"矿城分离、城乡协调"的契入点。在永城市政府的支持下，本次编制永城规划从总体发展战略入手，以塌陷区治理作为未来城市经济社会发展和用地调整、环境治理、城市布局的关键策略点，寻找矿企与地方政府合作的可操作性机制；在永城市城市

总体规划中将各方面的发展诉求策略落实到具体空间上，把战略策略变成矿企与政府合作的可操作性工作。

① 城市总体规划落实治理空间，增强治理可操作性。总体规划结合永城煤炭赋存区分布、不同塌陷区的治理模式及涉及乡镇发展情况的城乡发展空间调整，并形成了塌陷治理、城乡统筹、化害为利、改善环境、土地有效利用、城镇化健康发展的总蓝图。

规划期内重点加快规划区内塌陷区治理。规划区是永城城市发展的重点地区，由于煤炭赋存较大，因此结合不同地带发展现状，形成不同的塌陷治理模式，进行了因势利导、化害为利的生态修复再造。实行宜耕则耕、宜林则林、宜渔则渔，在宜进行城镇建设的地带，以市场为导向，重点发展技术含量较高、水资源消耗较低的现代工商业，同时相应发展种植业、水产养殖业、林果种植业、观光农业等。利用老城与新城之间目前已经出现大面积的塌陷，结合开采周期、塌陷区形成和治理的规律，构筑以约16平方公里的湖面、湿地、林带为主体的生态核心区（图1）。

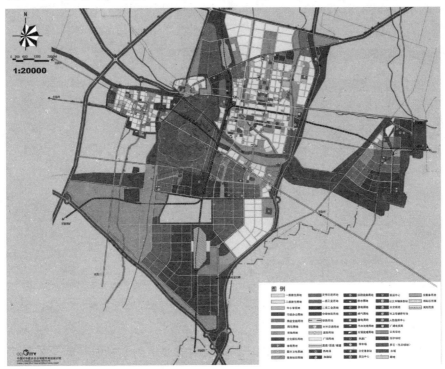

图1　永城中心城区远景规划图

② 依据总体战略规划，提出创新塌陷区复垦体制。煤矿塌陷区的治理是一项复杂的系统工程，在实施中涉及方方面面、条条块块的协调。综合性强，政策性强，需要有一个综合性的权威机构统筹，改变目前以煤矿企业为主的单一治理体制。战略规划建议市政府主持成立一个采煤塌陷区综合治理机构，同时设立公益性的经济法人实体，全权负责采煤塌陷区治理工作。综合协调机构应由煤矿企业、政府相关各部门及塌陷区乡镇代表组成，市长兼任第一负责人。该机构负责编制采煤塌陷区治理规划方案；安排治理项目；统筹使用治理资金；解决治理工作中的复垦、搬迁、居民点重组、生态环境再造等问题，形成"塌陷—规划—资金—治理"一条龙的管理体制。

根据《中华人民共和国土地管理法》和《土地复垦规定》中的规定，明确负责采煤塌陷地治理的主体是各级人民政府，按照"谁破坏，谁复垦"的原则，采煤塌陷地治理的义务和责任是采矿企业；经综合治理、改善环境形成的土地增值，要按比例回馈和补偿治理资金。各级土地管理部门负责本行政区域采煤塌陷地治理的管理、检查、验收，监督采煤塌陷地恢复到可利用状态。土地复垦要与村庄搬迁、新农村建设、小城镇建设结合起来，尽量节约建设用地。对占用农民的土地补偿资金要做到公开、透明、提前、民主。进一步明晰矿业用地、农用地、复垦后土地（水域）产权，放活使用权，使煤矿企业与农民双方由补偿消费型矛盾转变为开发增效型的经济利益共同体，形成政府、企业、农民合作共赢的协调机制。

（2）推进多规合一，探索破解"政出多门"的规划途径

多部门合作是推进多规合一，解决"政出多门"矛盾的主要途径。为推动多规合一，在永城市城市总体战略和城市总体规划编制期间，在市政府的强有力支持下，永城市所有职能部门聚集到一起，共同讨论永城的发展，各个部门密切合作，为推动永城多规合一奠定基础。

①《永城市总体发展战略》中多规合一实践历程。2008年5月，中国对外建设总公司城市规划设计院受永城市政府委托，承担永城市城市总体发展战略规划工作。该院放开思路，同时邀请国家发展和改革委员会小城镇改革发展中心和北京师范大学地理与遥感科学学院共同组成"永

城市城市总体发展战略规划组",请国家发展和改革委员会小城镇改革发展中心侧重战略研究中的社会经济发展和土地利用问题,北京师范大学地理与遥感科学学院侧重环境保护方面的研究,中国对外建设总公司城市规划设计院则侧重空间的整合与综合协调。统一的规划组制定统一的规划工作计划,实施统一的调查,听取各部门的意见,掌握全市的基本情况和重要的基础数据。项目组以统一的数据为基础,分别进行永城社会经济、生态环境和空间发展研究,以多规协调为目标,召开多次讨论会,就各自形成的初步方案进行讨论和协调。各单位同时调查,同在一张图上作业,根据每次的讨论,进一步研究和完善各自成果,最终形成融产业、城建、交通、生态环境于一体的成果框架。

该框架将永城市的工业按不同性质和基础条件,分三块相对集中布局在城市以东和沱河以南;将中心城市布局在沱河之北(河之阳);在城市两侧根据采煤塌陷区的分布,布置两条纵向宽大生态走廊;在生态走廊外围是大片的农业种植业地带(图2)。全市借助北部连霍交通走廊和南部的永(城)—亳(州)—淮(北)高速公路实现与外部的联系。

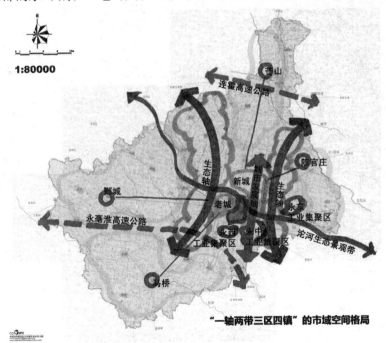

图3.2　永城市域发展战略图

该战略规划经北京与河南省联合专家组评议，认为将社会经济发展、城市总体布局、土地利用目标和生态环境保护四位一体、同步研究、综合布局，成果科学合理，是规划体制上的一次成功创新探索。

②《永城市城市总体规划》多规合一的实践。在战略规划的指导下，编制城乡统筹的城市总体规划。规划组以统一的数据为基础，分别进行永城社会经济、生态环境和人口规模、用地规模研究。多次与永城市土地部门、环保部门、发改委等部门就规划专题和规划方案进行交流，对相关控制指标进行沟通协调。根据每次讨论进一步研究和完善成果，最终形成包括经济、社会、环境、空间于一体的规划成果。

表1　　　　　　　　　　　永城市发展目标表

		单位	2015年	2020年	指标类型
经济发展目标	地区生产总值	亿元	650	1000	引导型
	人均地区生产总值	元/人	23000	29700	引导型
	服务业增加值占GDP比重	%	25	40	引导型
	单位工业用地增加值	亿元/km²	45	60	控制型
社会发展目标	人口规模	万人	162	170	引导型
	城镇化水平	%	47	55	引导型
	每万人拥有医疗床位	个	32	40	控制型
	每万人拥有医生数	人	20	25	控制型
	九年义务教育学校数	所	22	27	控制型
	九年义务教育学校服务半径	米	小学500米 初中1000米	小学500米 初中1000米	控制型
	高中阶段教育毛入学率	%	75	85	控制型
	高等教育毛入学率	%	25	35	控制型
	低收入家庭保障性住房人均居住用地面积	m²/人	25	30	控制型
	公交出行率	%	25	30	控制型
	人均文化设施用地面积	m²/人	1.5	1.4	控制型
	人均教育科研用地面积	m²/人	1.4	2.1	控制型
	人均医疗卫生用地面积	m²/人	0.9	0.7	控制型
	人均体育设施用地面积	m²/人	1.4	0.8	控制型
	人均托老所用地面积	m²/人	1.0	1.5	控制型
	人均老年活动中心用地面积	m²/人	1.8	2.2	控制型
	人均避难场所用地	m²/人	1.5	2.0	控制型

		单位	2015年	2020年	指标类型
资源利用目标	地区性可利用水资源	亿m³	3.8	4.1	控制型
	万元GDP耗水量	m³/万元	135	120	控制型
	水平衡（用水量与可供水量之间的比值）	百分比	0.82	0.8	控制型
	单位GDP能耗水平	tce/万元GDP	1.2	1.0	控制型
	可再生能源使用比例	%	7	10	引导型
	人均建设用地面积	m²/人	110	100	控制型
环境发展目标	绿化覆盖率	%	35	40	控制型
	污水处理率	%	85	90	控制型
	污水资源化利用率	%	30	40	控制型
	垃圾无害化处理率	%	90	100	控制型
	垃圾资源化利用率	%	25	40	控制型
	SO_2排放削减指标	万吨/年	1.7	2	控制型

4. 多规合一探索体会

（1）多部门合作是多规合一的前提条件

永城市总体战略规划取得一定成功，首先须有地方政府的明确支持协助；其次要建立各具优势的统一的规划团队，有统一的工作计划和科学协调的程序。规划组共同听取城市主要部门的意见、发展思路。在有了初步研究成果后，再向永城市所有职能部门汇报，大家聚集到一起，共同讨论永城的发展。在具体编研期间，各个编研单位密切合作，方能在确定永城的发展方向上集思广益、取得实效。

（2）建立统一的基础数据库是多规合一的基础

在本次发展战略规划初期，对收集的资料和基础数据进行了统一的整理，保障各课题组使用的数据是一致的。这样做，一方面减少了数据收集、整理、录入的工作量；另一方面保证了数据的准确性和一致性。

（3）统一预测方法——解决各规划预测结果大相径庭的问题

在永城发展战略研究中，社会经济、生态、空间三部分在进行预测时都采用多种预测方法，并在最后成果中进行综合比较选择，经过多次协调使用较一致的预测结果。

（4）协调解决规划思路不同的矛盾，是多规合一成功的灵魂

为达到多规合一的目标，我们梳理了各类规划的关系，最终确定了以经济社会发展规划为基础，以空间规划为主体，以土地利用、生态等专项规划为支撑的理念。经济社会发展预测是城市发展的根本，其他规划都应以经济社会发展预测为基础进行。空间规划是整个城市经济社会发展的载体，为各类规划提供可供实施的空间环境。土地利用、生态等专项规划则是城市发展的能力来源。不同规划之间反复协调，实现共识。有了矛盾均按上述原则协调。最终形成统一的规划成果。这是实现多规合一的灵魂。

（5）地方政府需要远见卓识

由于现行的规划协调性差，规划实施的难度很大。为解决这样的问题，多规合是一其根本的解决方法。在当前的情况下，这需要地方政府具有长远的战略眼光和大刀阔斧的改革气概，以坚定的态度组织编制多规合一的规划，从而解决规划实施的问题。

（6）公众参与为多规合一提供不同的视角

在永城总体发展战略和城市总体规划编制调研期间，我们与永城各职能部门进行很多次交流、协调、沟通，也对永城的普通市民进行了随访。在这个过程中，很多职能部门的代表在阐述完各部门的观点和要求后，都会以普通市民的身份给规划提一些意见；我们随访的市民也对规划有自己的建议和想法。这些意见确实提供了让规划人员重新审视规划角度、规划深度和规划可操作性的独特视角。因此，我们认为在探索多规合一的道路时，要多征询职能部门、各种行业协会、各种社会团体和普通市民的意见，从不同的编制视角在法律法规的框架下审视多规合一的方式、方法，促进规划的不断完善。

（7）多规合一的具体形式，有待进一步探索完善

在永城总体发展战略编制中，我们推动的多规合一是把土地、社会经济、环境、空间等各个部门的规划合成一个综合性的规划。这样做的优点是有利于综合，但是难点是针对各个方面的发展要求不同，协调难度大、费时、操作性不够强。

多规合一的规划形式，也可以在社会经济发展规划、土地利用总

体规划、城市总体规划、环境保护规划等方面进行探索，但必须以统一规划目标、统一空间管制、统一空间数据、统一空间布局为最终规划成果，减少各类规划之间的协调时间，实现各类规划在内容上的实质性统一，优化城乡空间布局，走集约创新的新型城镇化道路。

二、吉林省公主岭市规划实践探索

1.背景

公主岭市位于吉林省中西部，紧邻吉林省会长春市西南侧，总面积4172平方公里，现有人口110万人。经批准，1992年设立省级公主岭经济开发区，2001年设立公主岭国家农业科技园区。2002年"振兴东北等老工业基地"战略出台，2008年长吉图开发开放先导区提出并经国务院批复，一系列国家级、省级经济、科技园区的建立为公主岭城市发展带来巨大机遇。此外，公主岭还是第一批国家商品粮基地，设有省级农业科研院所，借助京哈与哈大交通走廊，公主岭成为长春与北京、沈阳、大连方向联络的重要节点。如何正确认识和把握这些发展机遇，探索既能促进公主岭二、三产业快速发展，又能保障农业可持续发展，使经济与社会协调发展，实现城乡统筹、合理布局、节约土地的发展模式，是公主岭城市发展面临的重要课题。

因为公主岭紧邻特大城市长春，面临城市产业转型、经济社会与长春协调发展和生态环境可持续发展等多方面压力；在历史上，长春作为伪满洲国政治中心时，公主岭曾为"京畿"军事重镇，一些重要的历史文化遗存面临破坏与保护的尖锐矛盾，所以公主岭在很多方面都是值得研究的一个案例。

在公主岭市政府的大力支持下，中国对外建设总公司城市规划设计院承担了"公主岭市城市总体规划"的修编任务，稍早国家发展改革委城市与小城镇改革发展中心进行了经济社会发展规划调研，形成了不少有价值的基础和背景资料。经过一年多的探索实践，最终提出了公主岭市城乡一体的城镇体系和城市空间结构，实现了产业布局、土地利用和环境保护方略的综合。公主岭规划探索的特点是既要体现社会经济发展与空间和环境的结合，又要突破"市管县"（大市管小市）的体制约束，还要寻求与不同行政区划的城市乃至区域协调发展的途径。

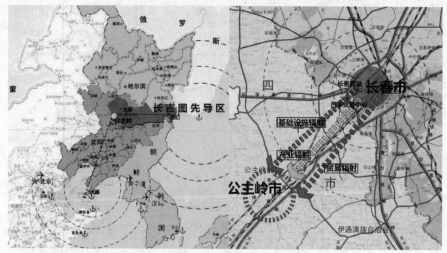

图3　公主岭区位图

2. 规划编制、实施过程中若干体制难题

公主岭规划除与其他城市一样存在规划体制多元、多头、多部门的共同问题之外，还有其特殊的问题。

（1）不合理的市管县行政区划体制导致城市规划编制实施过程冗长

公主岭为县级市，属四平市代管。在计划经济体制和改革开放初期信息交流相对不便的情况下，"市代管县"的行政体制起到一定的作用，加强了县市的交流和管理；在一定程度上有利于打破城乡分割，实现城乡生产要素的合理配置，有利于城市工业向县域的扩散；有利于城乡交通通讯等重大基础设施的统一规划和建设，从而实现区域发展格局的优化。

但是随着市场经济的不断发展，公主岭借助自身优势促进经济发展有了实质性的增长，增长速度甚至超过四平市本身的增长速度，在这种情况下，四平市代管的体制，在一定程度上影响阻滞了公主岭的发展，这种影响也反映在城市规划编制和实施过程中。

首先，市管县的体制增加了城市规划编制中沟通协调、汇报等程序，降低效率，提高了成本。在市领导县的体制下，四平市对公主岭是全方位的具体领导，因此在规划编制过程中很多规划内容确定、修改都要不断由公主岭向四平市汇报，征得四平市政府及各职能部门的同意。

在这种情况下，不断的汇报和等待答复导致编制时间拉长、效益降低，时间和经济成本都有所增加。

其次，由于市县职能定位不清，市县竞争加剧，给城市规划编制和实施带来若干问题。以公主岭农业科技园区为例，该园区属国家园区享受省级经济决策待遇，因此不能由县级公主岭市管理，只能由四平市代管。该园区处于公主岭中心城区，是公主岭城区建设用地的主要扩展方向，其用地和建设项目管理本应由公主岭住建局管理，但由于其管理机构由四平市派驻，他们不了解公主岭市的发展和总体布局要求，也不能从紧邻的长春市辐射发展要求进行发展决策，从而造成园区发展与城市总体规划严重矛盾的问题。

（2）区划隔离导致城市规划编制实施"断崖"难题

公主岭紧邻长春，其东部的3个乡镇与长春市西部搭界，距长春城区中心仅20公里左右；同时，公主岭是长春和北京、沈阳、大连等城市客运、货运等联络的必经之路；公主岭支柱产业（汽车零配件产业）发展与长春汽车产业的发展有着及其密切的联系。公主岭的发展与长春有着紧密的联系。但是由于公主岭市在行政区划上归四平市代管，因此无论是经济社会等各方面发展规划还是基础设施建设都难以同长春市统一。行政区划的不协调为城市规划编制造成了若干困难。

首先，由于两者不属于同一行政区划，且长春的行政级别远高于公主岭，因此要全面取得长春的各类规划资料是不可能的，这就造成了公主岭规划不能与长春实现无缝对接，为编制一个与实际发展紧密相连的公主岭总体规划制造了很大的障碍，形成了发展断崖。

其次，长春的快速发展带动了公主岭邻近长春的乡镇的发展，长春希望把这些地区划入长春区域内，便于城市产业的扩展和统一管理，公主岭则希望保留这些发展强势的乡镇。这种矛盾反映在规划编制过程中，即公主岭市不顾实际发展水平急切要求把这些乡镇变成城区的一部分，以便扩大对这些乡镇的直接控制能力。

最后，长春虽然已成为一个特大城市，但是由于多种原因它仍处于扩张发展阶段，还要不断吸纳周边的发展空间和资源，却难以向周边辐射技术、主导产业和基础设施，这为公主岭的发展带来许多机遇，也带来若干不确定性。

（3）处于国家区域战略边缘，离出海口较远

公主岭位于长吉图区域西部的边缘地带，也位于沈大区域的北端，虽然可以"左右逢源"，但离南出海口和东出海口均较远，在区域发展中不具太大的优势。

3.公主岭市城市总体规划中破解体制难题的探索

（1）以经济社会发展联系强度为基础，确定合理的空间拓展方向

在目前的城市总体规划编制中，通常采取用地评价方法来解决城市拓展方向问题，即通过自然环境、水文地质条件、城市现状、基础设施等要素的分析，做出城市用地评价，以此为基础确定城市用地发展方向。在我们的实际编制过程中，我们认为在这一过程中应该突出经济社会发展条件的分析论证，通过与经济社会发展规划的衔接和经济社会发展联系强度的论证，结合用地评价，确定城市空间拓展方向。

在公主岭城市总体规划的编制中，我们对公主岭市域、中心城区及范家屯镇的经济社会发展联系、每天通勤交通方向、产业联系和住房市场指向等条件都进行了统计分析，通过这些分析论证找出公主岭市域、中心城区、范家屯等乡镇的主要经济联系方向、经济社会状态等，以此得出公主岭市社会经济发展战略的相关结论，并进一步确定公主岭社会经济发展战略相关规划内容。通过这些分析、论证，最终确定公主岭空间拓展方向——长春。

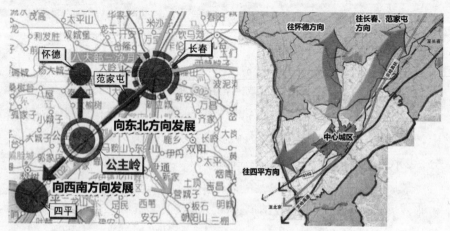

图4　公主岭发展方向图

（2）以长春城市圈规划建议为楔入点，破解"市管县"规划难题

长春作为吉林省中心城市目前既有向心集聚的发展要求，又有人口和产业向外扩散的趋势，但两市紧邻的地缘关系决定了两者空间上连为一体，客观上构成了长春城市圈的西翼；从经济社会联系方向来看，公主岭还是长春与北京、沈阳、大连等城市联络的必经之路。而从目前公主岭的发展看，公主岭与四平除了在行政管理上有联系外，产业关联少，市场联系弱，科技人文社会交流不频繁。因此，在未来很长时期内公主岭与长春的联系将越来越紧密，而与四平的联系将不断变弱。因此在公主岭总体规划中提出了打破行政界线、促进公主岭与长春在资源互补、市场依托、产业协作、设施共享等方面的合作方案，开展长春城市圈规划有利于破解市管县带来的一系列难题。

① 规划建议公主岭作为吉林省市管县体制改革的试点，实行省辖、扩权发展的新途径。在近期，市管县的管理体制可以暂时不变，但应逐步增加公主岭市政府相关决策权，使原本属于地级市的经济管理、计划、经贸、外经贸、国土资源、交通、建设等权限下放。

远期实行省直管，市县行政关系彻底脱钩。公主岭市政府能够就本市的事务直接和省级沟通，对行政区域内的事务具有独立的决策权。

② 规划建议吉林省尽快出台长春都市圈规划，打破行政区划发展限制。为破解市管县弊端，突破行政区划实行联动规划是一个重要的方法。因此建议由吉林省级规划主管部门在省政府的授权下组织编制打破行政区划的长春都市圈规划，报省或国家主管部审批，利用这种高层次规划探索体制问题的解决途径。这种高层次规划会利用各种优势条件，特别是能将住房建设部、国土资源部、国家发改委等部门的计划与规划工作综合起来，因此可以打破行政区划界线，解决关系区域内城市发展面临的行政体制、基础设施协调、资源共享、生态环境保护等重大问题。

（3）主动协调公主岭处于长春市近郊、开展城市空间发展衔接规划

① 公长协调规划探索打破行政区划界线难题的方法。打破行政区划界线的重点是提升交通和信息联系的服务水平和质量，规划建议将长春轨道交通延伸至公主岭，把两区的电信区段合并，缩短空间和信息交流的障碍，为构筑两者的密切交流提供交通和信息支撑。同时通过哈大高

速公路、铁路和建设中的哈大高速客运专线，把公主岭的核心功能继续向东北方向发展，加强与长春的联系。其次要逐步实现两市在供水、供电、防灾等基础设施的共建共享。

根据公主岭、长春两市产业布局现状、发展规划和资源分布，引导公主岭汽车零配件加工业、商贸、物流等产业面向长春，更好地实现产业协作。

② 以市域规划的理念为出发点，把范家屯镇纳入公主岭城市规划区进行规划，实现与长春的对接。范家屯镇紧邻长春，镇区至长春城区的距离仅20公里，且公主岭经济开发区产业重点也依托长春汽车产业，是公主岭市与长春市联系最为紧密的地区。规划建议公主岭把紧邻长春、发展很快的范家屯镇纳入城市规划区，有步骤地推进公主岭向长春方向发展，实现公主岭与长春的对接，以满足长春住房和产业发展空间的需求。

为理顺范家屯镇与长春之间的关系，又避免大城市郊区用地混乱和环境的破坏，公主岭总体规划把范家屯镇提升为公主岭城市副中心规划的同时，又对其发展进行规划控制。

规划控制的主要内容是完善和规范范家屯与长春在道路、供电等基础设施上的连接和共享、完善与长春产业协作的指导性策略、控制建设用地规模、调整建设用地结构适当提高开发强度，保护发展环境等。通过这些规划内容促进范家屯镇与长春的经济社会联系，协调范家屯镇与长春的经济社会协作，从而制造双赢局面。

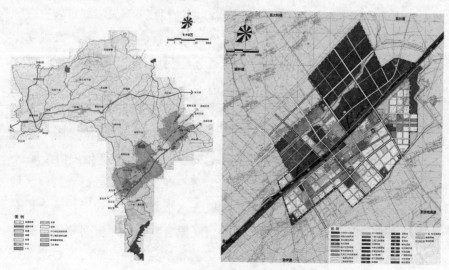

图5 公主岭规划区及范家屯规划

（4）将公主岭纳入长吉图和沈大经济圈，寻找发展新机遇

吉林省中部的长春市与吉林市和东部的图们江地区、沿交通轴线布局的长吉图开放带（以下简称长吉图），是吉林省委、省政府适应国内外政治经济发展趋势和适应东北地区全面振兴的新要求而做出的自改革开放以来最重大的历史性决策，在国务院批准后上升为国家战略。虽然公主岭市只位于长吉图开放带的边缘位置，但是该开放带能为公主岭打通面向海洋的通道，促进公主岭市参与到东北亚经济圈的合作，因此公主岭市主要通过加强与长春的合作，从而融入到该开放带中。同时公主岭市应扩大对外开放程度，积极与开放带的各城市进行资源、产业、社会等各方面的合作与协作，明确自己在开放带城镇体系中的地位和作用，更加主动、明确地加入到先导区的经济活动中，从而促进公主岭市向更大区域发展。

沈大经济圈是辽宁省城镇、经济发展的重点地区，也是整个东北地区最重要的经济增长极之一。公主岭位于沈大经济圈的辐射范围的北端，因此，要积极利用区位优势，借助京哈高速铁路、高速公路这两条东北地区的主要交通廊道，大力发展与沈大经济圈尤其是与大连的合作与协作，从而打通面向南部的出海口。

4. 探索体会

（1）区域性规划应该在规划体系中起到更重要的作用

20世纪90年代以来，中国进入了快速发展期，经济社会的快速发展促成了中国城市的"非常规"发展条件。在这种情况下，规划如果仍然以一般的方式照章办事，是不能满足各类城市快速发展的需要的。随着国家积极稳妥城镇化战略的实施、对中小城镇发展的强调和重视、全球化的影响，区域竞争不断加剧，城市作为单独个体已经难以应付复杂的竞争环境。我们认为，在这个时代，区域性规划尤应得到重视，从而解决城市个体发展中不能独立解决的体制、大型基础设施安排、产业集聚与协作等问题。

在公主岭总规中，我们加入了区域协调规划的章节，但是由于公主岭行政级别远低于长春市，因此该规划对长春没有任何影响力。为促进长春周边整个地区的快速发展，迫切需要吉林省建设主管部门牵头编制

长春都市圈规划等区域性规划，并在住建部备案，利用高级别的规划，打破行政区划解决产业与协作、大型基础设施安排等重大问题，促进区域整合和发展。

同时区域性规划应改变目前只注重策略的问题，应强调区域性规划的可操作性，制定若干具体行动。如果没有特殊情况，行动计划无需报部里批准，省级政府批准即可。

（2）城市总体规划在内容上过于繁杂

在编制城市总体规划过程中，按照城市规划法等法律法规的要求，城市总体规划是一个面面俱到的规划。但应该认识到城市是一个复杂的有机体，城市发展本身具有一定的自组织功能，城市总体规划很难同时解决所有的问题，面面俱到的城市总体规划只能导致规划耗时耗力，跟不上现实发展的需要。我们认为城市总体规划应该根据各城市的实际情况只解决发展过程中近中期面临的最主要、最突出的矛盾。在对城市经济社会发展条件和山水等环境分析和研究的基础上，实事求是对远景进行预测，着重城市发展战略性空间布局和总体安排，专项规划应适度从简。同时总体规划应更加重视近期发展规划的编制。针对近期发展所面临的问题提出城市近期空间发展和布局的建议，为政府确定城市近期发展战略和建设重点提供依据。

（3）应进一步扩大公众参与的权利

城市开发建设是一项巨大的社会系统工程，仅仅依靠政府的力量是不够的，必须通过各种渠道、采取尽可能多的形式对各类规划进行公示，增加广大市民的知情权，从而促进市民对规划的积极参与。

我们在编制公主岭城市总体规划时发现上位规划，如《吉林省城镇体系规划》、《四平市城市总体规划》等，基本上在互联网等公众资源上都查阅不到任何资料，这无疑给公众参与、甚至是专业人员的规划编制都造成了一定程度上的障碍。因此，强烈建议各级政府在各类规划编制完成后，通过多种形式、长期向公众宣传，增强城市规划编制的透明度，进一步加强公众参与的权利。

（4）应加强规划的可操作性

城市的发展处于不断变化中，城市不同地区变化速度也不一致，因此不能指望总体规划能解决20年中所有的问题,应根据城市实际的变化情况不断改进。

首先要重视总体规划中近期建设规划的编制,近期建设规划应体现解决城市近期发展的具体问题的具体解决方案。针对近期发展所面临的问题,提出城市近期空间发展布局和专项规划的建议,为政府确定城市近期建设重点提供依据。

其次,在总体规划期限内可授权政府依据城市总体规划编制具体的行动计划,应严格执行控制性详细规划在城镇近期发展地段全覆盖的原则。编制时限可以是年度的,根据城市发展的实际需要而定,而不必像近期建设规划那样有严格的年限规定。

三、山东省临沂市义堂镇"控规"的多元规划设计探索

1. 背景

临沂市位于我国东部沿海地带山东省的东南部,鲁中南山区的南缘,交通条件相对便捷,临近我国主要经济中心,是东部沿海城市日照、连云港的重要腹地。义堂镇位于临沂市西部,隶属于临沂市兰山区,是临沂市西部近郊的中心城镇。义堂镇镇域总面积52.7平方公里,镇域总人口12.44万人。现状镇区沿义堂路两侧呈带状发展,镇区面积10.64平方公里,镇区总人口5.11万人。

义堂镇位于临沂市"板材产业发展区"中段,南倚临沂工贸开发区,是全国三大板材生产基地之一,工业发展较快。全镇现有民营企业3500家,从业人员3万余人,占镇总人口的60%。义堂镇水系发达,生态环境基础较好,临沂市新城市规划中的"祊河旅游区"大部分坐落于义堂镇内。2008年4月,义堂镇被国家发展和改革委员会列为国家第二批发展改革试点小城镇,这为义堂镇提供了新的发展机遇。

如何正确认识自身发展的优劣势,把握政策带来的发展机遇,探索符合城市快速扩张的经济发展需要,同时协调自身发展空间,保护和利用生态环境,是义堂镇遇到的核心问题。在义堂镇政府的委托下,中国对外建设总公司城市规划设计院承担了"义堂镇镇区核心区控制性详细

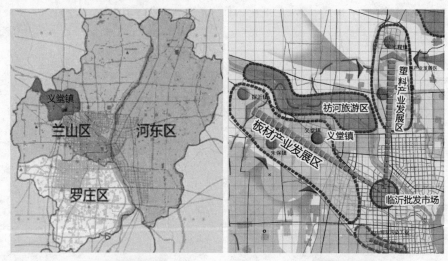

图6 义堂镇在临沂市的位置 图7 义堂镇在临沂市的产业区位

规划"、"义堂镇镇区核心区概念设计"、"义堂镇镇区水系景观规划"等设计任务,其成果得到了政府和相关评审专家的认可。规划采用的"控规"与"城市设计"、"景观规划"同时入手的设计方法,在有效控制开发时序、开发强度和可行性,特别是在重点发展地区的开发建设方面有一定探索。义堂镇所处的城市边缘区位置和其发展中遇到的问题,具有一定的普遍性,有一定的研究价值。

2. 规划编制实施过程中的若干问题

(1)快速城镇化带来的多重矛盾

2005年,由中国城市规划设计研究院主持的《临沂市城市总体规划(2005～2020年)》编制完成,将临沂市规划成为我国东部两大经济圈间低谷地区的新增长极,成为低谷地带崛起的经济增长中心,支柱产业的辐射范围达到全国。在城市总体规划的指导下,临沂市城市发展迅速。义堂镇在接受临沂市中心城市功能外溢的过程中,承载了若干建设项目,包括临沂大学城、板材工业园等。但是各个功能团只考虑了城市功能的疏散,没有考虑其在镇区中的协调,指标间缺乏统一的测算。特别是京沪高速公路建成后,大大增强了镇区的对外联系,带动了城镇土地开发和再开发不断加快。

义堂镇在实现经济大跨步发展的同时,镇区规模随之不断扩大,

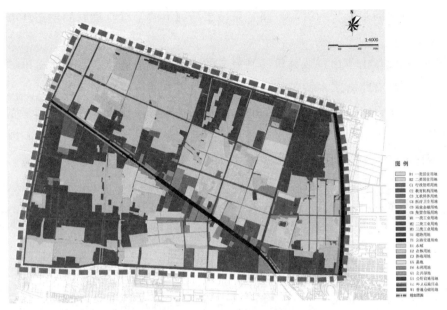

图8 义堂镇土地使用现状图

人口规模的增加和建设用地的不足远远超出了原规划预测的控制。据统计，1995年义堂镇镇区人口1.49万人，建成区建设用地总面积2.33平方千米，人均用地为156.38平方米；2008年义堂镇镇区常住人口为2.98万人，暂住人口为2.8万人，建成区面积为4.51平方千米，人均用地不足百平方米。为适应经济发展，镇区工业占地急速扩张，中心镇区发展空间严重受限，与该镇总规空间发展目标不相吻合。出现了工业与居住混杂，对居民生活环境造成严重污染，绿地面积偏低，缺乏公众集会、休闲的公共空间，没有形成完整的主、次、支路的道路网体系等问题。如在镇区南部、西部已形成连片的工业园区，但路网还不完善；镇区已建设的公共服务设施及市政用地基本分布在327国道两侧，不能全面地服务整个镇区的居民需要。

（2）发展与生态环境的割裂

临沂地属淮河流域，市区主要为沂河、祊河、涑河形成的洪冲积平原，地势相对平坦，水系呈脉状分布于全市，在山东省乃至华北地区应属于水量丰沛的城市。义堂镇属于涑河、祊河冲积平原，地形由西北向东南递降，坡度约为1‰。祊河、涑河分别从义堂镇境北、境南穿过，两河自西向东，流入沂河。义堂镇位于祊河上游，具有良好的生态环境区位。

2003年由华中科技大学编制完成的《义堂镇总体规划》虽然提出了建设"具有北方水乡特色的21世纪的义堂镇"的健康水系系统的口号，但是由于建设执行中缺乏系统的协调和引导，各地块建设时序不同等原因，建设占地蚕食绿地和水岸公共空间的现象普遍存在。核心区范围内现有水域27.58公顷，包括义刘路南侧水渠和池塘若干。但是所有水域水质情况均不理想，且周边环境没有经过整理，普遍存在沿岸倾倒生活垃圾及建筑废料的情况，大大损害了周边环境。现状绿地面积严重不足，仅有3.67公顷，占总用地0.62%。居住区级、居住小区级绿地几乎没有。

3. 区义堂镇核心区控规的实践

（1）与"经济社会发展规划"相结合，提高"控规"科学性

2008年开展义堂镇"控规"等一系列规划的同时，国家发展和改革委员会小城镇改革发展中心进行了《义堂镇经济社会发展规划》的编制。由于两项规划的开始与成稿时间几乎相同，在空间规划编制的过程中两家编制单位之间进行了多次交流，并且共同组织了现场调研与成果汇报。

为了在规划中更好地互动，主要针对以下几方面进行了协调。《经济社会发展规划》中设定的未来发展目标为：到2020年，经济持续快速发展，结构更加优化——地区生产总值达到107.7亿元，年均增长率15%；财政总收入达到11.5亿元；社会事业全面发展，社会更加和谐——人均受教育年限达到12年，城乡医疗卫生体系进一步健全；人口适度发展，人民生活水平不断提高——镇域常住人口15万人，镇区常住人口9万人，城镇化水平达到60%；生态环境持续好转，生活环境明显改善。经济社会发展目标为镇区的空间发展及城市基础设施的发展规划提供了依据。

（2）"城市设计"与"控规"同时进行，增强"控规"适用性

将以上经济社会发展目标在地域空间上进行合理布局，制定科学的土地使用结构规划和按地块确定合理的人口容量及建筑开发强度，是本次控规的主要任务。但既有的"控规"编制基本是一个模式，即对所有地段采用近乎于标准化的编制方式，控制的内容及指标等基本统一，

忽视空间对象的多元特性。为了更好地指导镇区的建设与管理，更好地制定控制性详细规划，本次规划实践采用"控规"编制和"城市设计"同时进行的方法。在"控规"阶段，吸收城市设计的成果，采用有针对性的"控规"编制分类指导，即针对不同功能区域的不同建筑形态（如工业区、商业区、居住区）、不同的特性区域的不同开发模式（如新城区、老城区）及不同发展地段的不同建设时序（如确定性开发、不确定性开发），采用差别化的规划策略。力图保证"控规"的适用性，真正解决由于规划和建设控制结合不利带来的执行困难。

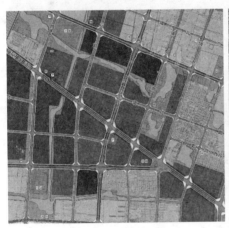

图9　控规用地控制　　　　　　图10　城市设计建筑控制

城市设计与编制"控规"同时进行的设计方法，使"控规"不拘泥于一种固定的模式，针对应对的主要问题有所不同，对于开发强度、建筑高度等结合产业或行业标准引入通则性规定。通过概念方案的设计，更深入地研究用地建设的可行性与开发强度的合理性，对传统控规进行了补充与深化，使下一步的建设与开发有了确实的方向与目标。实践证明，这种设计方法大大降低了"控规"执行的难度。

（3）水系统规划与"控规"合一，保证生态安全格局

传统涉及水的规划中，市政用水、防洪工程、景观与湿地等专业规划分别进行，缺乏系统的协调和引导，致使社会水循环系统与自然水循环系统的联系中断，无法保证水生态系统的安全。

本次规划实践将"控规"与城市景观设计相结合，提出了生态安全

及环境景观共同设计的原则，将河流、湿地等生境的完整性与城市景观和开敞空间统筹考虑，这就要求规划必须保证湿地在空间上的延续性，必须保证生物多样性的延续性，必须保证城市综合防灾安全要求。

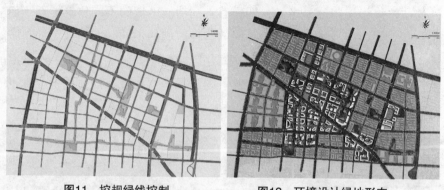

图11　控规绿线控制　　　　　　图12　环境设计绿地形态

规划利用"控规"的控制能力严格控制城市绿线，保证生态廊道的完整性；利用整体空间和环境设计的协调能力整合城市开放空间，"张弛有度"的布置水系和绿地，保证土地的节约和集约利用。最终实现高质量、高保证率的供水和高质量的水生态环境共存，实现人与自然的和谐相处。

4. 规划设计体会

（1）与"经济社会发展规划"相互借鉴，有利于科学规划

以经济社会发展规划为先导，控规与其紧密结合的设计模式，在空间规划确定城镇定位、规模、发展方向与发展模式的过程中减少了基础数据的整理等事务性工作，增强了宏观区域的分析，为空间规划落实更合理的空间结构提供了可能，大大提高了控规的科学性。

（2）探索"控规+城市设计"的规划机制，推进城市精细化管理

城市规划的作用就是调控各方面利益，使其达到整体利益最优。在确定控规的技术经济指标时充分考虑地块的土地价值，尊重城市土地经济规律，保证达到"保护公众利益"的规划目的。对于不同区位的土地，经过城市设计的方案设计，确定如用地性质、地块大小、容积率、建筑密度、建筑高度等技术指标合理性。以保证土地利益的公正分配和规划管理的公平，这样业主才能乐于遵守城市规划的要求，从而可以提

高规划的适用性。

（3）尊重自然基底，保障区域生态格局

城市水系与景观的形成，是一项长期而艰巨的工程，不仅仅是图纸上的色块与结构那样简单。大多数的开发行为为了追求经济利益的最大化而牺牲公共环境利益，导致公民环境权被侵占和剥夺。要切实地保障公共利益，就要发挥规划的法律效力，针对既有的水系保护与水系景观规划，分级分区控制。界定蓝线以控制水域面积保护水体资源，划定绿线以明确湿地与开场空间，划定"灰线"以协调控制周边地块与水体绿化的关系。将城市水系转变为可自我更新、健康生长、持续发展的"绿色引擎"。

四、应急条件下的城市规划与组织管理
—— 以四川省什邡市与蓥华镇为例

1. 前言

2008年5月12日14时28分，四川汶川发生里氏8.0级特大地震，数万同胞在灾害中不幸遇难，数百万家庭失去生活的家园，数十年甚至几代人辛勤劳动积累的财富毁于一旦。汶川地震灾后恢复重建，灾区群众热切期盼，全国人民十分关心，国际社会普遍关注。全国各大城市也纷纷开展一对一的对口支援，北京市与四川省什邡市携手，形成恢复重建的联合重建组。这种城市之间通过联合方式进行大规模建设的实例还很少见。

这种联合体现在组织机构的统一管理、资源信息的统一利用等方面。而这种联合体从规划角度来看，由于联合共建组织了北京市多家具有甲级规划资质的单位进行分工协作，形成了阵容强大、实力雄厚、专家云集的城乡规划联合体，既保证了质量，又大大提高了效率。因此这一举措对于研究应急条件下的城乡规划组织机制及应急管理工作很有价值。现代化的城市都是人口、生产、流通、消费集中的地方，自然的或人为的各种应急灾难、事故不时发生。我们既需要常规的分工明确的工作流程和机制，也需要各种应急状态下的组织机制和管理办法。

2. 规划编制面临的主要问题

（1）时间紧迫灾后应急规划面临的首要问题

地震灾后，数以万计的受灾群众的基本生活都难以保障，这些生活的基本需求一天得不到恢复，受灾群众就有可能面临各种安全隐患。灾民的迫切需求要求灾后重建工作能够尽快开展，而规划先行作为城乡建设的重要原则，要求必须在短时期内形成一系列切实可行的灾后重建规划，指导各项建设迅速有序地进行。

就什邡市的灾后重建规划来看，各项建设都要求灾后重建规划在2008年底前完成，从而使在三年内重建新家园的目标得以实现，也就是说自2008年5月受灾以来到2008年底仅有半年的时间，却需要编制包括各市镇总体规划、详细规划、近期建设规划在内的多项规划，而什邡市的山区重灾镇就有6座，也就是说要在半年内完成的规划多达20多项，时间紧迫、工作量大成为规划的首要矛盾。

（2）多单位同时编制多项规划，为规划协调工作提出了新的要求

什邡市的灾后重建规划多达20多项，需要多单位同时编制，工作主体和工作对象都非常复杂，因此对各项规划的协调工作提出了前所未有的要求，要求规划组织者在短时间内对人力、物力进行整合和分配，从而高效地完成灾后重建规划。

（3）灾后重建规划缺乏过往经验，对规划管理和编制提出挑战

自1976年唐山大地震以来的20余年间，我国均没有特大灾后应急规划的经验，而唐山大地震后，也没有进行及时的经验总结，以至于到2008年四川汶川地震后，我国仍然没有这种灾后应急的规划管理体系，这对此次什邡市灾后重建规划管理和编制提出了挑战。灾后重建的迫切需求，要求广大规划管理者和编制者发挥专业特长并及时总结经验，尽快形成有效的灾后应急规划的工作方法。

3. 什邡灾后应急规划管理的实践历程

（1）规划的组织者及组织构架

灾后重建规划的组织者包括北京市政府、北京市规划委员会，这两个单位在什邡市联合成立了常驻什邡的前线指挥部,指挥整个规划建设的过程。

北京市规划院、中国城市规划设计研究院对包括什邡市总体规划、

下属县镇的总体规划、详细规划进行总体控制。

另有包括中外建规划院在内的多家规划院进行了重点受灾镇的详细规划和部分公共建筑设计，从而形成自上而下的规划组织构架。

（2）规划设计组织方式

总体规划和详细规划均采取委托形式，建筑设计在具有相应资格的设计单位中进行招投标。

规划组织单位通过与各单位的协调和沟通，提出各类规划设计的统一深度和制定标准。通过上述两种方式，保障规划成果的质量。

（3）规划启动过程

2008年5月前线指挥部成立，其后编制了指导具体规划和重建的《什邡市灾后重建总体实施规划》。

2008年8月总体规划阶段基本完成。

2008年9月县镇详细规划工作启动。

2008年10月重点公共建筑设计工作启动。

2008年11月详细规划及建筑设计基本完成，准备规划实施。

（4）灾后重建工作的主要任务

一是对北京市第一批对口援建的项目进行规划选址、规划研究和组织工程设计工作，为援建项目开工建设和顺利实施创造条件。

二是组织驻京规划设计单位编制红白、蓥华、八角、洛水、湔底、师古6个重灾镇建设规划，研究确定规划目标、内容和要求，制定技术标准、指标和市政基础设施规划条件等，为重灾镇的重建提供基本依据。

三是针对地震暴露出的城市规划方面的问题，结合援建项目建设，进一步梳理公共服务设施、城市基础设施、公共安全设施系统、受损住房拆除及安置、城市防灾减灾、近期建设等问题。

四是组织编制援建道路工程规划方案；调整、完善市政基础设施系统；落实河道、重要市政廊道、场站设施等布局用地；确定主要市政管网干线走向、管径及高程。

（5）重点受灾镇详细规划的工作安排

2008年8月底，各详细规划参与单位开始组织调研，内容包括现场踏勘、资料收集等。除了收集与平常规划设计相同的资料外，对地质、受灾损失情况、灾民安置情况等进行了更为详尽的调研。

2008年9月中旬，各负责重点受灾镇详细规划的单位进行了首次工作成果的汇报，在这一阶段，各单位对各受灾镇的自然、历史、经济、社会、产业、城镇建设等现状进行了详实的分析，得出了初步的重建规划设想和各种可行的建议，并确定了下一阶段的工作目标。

2008年10月初，各单位又进行工作会议，提出了控制性详细规划的阶段性成果，并到什邡市进行了控制性详细规划成果的汇报，同时进行针对下一阶段修建性详细规划的补充调研。

2008年10月中旬，各单位进行了有关修建性详细规划的工作会议，充分交换了意见，并对规划进度、深度进行了统一部署。

2008年10月下旬，各单位完成建设规划成果，并向什邡市市委、市政府及有关部门进行汇报，各建设规划原则性通过。

4. 灾后应急规划及管理的体会

（1）提高应急条件下城乡规划编制和审批的时效性

在汶川特大地震灾害后进行的各项灾后重建规划属于应急条件下的城市规划编制，具有独特性和紧迫性，因此在编制和审批的程序上与一般的城市规划有着一定的差别。

在编制过程中采取多个单位同时现场调研、同步开展工作、定时做阶段性成果的交流讨论，共同拟定规划深度和各项规划指标，各单位积极共享资源，以实现规划的科学性和体现更高的工作效率。

城镇建设百年大计，各种永久性建筑物、构筑物必须合理布局，坚持科学规划，严格审查。但是又要保证进度，为此实行相关部门多次面商、就地会审办法，在审批的过程中更是减少了很多繁琐的程序，前线指挥部和地方政府的领导在评审会之前针对规划内容作多次的沟通，以便能够在评审之前尽快解决各方面的矛盾，避免在审批、修改、审批的循环程序中浪费时间，拖延整个灾后重建工作的进度。在这样的条件下，实现了在两个月的时间内完成平常需要半年以上的规划审批程序，为迅速实行灾后重建争取了宝贵的时间。

（2）增强应急条件下城乡规划建设所需土地政策的灵活性

地震灾害过后，很多市镇的原有建设用地已经不适合城镇建设需要，而很多村庄处于地质条件薄弱的地区，需要进行搬迁，因此灾后重建规划需要大量新的可建设用地，而这势必与现行的土地供给政策发生矛盾。因此规划需要各级土地部门予以支持。

在什邡市各项城乡规划编制的过程中，国家实施了对灾区市镇搬迁发展的土地供给政策，既保证节约用地，又可以灵活置换。由于地方土地部门的积极配合，按时为什邡市的规划建设提供了必需的建设用地。

（3）坚持应急条件下城乡规划制定与切实可行的经济社会发展目标相协调

北京市对口支援地震灾区领导小组根据国务院"尽快恢复灾区正常的经济社会秩序，力争用三年左右时间完成灾后恢复重建的主要工作，使灾区群众的基本生活生产条件达到和超过灾前水平，并为可持续发展奠定坚实基础"的总体要求，制定了进一步的规划目标，提出"一年恢复活力，三年完成重建，五年实现翻番，十年建成现代化新什邡"。

按照民政部确定的评估指标和划分标准，将灾害范围划分为极重灾区、重灾区、轻灾区和影响区4种类型。评估结果显示，蓥华镇是位于极重灾区内的严重损毁乡镇。

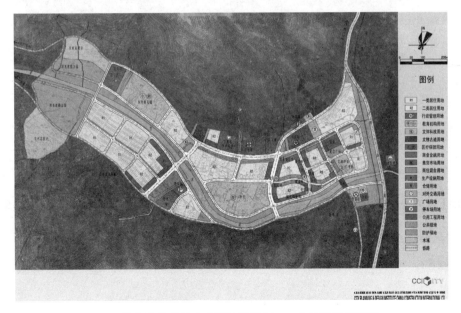

图13　什邡市蓥华镇中心区建设规划——土地使用规划图

　　为恢复活力、完成重建第一步目标，着重在内外道路系统、群众的居住系统和公共服务商业文化等方面进行规划落实。

　　地震对蓥华镇镇区主要道路造成了不同程度的破坏，其中位于断裂带的道路塌陷严重，已经无法正常使用。同时，地震造成了不同程度的山体滑坡现象。特别是雪门寺村的区域距离山体滑坡地带较近，受滑坡破坏较大。

　　蓥华镇镇区现有人口3950人，根据《什邡市"5·12"地震灾害农村受灾村民住房损坏鉴评汇总表》，蓥华镇城镇居民房屋共计96800平方米，镇区房屋损坏率在80%左右。大多数自建民宅都已倒塌损毁，多数近期修建的住宅也已成为危房；另有两处农村居民点335户，人口约1000人需要政府统一安置。根据现状用地条件分析和人口规模的测算，规划用地规模为67.19公顷，其中城镇建设用地为53.91公顷。

　　根据对震后房屋的评估，重要的公共服务设施是需要重建的主要建筑。学校是灾损最严重的区域，当地特色的宗教建筑已经严重损坏。

图14　什邡市蓥华镇中心区建设规划——鸟瞰图

蓥华镇具有浓郁的禅文化气息，为川西禅文化游赏路线的重要一环。古镇最初的记忆——红旗街，一条老街，蜿蜒曲折，两侧层叠错落着古老的民居，是蓥华镇川西建筑文化精髓的所在。

综合以上情况，结合地形地貌、水文地质等因素，在地方土地部门积极调配市规划建设用地得以解决条件下，规划组及时提出了蓥华镇重建规划结构和控制性详细规划方案，得到地方各部门和专家同行的好评，主管部门也及时认可、原则批复。

五、城市发展中的水环境因素利用
——安徽省五河县城规划实践探索

县是我国最基本的具有综合行政功能的地域单元。县城作为县城政治、经济、文化与管理中心，对全县的发展具有非常大的示范和引导作用。目前我国还有1600多个县城，科学编制县城规划，需要因地制宜，综合考虑多方面的因素。本文选择安徽省五河县城关镇作为城市发展与周边水系如何结合的案例，以探讨重视生态环境是当今时代城市空间发展的一种合理趋势和城市规划的一条完善途径。

在我国众多城镇中，自古就有重视水系并巧妙安排水系与城市的空间关系，有很多至今尚存的优美范例。本案例是探讨在过去相当一段时期，人为破坏水系或将城市发展与水环境对立起来，如何逐步回归，重新找回正确发展与规划的理念思路。

1. 项目背景情况

五河县位于安徽省北部，淮北平原东南部。大部分是冲积平原，坡降小，地势平坦。县城坐落于皖苏交界河湖水系密集区域，古代曾是重要的水上交通节点。五河县域面积1580平方千米，人口75.1万人。河流水系是五河县命名的缘由，"五河五条河，淮浍漴潼沱"。众多水系自古就构成五河县城生长发育的自然本底，是五河县城发展最重要的影响因素之一。

然而过去相当长时期内，五河县城的空间发展与水系不是协调共生，而是相互排斥，河湖水系与城市空间布局缺乏统一规划，造成防洪安全、环境景观、交通、市场之间的诸多不协调；水乡之城对于水的利用不够，水上运输萎缩，水上市场灭迹，更缺乏水上旅游，城市居民因高大的堤坝难以欣赏良好的水环境景观；旧城区建筑密集，历史上曾有的护城河被填埋修路盖房，仅存的河道成为排污河与垃圾堆放地，绝大部分居民缺乏亲水空间，城市面貌、环境不佳等等。

为使五河县域、县城与河湖水系协调发展，进行综合规划、整治建设意义重大，不仅关系到延续五河县悠久的历史脉络和极富特色的发展，也直接关系到为十多万城市居民提供有利生产、便生活的空间环境。

但是现有的部门分工体制使上述目标难以实现。城建规划部门主要负责可建设用地的使用安排，对较大水面特别是城外的河湖水系难以涉足；水利部门的水系规划常常以防洪、灌溉为主要目标。将城市发展与水环境、河湖水系紧密结合为核心的规划，既不属于水利系统的工作范畴，也不属于城乡规划体系的范畴，这就造成通常没有一个部门牵头来做这一类型的规划，以至国内各地诸如此类规划的成功实践相当缺乏。

在五河县委及县政府的积极推动下，县城乡规划主管部门、建设主管部门和水利主管部门联手作出了尝试，提出了新的规划理念和思路。并由县政府牵头，城乡规划主管部门组织，其他相关部门积极配合，委托中外建城市规划设计院负责编制了《五河县水系整理与建设规划》。

2.《五县水系整理与建设规划》的探索实践

本次水系整理与建设规划的探索包括县城所在区域、城市建成区、城内各不同地段等至少三个层次，每个层次解决问题的重点各不相同。这在客观上配合并丰富了县城总体规划、分区控制性规划和修建性详细规划等不同层级工作内容。

（1）城乡规划与水利部门规划的合作，形成城市和区域水系共生的整体布局

本次规划加强了与水利部门的合作，打破了以往不同部门在各自不同的规划体系下进行编制规划的局限，将水利系统规划、水利工程规划和水系整理规划、滨水城镇建设规划相结合，首先着眼城市发展的区域水环境，提出要将县城西部的浍河香涧湖，北部的沱河沱湖，东北部

的天井湖，南部的淮河和樵子涧水库作为城市发展依托的区域水环境，并将各要素统一绘制在万分之一的地形图上（县域水域功能结构规划图），直观地体现了总体规划提出的"塑造秀水穿城，绿水围城，临湖面山，五水汇城的城市风貌"，从而有利于在宏观层面提升城市环境品质，更充分地体现城市的环境价值。

规划阶段水利部门予以配合，提供了全面的水利资料，包括水文、水利工程、水环境、防洪规划等。在充分利用水利部门提供的技术资料和听取水利部门的意见和建议后编制本次规划，并最终将规划成果送达水利部门，形成部门间的资源共享。

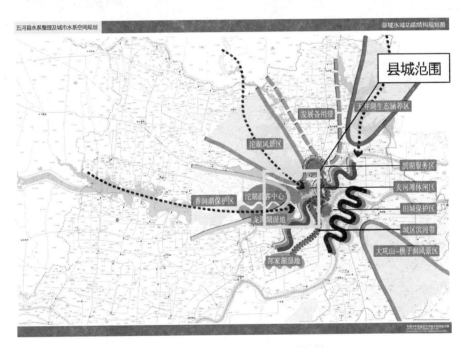

图15　县域水域功能结构规划图

（2）与相关规划的衔接与探讨

① 城市空间拓展与水功能区划和水环境保护要求的衔接。坚持城市发展与水系协调共生的原则，既不能把水系排斥于城外，又不可以使城市拓展侵占水系空间，保护赖以存在的水环境。在对县城区域水环境分析的基础上，对城市周边水系进行了功能区划，根据水功能区划及相关

水环境的要求，提出城市发展和环境保护的目标，作为规划城市拓展的强制性约束条件，使水域功能分区充分与城市发展相衔接。规划提出五河县城5类水功能区（县水域功能分布图）。

水源地区——位于县城西北上游怀洪新河西坝口段，禁止任何城市建设活动。

生态涵养水域——天井湖、香涧湖、沱湖上游、樵子涧水库，作为水源涵养区，要保有一定量的原生状态的水环境，需要保持优良的水质，应达到二类以上水质，尽量减少周围的建设活动。

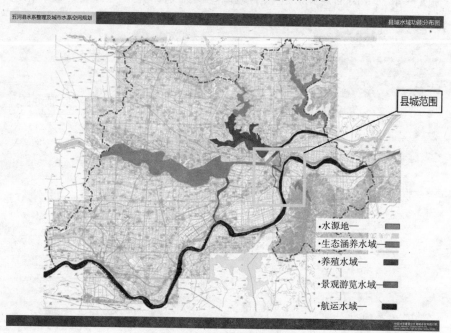

图16　五河县水域功能分布图

养殖水域——沱湖为主，保护水质，严格限定水岸建筑，确保截排污水系统。

景观游览水域——城区及周边河湖，视条件布置河岸绿化和道路，建筑红线必须退够。

航运水域——目前仅限于淮河、怀洪新河漴潼河段，着重保护航道，保证桥梁净空。

② 与总体规划的衔接。总体规划对五河县城的功能布局提出了"一

渠四河绕全城、三廊两心四组团"的城市空间格局。在总体规划用地布局的框架下，水系调整与城市发展规划围绕水系进一步进行城市功能区段的划分。将五河城关镇滨水区域分为以夹河滩为主的休闲观光滨水段（即以游客及市民游览、休闲观光为主要功能的水域及滨水城市空间）；以怀洪新河、淮河为主的生态防护滨水段（即以防洪、生态涵养、生态保护为主要功能的水域及滨水城市空间）；以新开河为主的连接新旧城区的新城市景观滨水段和以漴河、玉带河、龙河串联起来的城市生活滨水段（即为市民居住、户外活动、工作等提供主要空间的滨水城市空间）（水域功能城市功能结构规划示意图）。

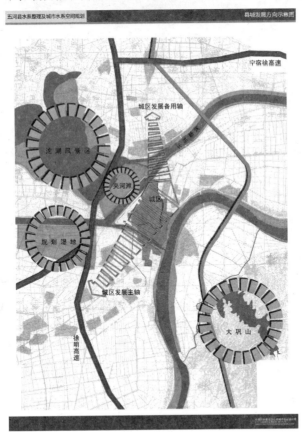

图17　水域环境和县城发展方向

滨水城市功能区段的划分以城市水域及滨水空间为依据，突出了水与城市的共生与融合，并在规划中列为强制性的内容，使后续的各类规划均应以本规划划分的功能区为依据。

另外从水系完整和关联性出发，将原总体规划确定的规划范围作适当的调整：将总体规划范围向西侧扩大，使龙潭湖湿地区域完整纳入。更好地维持水系的连续性和建设用地的完整性。

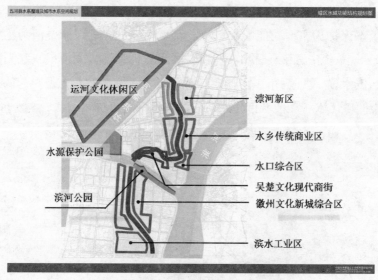

图18　城区水域功能城市功能结构规划

（3）对应城市详规层次的水系调查、整理与规划

规划对城区水系进行了详尽的调查，包括现有水道、排洪沟、低洼湿地及已经消失的历史水道、湖泊等，并根据总体规划确定的城区水域功能的分布，对城区各水体功能进行进一步详细的划分，根据滨水段的用地性质和功能设置，对城区水域功能结构进行必要的调整和更详细的规划，并设置具有具体文化内涵的各类水景观区段，丰富岸线的形态和沿岸的各类活动。

根据该县城城市空间要素主要由建筑、道路网、水网、防洪堤坝等叠加形成了县城的城市景观的实际，规划中除按一般原则统筹考虑各类要素的相互影响外，还特别重视各类要素与水域空间形态和功能的相互作用和影响，以融入、共生、安全等原则将不同的空间要素合理地予以布局。

规划调研发现，五河县城区内水系自北至南贯穿着漴河（小东河）、玉带河、龙河，但是缺乏相对较大的水面，没有足够的容水空间，不利于城市生态环境的形成，并降低城区蓄洪排涝能力；另外，除上述三条主要河流外，还有一些次要的排涝渠道年久且疏于管理，环境较差。针对以上情况，规划提出根据实地需要和可行性方案，在北段漴河与南段龙河适当地段新增一部分水面，对功能退化的北大沟进行整治，使水真正活起来、两岸绿起来，与人们日常生活互动起来。城区新增水面主要有以下基础：北段漴河（小东河）湿地公园利用现状低洼地形，形成城中的湿地景观；水源保护地公园内利用现有的水塘进行整理，形成新增水面；漴河（小东河）、玉带河交界处，为五河口旧址所在地，历史上是漴河（小东河）入淮的通道，现在水面已消失，但在条件成熟的时候可以对其进行恢复，形成一处城区不可多得的水面，并且提升周边的用地价值（图19为城区新增水面规划）。城南新区结合龙河整治，主要在新的行政中心附近形成环形水面，以提升城南新区的环境品质（图20为局部滨水景观设计）。

图19　城区新增水面规划

图20　局部滨水景观设计

（4）水文化的发掘和利用

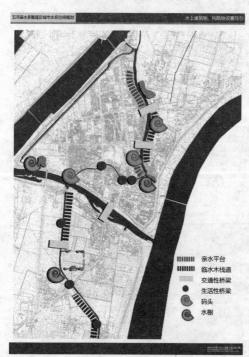

图21　水岸建筑物、构筑物设计引导

在县城规划中，规划注意收集和整理从秦汉时期、魏晋时期、隋唐宋元直至明清时期，水系与城市发展、消长、变迁的历史脉络，在对水有关的文化深入发掘的基础上，试着将五河的地方文化归纳为淮河文化，包括中原文化、徽州文化和吴楚文化的相互融合，并提炼出"恋土"和"亲水"的地方人文精神，与常规的城乡规划只注重历史沿革和普通文化的分别叙述相比，有很大的进步。这主要归功于空间详规中将水文化、地方建筑文化和地方传统景观相结合，对滨水空间建设提出了具体引导（图21为水岸建筑物、构筑物设计引导）。

3. 规划体会建议

① 本次规划是水系整理和建设规划相结合的一次尝试，也是水网地区城市专项规划的一次探索。我们感到对于水网地区的城镇，这类水系整理和建设规划十分必要，建议有更多同类城市开展这类专项规划，以丰富规划内容，不断完善规划体系。

② 规划过程中必须施行部门合作，与各部门加强沟通，实现资源共享。

③ 此类规划既不同于水利系统的以防洪、灌溉、航运、发电等传统的水利规划，也不同于建设部门为美化人居环境孤立地造湖造园的景观规划。而是在保持水系的整体、连贯、安全的前提下，建立人与自然和谐、水与城共生的生产、生活、生态空间。寄望有更多的城镇在更多实践的基础上注重水系整理规划方法论的总结。

执笔人：顾文选 姚立新 焦彬 谭璐 王宇

"经规"、"土规"、"城规"规划
整合的理论与方法

一、多规划融合的现实基础

经济的快速发展与向市场经济根本性的转轨对国家宏观政策和法规都产生了深刻的影响。例如，国家"十一五"规划首次引进指导性指标（非指令性指标）作为国家经济和社会发展目标（23个指标中有15个指标是指导性的），同时强调通过政策（财政、金融、货币、税收、补贴和扶持等方面）来引导产业升级、区域协调和城乡统筹发展、新农村建设、可持续发展等。国家"十一五"规划中对城市发展的另一个比较重要的创新体现在主体功能区的划分和实施方面（4个主体功能区）。通过主体功能区国家将首次向区域化的城市政策和规划（如土地政策、城市规划、环境和生态保护、移民、产业倾向等）方面发展。

经济的高速发展使城市建成区快速地向农村延伸和扩展，这既是城市化和工业化的必然结果，同时也将城乡两个不同的经济体和发展界面紧密地联系在一起，特别是在城乡交接地区，进而产生种种矛盾和冲突。粗略估计，涉及土地的种种问题（征地安置、违规建设、耕地过度开发等）绝大多数都集中在城乡交接地区。也正是城市交接地区的土地承担着耕地保护和为城市化和工业化供地的双重职能（还有环境和生态保护等），使土地管理和城市规划面临巨大的挑战。因而，针对城乡边界的动态性和城市化带来的城乡联系，政策和法规需要从一个整合的角度来管理土地和规划城市发展。

规划城市发展是综合和复杂的，主要包括经济预测、土地供给分

本文曾发表于《规划师》2009年第3期。

析、土地需求预测、经济活动空间布局、城市土地利用与交通整合、城市发展与环境协调等内容。然而，中国的规划体系表现出显著的破碎性，非常不利于指导城市空间的可持续发展和城市竞争力的提高。随着市场经济的发展，整合中国主要规划体系（如社会经济发展规划、国土规划、城市规划、交通规划等）的必要性和迫切性越来越突出。2007年通过的《城乡规划法》强调城市一体化的规划模式、强调城市总体规划应当依据国民经济和社会发展规划、要求与土地利用总体规划衔接就是一个证明。国外在这方面积累了相对丰富的理论和经验，引进、吸收并结合中国国情加以应用是非常有必要和有意义的。

问题是如何使20年的城市总体规划与5年一个周期的经济和社会发展规划充分地衔接？《城乡规划法》要求城市总体规划要以经济和社会发展规划为依据，这就意味着城市总体规划需要提供足够的土地供给及发展布局，从而能够满足4个经济和社会发展规划周期发展的全部需求。4个经济和社会发展规划周期中，至少3个规划周期的内容（经济发展规模、方向、速度等）是未知数，如何使城市规划能够充分地依据未知的经济和社会规划并为之服务？这些挑战对城市总体规划发展容量（可建设用地范围和规模）的确定提出了高要求，既要应对未来发展的不确定性，又要应对规划调整和修编的严格程序。

《中华人民共和国宪法修正案》（2004年）第99条规定地方政府（县级以上政府）应该制定经济和社会发展规划（县级以上的地方各级人民代表大会审查和批准本行政区域内的国民经济和社会发展规划、预算及执行情况的报告），第5条规定"一切法律、行政法规和地方性法规都不得同宪法相抵触"。因而，城市经济和社会发展规划的法律地位高于城乡规划和土地利用总体规划。

二、中国规划体系的破碎

中国规划体系繁杂、相互之间重叠交叉现象普遍。"十五"期间，省、地（市）、县政府编制的"十五"规划纲要、重点专项规划、行业规划等有7300多个，很难避免这么多规划之间出现的内在矛盾，结果是如此多的规划既让市场无所适从，又让政府难以实施。

1. 经济和社会发展规划

国民经济和社会发展规划（简称"经规"）是各级政府调控经济和社会发展的纲领性文件，是各项专项、行业和区域规划编制的依据。

"经规"最突出的矛盾是如何发挥市场配置资源的基础性作用，同时体现国家或政府宏观调控作用。"经规"的问题表现在以下四个方面：① 规划包罗万象，不适应政府职能转变的要求，不论是竞争性行业还是非竞争性行业一般都包含在规划内容内；② 可操作性差，"市地"以下政府，特别是县区以下政府在"银"、"税"等方面基本没有自主权，缺乏必要的宏观调控手段；③ 经济和社会发展规划实施的主要手段是通过固定资产投资和重大项目（基础设施和大规模招商引资）的安排，地方政府为了经济发展速度而积极地安排固定资产投资；④ 经济、社会发展与人口、资源、环境建设融合性较差。

2. 城市规划

中国城市规划的问题主要表现在以下几个方面。

① 城市规划成为决定和影响城市空间结构及其发展演变的决定性因子，而其他因子如税制、基础设施投资、政策法规、市场等，由于规划的刚性难以发挥应有的作用，城市规划导致城市效率损失也就在所难免。规划缺少对经济和市场的充分考量导致的城市发展与市场脱节，成为城市规划频繁修编的缘由之一，也带来巨大的机会成本，影响城市可持续发展。

② 过于宏观的土地功能分区（指规模宏大、空间上成片的工业区、休闲旅游区等功能分区），既不利于提高土地利用效率，也不利于更好地规划和管理城市。各类城市土地开发规模宏大，且分布零散，相互之间缺少有机的经济联系，导致劳动力无法充分地发挥空间聚集效应，城市交易成本和基础设施投资增加。

③ 城市规划中的一项重要内容是确定土地供给（总量及其空间分布），但是根据人均土地利用指标来确定土地供给的模式既不利于规划应对未来发展的不确定性，也不利于通过价格杠杆来调节土地资源和资本资源的空间配置，使城市土地资源效率低下。

④ 城市总体规划过于强调物质设计和空间表现，缺少对城市经济、社会、公共财政等的考虑，结果导致规划的可操作性和可施行性都比较差。

⑤ 城市规划理念、方法落后于快速发展的现实需求。规划中缺少经济分析、空间定量分析、不同规划方案之间定量和客观的比较分析、政策分析，还缺少风险和后果分析。规划的理念还无法应对日益发展的市场经济，如何与市场经济协调地引导城市发展还没有引起规划界的高度重视。未来规划的挑战之一是如何与市场在指导城市发展上重新"分工"。

3. 土地利用规划

土地利用规划（简称"土规"）最重要的内容之一是确定土地利用指标（耕地保护、建设用地、耕地占用量、土地整理和开垦等指标），并相应地向下级行政单元分解和分配。由于城市建成区所占的国土面积非常有限，土地利用规划所覆盖的空间范围具有明显的非城市性。

自上而下、刚性地分配土地利用指标既缺少理论支持，又难以与地区发展现实相符。由于地方政府一方面担心分配下来的刚性土地指标不能满足未来发展的实际需求，另一方面，土地开发指标对地方政府来讲是巨大的财富，特别是建设用地指标或基本农田保护指标，蕴含着巨大的经济价值。比如，在中国沿海的一些地方，每公顷建设用地指标的市场价值已达45万元以上。地方政府千方百计地争取土地指标是预料之中。

在"一对多"（中央或上级政府对地方政府或下级政府）之间的博弈中，"一"所在的一方很难保证土地指标分配能够带来土地利用效率及其公平，难以实现土地供给与土地需求之间的平衡。比如，以上一轮规划为例，至2003年底全国建设占用耕地指标尚余33%，但各省区市的情况差别较大，有的省份（如上海、北京、浙江、山东、江苏等）规划实施了一半，建设占用耕地指标已全部用完（违法用地、折抵置换用地计算在内），而有的省份还有50%的剩余。

根据行为学分析，土地指标分配制度将促使地方政府夸大土地需求。刚性分配的土地指标不能满足未来的土地需求，地方政府上报的土地指标往往超过实际需求，在土地指标过剩的情况下，为了不影响未来（下一轮）规划指标分配，争取到的土地指标会被粗放式地开发和利用。土地指标分配的目的是为了保护耕地、提高土地利用效率，但由于没有充分地考虑土地利用决策背后的利益驱动，结果造成大量耕地被占用、土地利用效率低下。自上而下的土地利用指标分配割裂了市场机制对土地资源分配的联系，使土地利用决策不能够受制于土地价值，最终无法实现土地资源利用的最大化，造成土地资源浪费。

三、市场经济体系下现行各个规划之间产生矛盾和冲突的必然性

市场经济的日益发展愈发凸显现行规划体系对发展的阻碍。这是因为城市经济对国民经济的重要性随着工业化和城市化的发展而显得更加重要，在发达国家中，主要的国民经济活动也集中在城市，如首尔市、哥本哈根市、多伦多市、蒙特立市、温哥华市、伦敦市、斯德哥尔摩市、东京市、巴黎市等。

城市发展需要三大要素（资本、劳动力和土地）在空间上依据市场原则进行合理配置。中国许多城市在过去的二三十年里经历了前所未有的发展速度，中国城市快速的发展无疑得益于制度和体制改革所带来的资本和劳动力机动性的极大提高，以及土地制度改革（特别是土地出让金制度的实施）赋予地方政府在土地资源配置方面的灵活性和自由度。

但是，中国现行的规划体系在一定程度上依然存在着制约城市发展所需要的三大要素（资本、劳动力、土地）自由配置的现象。如图1所示，依据宪法（县级以上政府）制定的五年国民经济和社会发展规划或纲要确定的发展目标（如经济总量、结构等指标）中，投资项目是实现纲要目标最主要的手段之一。城市规划决定城市人口规模、土地规模及其城市空间发展布局。土地利用规划的主要内容是确定八大土地利用指标，并向下级政府分解和分配，其垂直管理特征非常明显。

城市政府为了发展经济，需要调配城市发展所需要的三大要素在空间上自由组合，这不可避免地与"自上而下"通过规划对要素流动和配置的干预发生冲突。规划的不断调整既揭示市场发展对资源配置的影响力，也反映政府被动地应对要素配置的冲突。

"经规"、"城规"、"土规"不仅在内容上有很大的差别，在

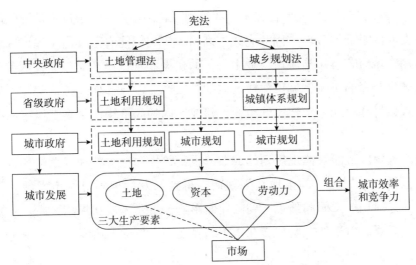

图1　规划体系对城市发展所需三大要素空间配置的影响

空间覆盖区域上也存在差别。区域上的差别不利于在快速城市化过程中
指导和管理城市的增长，进而不利于城市可持续发展和城市竞争力的提
高。如图2所示，城市建成区的边界（城乡边界）决定于城市地租与农
业地租曲线（简化模型，不计土地开发成本）。随着城市化和经济的发
展，城市地租曲线向外推移。这样，可以根据城市地租曲线将城乡地域
划分为4个区，即已经建成的城区、规划期内将要建成的城区、未来发展
区和农业区。一般城市规划的规划期在20～30年之间，很少超过50年，
又由于城市中长期发展预测的不可知性，规划区域预期发展区之间的边
界应该是不确定的，具有一定的灵活性。

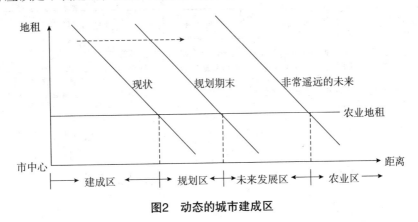

图2　动态的城市建成区

表1说明不同区域中存在不同的规划和管理焦点。建成区发展面临的主要问题是旧城改造，因为它成本高昂，规划职能有限。由于建成区密度高，城市节点（指城市就业中心）的建设非常重要。受工业技术和交通技术革命的影响，城市建成区内的第二产业没有任何区位优势，再加上人们对环境和生态建设的重视，建成区内的经济构成基本上以第三产业为主。

规划区最能够体现规划的成败，也是整合和融合各种规划的场所。这是因为规划区内的土地在规划期内得到开发，规划对城市发展的影响（包括积极方面和预想不到的负面影响）主要体现在规划区内。一方面，规划区由于处在城乡交互作用的界面上，各种矛盾和冲突集中（发展与保护、经济与环境、土地开发与耕地保护、土地开发利益分割、土地产权及其潜在利益与土地上的公共利益等方面的矛盾），规划面临的挑战在该区最为严峻。农业区因其内的土地在可见的未来不能得到开发而无法与城市发展产生联系，但是在快速城市化地区由于农村人口（特别是中青年人）流向城市的趋势显著而可能使农业区人口锐减，老年化趋势明显。农业区中这些因快速城市化而发生的种种变化不是规划问题，而是政策（农业、农村、社会等方面政策）应对的范畴。另一方面，已经建成的城市对规划的城市发展有着深刻的影响，主要表现在：① 现有城市基础设施对城市发展的影响；② 城市劳动力将城市就业场所和居民联系起来；③ 城市建成区和规划区对未来的城市发展发生影响。

表1   **城乡区域发展及其管理特征**

区域	发展	规划挑战	规划和管理特征
建成区	经济发展（商务区和城市节点），侧重第三产业；商业、娱乐发展；城市基础设施和服务建设；旧城改造；文化和历史保护；城市开发空间建设等	旧城改造；城市基础设施建设	以继承现实为主，大规模的旧城改造具有非常明显的时段性；规划城市土地利用功能区，指导旧城改造；城市不能完全重建，故规划的主要目的应是避免城市质量的恶化
规划区	经济发展（新城市节点），第二、第三产业为主；基础设施和服务建设；土地开发和建设；城市环境保护；开发空间建设	多功能目标协调；城市发展供地；农村和环境保护	规划城市土地利用功能区；规划和建设在同期内基本同步；规划对城市发展的影响主要体现在该区；土地利用之间的协调；土地利用与基础设施之间的协调

续表

区域	发展	规划挑战	规划和管理特征
未来发展区	现有土地利用的维护和保护；环境和生态建设；农田和林地的发展和建设；区域性的城市基础设施建设；可能的城市土地开发和建设	为未来城市发展预留发展空间；农业和环境发展	规划城市土地利用功能区；规划和建设不在一个规划期内；规划的功能区具有较高的灵活性、对城市发展的影响有限；城市发展战略性展望
农业区	现有土地利用的维护和保护；环境和生态建设；农田和林地的发展和建设；区域性的城市基础设施建设	农业和环境发展	非城市土地利用规划（环境、生态、自然资源、水系等保护和管理）区域发展规划挑战规划和管理特征

　　根据预测未来发展区内的土地基本上不在（本轮）规划期内得到开发，但应该在（本轮）规划中得到相应的考虑：① 如果实际发展速度快于规划所依据的预测，未来发展区内的一些土地将在规划期内得到开发，因此考虑到未来发展的不确定性和城市发展的灵活性，城市规划所考虑的空间范围应该更广一些；② 城市发展的不可逆性，土地利用之间的相互作用（主要是就业和住宅）及土地利用与城市交通相互作用和影响，要求土地开发决策和城市基础设施投资决策不仅需要考虑建成区和规划区内的土地利用，还应考虑未来城市发展及其土地利用，从而使城市发展具有长期可持续性；③ 规划的空间范围远远大于规划期内可能需要的土地开发和建设规模，是为城市发展提供灵活性的必要条件。

　　"城规"涉及的空间范围主要是建成区和规划发展区，而"土规"主要涉及的地域范围为未来发展区和农业区。尽管"经规"是根据行政单位编制的，但是"经规"缺少空间内容。因此，"经规"、"城规"、"土规"在空间覆盖区域上及空间规划重点上具有一定的差异，具体来说，"经规"在空间上难以具有实际的指导意义，"土规"和"城规"在图2所示的规划区和未来发展区范围内往往存在各自为政的规划，在用地类型、用地数量上都存在差异。而图2所示的规划区和未来发展区是规划最应发挥作用的区域，然而却是现行规划体系下规划最为不统一、规划之间矛盾和冲突最多的区域。

　　美国的土地制度和城市规划模式值得我们参考。美国政府通过规划在全区域内决定每块土地的利用类型和强度（城市用地），而土地开发的时机则完全取决于市场。开发商在一个给定的时间里在土地开发的区位上有相当大的选择余地，在土地私有制下，开发商负责获取土地，政府在土地开发中的土地取得上只提供市场交易的法律保障。美国模式能够为城市发展提供较好的规划服务需要三个前提：① 应以实际发展需求为驱动力，而不是为了规模而开发；② 每块土地开发都是有效率的，不能变相地鼓励土地过度开发或土地资源的浪费；③ 城市发展监控是保证土地开发符合需求的前提之一。此外，土地利用类型及其规划需要一个统一的系统来指导未来的开发和利用。中国目前不同的规划（如"城规"、"土规"）对土地用途的规划自成体系，相互之间缺少对应，不利于规划的整合和融合。

总之，快速城市化时期城市空间迅速扩张和市场经济体系下城市发展的不确定性，要求城市规划覆盖的区域不应该局限于建成区和规划区，还应该覆盖未来发展区，当然未来发展区的规划弹性应该是相当高的。

四、"经规"、"土规"、"城规"之间的融合

1. 内涵

图3显示三种规划之间的关系，三种规划相互之间互有重叠。图中的"1"和"4"表示"经规"与"城规"之间的重叠部分，"2"和"4"表示"经规"与"土规"之间的重叠部分，"3"和"4"表示"城规"与"土规"之间的重叠，"4"表示"经规"、"城规"、"土规"三者的重叠部分。需要指出的是，图3是示意性的，重叠部分面积的大小并不代表重叠内容的多少，重叠部分比重可能较小，但是重要性可能非常大。本文讨论的范围限于图中"4"代表的"三规"重叠部分。

市场经济体系下，就业机会的增加是城市发展的原动力。"经规"通过项目和投资规模深刻地影响经济发展，进而影响城市人口规模和住房需求。人口、住宅、就业增长又是影响城市基础设施和服务设施的重要因子。"土规"在多规融合中的作用主要是通过耕地和环境保护来影

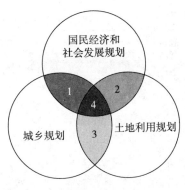

图3 规划之间的关系

响可开发土地。"城规"则通过规划城市土地利用功能分区来推动土地利用与交通之间的整合，消除土地利用之间产生的外部效应。

2.逻辑

融合的"经规"、"城规"、"土规"应该至少有三个模块，即土地需求模块、土地供给模块和土地分配模块。图4为城市土地需求分析框架图，其中很重要的一个内容是如何将经济分析和预测结果转化为城市土地发展需求量。表2说明工业行业类型与土地利用类型之间的关系，这个表是根据经济（就业）预测来推算城市土地需求（为经济发展服务）的关键。

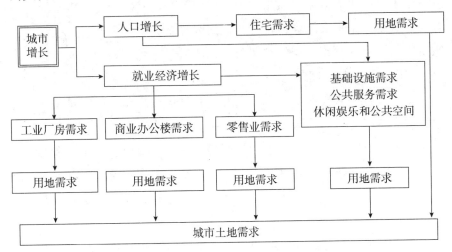

图4 城市发展土地需求分析

表2　工业行业类型与土地利用类型之间的关系（美国波特兰城市）

工业行业	土地利用类型		
	零售（%）	办公（%）	工业（%）
制造业	0	4	96
建筑业	0	40	60
交通、通讯、公用事业	10	25	65
零售、批发	50	10	40
金融、房地产	60	40	0
其他	35	45	20

　　土地供给模块相对而言比较简单，主要考虑环境、生态、农业、林业、资源、文化历史、特殊用地等方面的限制要素，划分可建设用地总量及其分布。发展和市场的压力也应该是考虑的重要因子。通过打分和权重赋值，进一步划分可开发土地的优先等级。

　　土地分配模块是三个模块中最复杂的。这个模块需要解决不同土地利用类型的空间分布问题，其中最重要的部分为就业和住宅的分布。也就是说，土地分配模块需要回答如下问题：① 家庭（根据收入、构成、大小等划分类型）数量及其空间分布；② 就业（制造业、零售、办公等）分布及其空间分布。这些问题解决了，未来的城市发展空间结构也就确定了。由于有效率的城市空间结构离不开与其整合的城市基础设施和交通网络，土地利用和城市交通之间的复杂关系使我们必须依赖模型来决定未来土地利用类型的空间分布，依靠经验和大脑无法准确把握、无法产生有效率的空间结构。

　　多规融合需要模型支持。多规融合需要将经济和人口发展、城市土地利用、城市交通和基础设施整合在一起。其逻辑是：① 经济和人口增长作为城市土地需求的驱动力；② 环境、社会、历史、耕地等因素作为约束条件影响可开发土地规模及其区位；③ 土地利用模型决定各种土地利用类型（工业、商业、住宅、写字楼、办公等）及其强度（容积率）的空间分布。

　　融合的规划一方面利用经济和人口模型提供的就业和人口（住宅）总量作为约束条件，根据区位间的交通量决定人口和就业的空间分布；

另一方面人口和就业空间分布影响交通量的需求及其空间分布，最后通过迭代循环求出最优解。通过定量分析，这种整合的模型不仅能够为城市规划在决定城市土地需求、城市功能分布方面提供决策支持，还能够促进城市土地利用与城市交通的整合。

在快速城市化地区，推行合理和可持续的城市规划及政策，应综合统筹考虑城市发展的各个方面，如经济发展、土地利用、住房供给、公共服务、基础设施、交通、公共空间等。以上这些因素分别从社会、经济和环境等不同角度，对城市商业和城市居民有着重要贡献，并且是构成城市竞争力及构建高质量城市生活的关键。

表3给出较为详细的多规融合的内容和方法。这些方法应该在多规融合的方案中得到充分的利用，为规划提供科学的依据。

快速城市化和市场经济的日益发展对城市发展的规划和管理提出了新的挑战。现行破碎的规划体制不利用城市空间的有序发展，不利于城市要素资源最大限度的利用和开发。"经规"、"城规"、"土规"相互之间需要整合和融合，同时也需要与交通规划协调。多规融合不仅仅是几个指标在不同规划中达成一致，更重要的是内在逻辑和内涵达成一致，表现为土地需求、供给、空间分配的统一和协调，以及在土地利用之间、土地利用与交通之间的整合。

表3 多规融合的内容和方法

内容	方法	规划
城市发展预测、经济增长、战略研究	经济基础理论、转移—份额分析、投入产出模型、计量经济模型	经规、城规
土地需求（住宅、商业、工业、公共设施、绿色空间等）	生产函数分析、固定比例分析、最小需求分析、计量经济模型	城规、土规
土地供给（环境、生态、文化、历史、特殊用途）	可适宜性分析、约束条件分析、边界条件分析	土规
城市基础设施规划	最优投资模型、空间布局模型	城规
土地空间分配（城市土地利用功能分区、区位模式、城市发展形态等）	行为模型（劳瑞土地利用模型、空间相互作用模型、交通需求和规划模型）、公众参与（方案模拟规划）	城规
环境、绿色空间、文化历史等	影响评价分析及其模型	城规

续表

内容	方法	规划
规划和政策影响评价	指标计算（交通模型、土地利用模型、能源消费模型、计量经济模型等）、决策理论和模型（多目标效用函数）	

多规融合涉及面很广，如制度和体制、政府管理、方法和技术等。本文只讨论多规融合的内容、逻辑、模块。

执笔人：丁成日

第二篇
国内案例

诸暨市"三规"编制比较分析

　　诸暨市位于长江三角洲南翼，是浙江省直辖县级市，由绍兴市代管。全域面积2311平方公里，辖27个分镇街（道），500余村委、居委会。2009年末全市户籍人口106.67万人，常住外来人口约40万。2010年诸暨市人均GDP达到58300元，财政总收入达到65.51亿元，地方财政收入37.33亿元，城镇居民人均可支配收入31413元，农村居民人均纯收入14549元。县域经济基本竞争力居全国第13位，达到中等发达国家（地区）发展水平。以中国"袜业之都、香榧之都、珍珠之都"著称。

一、"三规"编制完成情况

　　土地利用规划编制完成情况。诸暨市2006年2月启动了新一轮《土地利用总体规划（2006~2020年）》修编工作，2010年已送审，目前尚未批复。

　　土地规划原则：耕地数量基本平衡。即规划期末土地利用总体规划中的耕地数量与规划基年（2005年）耕地数量要保持基本一致，规划期内可以允许占用规定数量的耕地，但是必须对占用的耕地通过土地整治进行补充，要求规划期末，耕地数量不减少、耕地质量不降低。为此，诸暨市主要通过开发低丘缓坡、复垦土地、撤并缩减农居点，退宅还农、还园、还林补充耕地。

　　规划衔接方式：自上而下的约束性指标。在现行土地利用管理体制下，土地规划的上下衔接主要通过上级政府对下级政府下达约束性指标的方式进行。在新一轮规划中，如《绍兴市土地利用总体规划（2006~2020年）》中给诸暨市下达7项指标，如表1。

表1　　　　　　绍兴市下达给诸暨市土地利用总体规划指标

指标名称	数　量
耕地保有量	51833.3公顷
基本农田保护面积	48666.7公顷
城乡建设用地	19537公顷
新增建设用地	5427公顷
人均城镇工矿用地面积	115平方米
万元二、三产增加值用地量	26.1平方米

诸暨市以同样的方式给其所辖乡镇（店口等）下达土地利用的约束性指标。但是，一般情况是新增建设用地指标只分解到县级政府（包括县、县级市和县级区），如诸暨市并未在其土地利用总体规划中将新增建设用地指标全部分到各乡镇（街道），只是将补充耕地的任务下达到各乡镇（街道）①。也就是说，乡镇政府新增建设用地的主动权极其有限。

现实发展冲突：先建设后调整规划的现象非常普遍。2006～2020年期间，诸暨市仍处于城镇化加速发展阶段。一方面需要加大交通、水利等基础设施建设；另一方面城市建设也处于扩张时期。因此，城镇用地、工矿用地、交通用地的新增需求压力较大。在现行土地利用模式下，建设用地的供给往往难以满足城市发展的需求。比如2010年诸暨市建设项目需要的建设用地增量已接近绍兴市要求诸暨市2020年内不可突破的新增建设用地指标数，即5427公顷。

市域总体规划编制完成情况。诸暨市2004年启动了《诸暨市域总体规划（2005～2020）》的修编工作，为时三年，后将分析基础数据调整至2006年，成为《诸暨市域总体规划（2006～2020年）》，该规划2008年获浙江省人民政府的批复。

不过，《诸暨市域总体规划（2006～2020）》与《诸暨市土地利用

---

① 这也是一个"不成文"的方式，地方城市在规划中将新增建设用地作为可调节的指标不完全在规划中明确，乡镇级政府并不编制单独的土地利用总体规划，其土地利用以图表的方式体现在上级政府的土地利用规划中。规划中仅明确乡镇政府对农地保护责任和未利用地的处置权，对建设用地的使用权并不明确。

总体规划（2006～2020年）》均以土地利用变更调查数据中地类规划为依据。诸暨市市域总体规划中各类用地安排基本以土地利用总体规划为依据，对比两个规划的地类预测值，可以发现各类用地面积基本符合，导致出现差别的原因是市域总体规划编制完成并获批复的时间早，当时土地利用总体规划预测的版本与市域总体规划完全一致，而现在的土地利用总体规划对各类用地进行过调整。如表2、表3所示。

表2　　　土地利用总体规划各类土地比例预测值（2010年、2020年）

地类名称	规划近期（2010年）		规划远期（2020年）	
	面积（公顷）	比例（%）	面积（公顷）	比例（%）
总计	231145.6	100	231145.6	100
农用地	193940.37	83.91	198106.61	85.70
建设用地	28232.58	12.21	24518.37	10.61
未利用土地	8972.66	3.88	3.69	3.69

表3　　　　　　市域总体规划各类土地配置（2010年、2020年）

地类名称	规划近期（2010年）		规划远期（2020年）	
	面积（公顷）	比例（%）	面积（公顷）	比例（%）
总计	231145.6	100	231145.6	100
农用地	194697.8	84.2	194206.1	84.0
建设用地	24476.4	11.5	27150	11.8
未利用土地	9989.6	4.3	9789.6	4.2

经济社会发展规划编制完成情况。近10年，诸暨市编制了3个经济社会发展规划，一个是《诸暨市国民经济和社会发展第十一个五年规划纲要（2006～2010年）》（简称"十一五"），一个是《诸暨市国民经济和社会发展第十二个五年规划纲要（2011～2015年）》（简称"十二五"），另一个是《诸暨市经济社会发展战略规划》。前两个规划已完成，最后一个战略规划正在编制过程中。诸暨市"十一五"规划共24页篇幅，重点确定了"十一五"期间包括经济和社会发展52项主要指标，明确7项包括城乡统筹、经济结构调整、完善空间和基础设施等战略导向，涵盖新农村建设、中心城市、生态高效农业、现代产

业集群、基础设施建设、外向型经济、生态城市等10余个具体任务。诸暨市"十二五"规划内容更加丰富，共用了48页篇幅，总结了诸暨市"十一五"规划的完成情况，并围绕"富裕、美丽、绿色、宜居"的现代化大城市的主要目标，明确了9项具体任务，围绕产业、民生、生态、文化等各领域制定了50余项主要的指标。《诸暨市经济社会发展战略规划（2011~2030年）》正在编制过程中，该规划以"新型城市"为主线，围绕人口集聚、提升块状经济、改善和保障民生、优化城市布局形态、加强区域协调发展5个方面描述今后20年间诸暨市的发展路径，该规划是集经济社会发展与空间布局、土地利用于一体的战略性规划，既有"十二五"规划中关于经济社会发展宏观的战略构想，又有市域总体规划和土地利用总体规划中明确的重点项目布局和土地节约集约利用具体的措施。

二、"三规"相关内容与指标比较

"三规"提出要在规划期内，重点突出中心城市的功能，优化全域空间格局。土地利用总体规划根据土地利用条件、利用方式、利用方向和管理措施的相似性和差异性，划分了基本农田保护区、一般农业用地区、林业用地区、城镇建设用地区、村镇建设用地区、风景旅游用地区和其他用地区7种土地用途分区，每类分区的主要用途被明确定义，使用方式和用地指标、用地布局被制定了严格的管制细则。市域总体规划将市域空间划分为适宜建设区、限制建设区、禁止建设区3大类，明确划定"红线"（城乡建设用地范围）、"蓝线"（水系保护范围）、"绿线"（绿地保护范围）、"紫线"（历史文化遗产保护范围）、"黄线"（基础设施用地保护范围），并采取不同的综合管制措施。"十二五"规划提出要切实发挥主体功能区划在国土开发中的总控作用，推进形成优化开发、重点开发、生态经济、生态保护和限制开发五类主体功能区域，针对功能区域的特点和条件，制定空间开发引导机制。

表2和表3分别是土地利用总体规划和市域总体规划中分区及其管制措施的情况介绍。在土地利用总体规划中，分区的标准是根据土地利用

类型，管制措施也是针对土地使用的权限，强调的是不同用途之间相互转换需要遵守的程序和规定。这个分区是在国家提倡实行不同的区域实行差别化的土地管理手段的背景下形成的，并不是诸暨市的首创，差别化的管理手段为土地资源管理部门在处理报批用地决策上提供了一定的依据。比如国土资源管理部门遇到基本农田范围内用地报批手续时，会根据该区域内的管制措施选择批准和不批准，如在基本农田保护区内进行非农建设，国土资源部门会选择不批准。而市域总体规划中的分区则是针对能否建设来划分的，管制措施也是针对建设项目设定的。这个分区与土地使用没有绝对的关系，只是在"绿线"禁止建设中提到基本农田不能随意占用，但是对于城乡建设等其他分区内的建设项目，只是从经济、社会和生态等的合理性来指明是否适宜建设的，但并不以土地使用的合理性的角度来划分。所以土地利用分区是为土地管理服务的，而市域总体规划中的分区是为城镇建设管理服务的，两个规划分区的侧重点不同。但是，两个分区突出的城市发展空间却是一致的，从表2和表3最后一行可以看出，土地利用总体规划和市域总体规划确定城市发展空间的用地安排、城市建设都是突出了诸暨市"一体两翼"框架，"南北工业、中部城市、东西旅游"的城市发展格局，土地利用总体规划通过建设用地保障来体现，市域总体规划通过建设项目来体现，这也是两规协调的一个方面的体现。

表4 诸暨市土地利用规划分区

分区名称	所在区域	面积（公顷）	管制措施
基本农田保护区	分布在地势平坦、土壤肥力较高的诸北平原及诸中盆地地区，诸东、诸西丘陵	54080.1	①禁止建房、建窑、建坟、挖砂、采矿、取土、堆放固体废弃物或者进行其他破坏基本农田的活动 ②管护区内农田道路、水利、农田防护林及其他农业设施 ③区内非农建设用地和其他零星农用地应当整理、复垦或调整为基本农田 ④禁止占用区内土地进行非农建设 ⑤根据规划安排占用区内预留耕地的独立建设项目，可不补划基本农田，并简化相应地报批程序

续表

分区名称	所在区域	面积（公顷）	管制措施
一般农地区	在全市各镇（乡、街道）均有分布	23601.9	①区内土地包括耕地、园地、畜禽水产养殖地、农村道路、农田水利、农田防护林及其他农业设施用地 ②区内非农业建设用地和其他零星农用地应当优先整理、复垦或调整为耕地 ③未经批准，不得占用区内土地进行非农业建设
林业用地区	西部的马剑、五泄、草塔、同山镇等乡镇，以及东部的枫桥、赵家、东和、东白湖、陈宅、岭北等乡镇	114829.9	①区内土地主要用于林业生产，以及直接为林业生产和生态建设服务的营林设施用地 ②区内非农建设用地应按适宜性调整为林地 ③零星耕地因生态建设和环境保护需要可转为林地 ④未经批准，不得在区内进行非农建设。不得在保护区核心区进行新的生产建设活动
城镇建设用地区	分布在全市各镇（街道）	12416.7	①区内土地主要用于城镇建设和产业带发展，须符合经批准的城市、建制镇建设规划 ②区内城镇建设要通过存量建设用地挖潜，提高土地集约利用水平。充分利用现有低效建设用地、闲置地和废弃地。严格控制城镇及产业用地规模，优化城镇用地和工矿用地布局 ③区内农用地在批准改变用途之前，按现状用途使用，不得荒芜 ④区内建设用地应当整理复垦为耕地或其他农用地，规划期间确实不能整理、复垦的，可保留现状用途，但不得扩大面积
村镇建设用地区	市域村庄用地全市各镇均有分布，集镇用地主要分布在东和乡	13434.6	①区内土地主要用于村镇建设，须符合经批准的村庄和集镇建设规划 ②农村居民点建设新增用地，主要用于中心村建设，保障农村基础设施建设用地。执行相关村庄规划 ③鼓励零散分布的村庄通过农居点整理合理搬迁、撤并部分农居向中心村集中 ④充分利用农村居民点规划区内建设用地、空闲地、废弃地 ⑤村庄若需改造，充分尊重群众意愿
风景旅游用地区	中心城区西施故里、古越文化区、五泄风景区、斗岩风景区、汤江岩风景区；旅游东线东白山自然保护区等中心城区西施故里、古越文化区、五泄风景区、斗岩风景区、汤江岩风景区；旅游东线东白山自然保护区等	104.4	①区内土地主要用于旅游、休憩及相关文化活动 ②区内土地使用应当符合风景旅游区规划 ③区内影响景观保护和游览的土地，应在规划期间调整为适宜的用途 ④在不破坏景观资源的前提下，允许区内土地进行农业生产活动和适度的旅游设施建设

续表

分区名称	所在区域	面积（公顷）	管制措施
其他用地区	全域范围内的交通、水利、特殊用地等	12683.6	①区内土地使用应符合有关法律法规及已批准的相关规划 ②严禁破坏特定用途，本着保护和改善区内土地生态环境的原则利用该区内土地 ③规划期间区内影响特定用途的其他土地，应按照相关规划调整至适宜用途 ④保护区内的零星农用地，要禁止其用途转变
建设用地空间管制	禁止建设区	8668.8	①区内土地主导用途为生态与环境保护空间，严格禁止与主导功能不相符的建设与开发活动 ②除法律法规另有规定外，规划期内禁止建设用地范围不得调整
	允许建设区	19493.5	①区内土地主导用途为城镇村或工矿建设发展空间，具体土地利用安排应与依法批准的相关规划相衔接 ②区内新增城乡建设用地受规划指标和年度计划指标双重控制，应统筹增量保障和存量挖潜，确保土地节约集约利用 ③规划实施过程中，在允许建设区面积不改变的前提下，其空间布局形态可调整，但不得突破建设用地扩展边界 ④允许建设区边界的调整，需报规划审批机关同级国土资源管理部门审查批准
	有条件建设区	6357.8	①区内土地符合规定的，可依程序办理建设用地审批手续，同时相应核减允许建设区用地规模 ②规划期内建设用地扩展边界原则上不得调整；如需调整，按规划修改处理，严格论证，报规划审批机关批准
	限制建设区	8668.8	①区内土地主导用途为农业生产空间，是开展基本农田建设和农业发展，也是土地整理复垦开发主要区域 ②区内限制城、镇、村新增建设，严格控制线性基础设施和独立建设项目用地
中心城区土地利用控制	中心城区规划控制范围包括暨阳街道、陶朱街道、浣东街道及大唐镇、草塔镇	43080	①中心城区性质定位：环杭州湾地区重要的制造业基地、承启浙江沿海与内陆的交通枢纽城市，具有"古越文化"底蕴的山水园林城市，诸暨市中心城区规划期末城乡建设用地总规模控制在8689.4公顷 ②引导建设用地合理布局、与城市规划有效衔接、保护生态环境的管制目标，划定城市建设用地规模边界、城市建设用地扩展边界，将中心城区划分成允许建设区、有条件建设区、禁止建设区和限制建设区，允许建设区的界限为建设用地规模边界，允许建设区和有条件建设区的复合边界是建设用地扩展边界，禁止建设区的界线是禁止建设用地边界

续表

分区名称	所在区域	面积（公顷）	管制措施
乡镇土地利用规划控制	农用地		①西部丘陵山地农业用地区：位于市域西部，包括次坞、应店街、马剑、五泄、同山5镇，坡地资源丰富，土壤以黄壤土类为主，适宜亚热带多重作物生长，重点抓好五泄风景区及五泄国家森林公园开发建设，利用本地区石灰岩"喀斯特"地貌积极拓展旅游新景点 ②中部河谷盆地城郊型、优质高效农业产业区：包括店口、阮市、山下湖等15个乡镇（街道办），该区人多地少，耕地资源十分紧缺。利用该区邻近上海、杭州等大城市的区位优势和信息、交通、经济等有利条件，大力发展外向型农业 ③东南部低山丘陵林特产业、自然生态保护区：位于市域东南部，包括赵家、东百湖等7个乡镇。本区属低山丘陵地貌，土壤富含石英砂，植被稀疏，水土流失十分严重，自然生态环境比较脆弱
	建设用地空间组织框架		"一体两翼"框架，结合产业发展趋势，建设用地空间布局确定为"南北工业、中部城市、东西旅游"

表5　　　　　　　　　　　诸暨市市域总体规划分区

分区名称	所在区域	范围	管制措施
红线	适宜建设区	城乡建设用地范围	①现状建成区控制要点：鼓励进行原地改造的建设项目，建设项目须符合规划要求；不断完善基础设施和社会设施，在确保环境质量的前提下适度提高土地利用率，尤其应提高产业园区、农村居民点的土地集约利用率…… ②规划建成区控制要点：城市内一切建设用地和建设活动必须遵循和服从合法规划，严格控制建设用地规模，集约利用土地……
蓝线	限制建设范围	水系保护范围	建设预留地控制要点：区内不设中心村，禁止房地产项目和产业园区开发项目，严格控制基础设施、社会设施投放量……
绿线	限制建设范围	绿地保护范围	风景名胜区控制要点：以生态自然保护为主导，严格控制建设量与开发强度，游人集中游览区或核心景区不得建设宾馆……
紫线	限制建设范围	历史文化遗产保护范围	历史街区和重要历史地段控制要点：参照《文物保护法》、《历史文化名城保护规范》……
黄线	限制建设范围	基础设施用地保护范围	①控制要点：高压线不能随意在规划建设区内斜穿，而应顺着道路走向、综合廊道走向进行布线。 ②区域性主干道以省道为参考标准，区域性次干道以县道为参考标准……

续表

分区名称	所在区域	范 围	管 制 措 施
绿线	限制建设范围	耕地保护区和其他农用地保护区	①控制要点：建议新一轮土地利用总体规划将基本农田划定在已建区、适建区外…… ②严格保护该区域内基本农田和优质园地，原则上不得改变其原有用地形态，不得减少面积…… ③本区域用地类型的变更必须符合相关法律、审批程序……
蓝线	禁止建设范围	水体保护控制区、饮用水源保护区	①一级水源保护区内现有村庄应逐步搬迁，鼓励迁出村民到城镇和平原地区中心村居住…… ②严格保护现有水域，不得减少水域面积……
绿线	禁止建设范围	自然山体、风景区生态保育区	①生态保育区不对游人开放，禁止开矿采石、伐木毁林…… ②维护生态多样性，严禁滥砍伐和破坏山林等行为
市域空间发展总体布局			"南北工业、中部城市、东西旅游"，"1-6-80"型"群星拱月"式城乡一体的居民点体系框架

"三规"都对规划期内重点工程进行了详细的规划。不同之处在于，土地利用总体规划中列出的重点工程是全域范围内交通、水利、电力、环保、旅游等4个方面基础设施及其用地需求、建设时间；市域总体规划中列出的重点工程主要是2010年以前需要建设的重点工程，涉及交通、电力、环保、旧城改造、新村建设、工业、绿化、给排水、燃气等11个方面的内容；"十二五"规划中列出的重点工程主要是2011～2015年5年间的建设重点，包括交通、水利、电源、电网、沼气、天然气、太阳能、信息化、生态环保、市政等10项基础设施。

表6　　　　　　　"三规"基础设施建设项目统计表

	交通	水利	电力	环保	旅游	其他
土地利用总体规划	32	9	61	9	3	—
市域总体规划	25	5	6	—	9	28
"十二五"规划	4	2	2	5	4	53

"三规"都对诸暨市经济社会发展目标进行分析预测，并针对某些指标规划用地。土地利用总体规划中提出9项指标，其中有3项经济发展指标、2项社会发展指标、4项资源与生态环境发展指标；市域总体规

划中提出26项指标，其中有4项经济发展指标、7项社会发展指标、4项生活质量指标、3项基础设施指标、8项资源与生态环境指标；经济社会发展战略规划中提出36项指标，其中有8项民生保障指标、5项经济发展指标、6项城乡统筹指标、4项科技创新指标、5项城市品质指标、8项生态环境指标。"三规"都涉及的指标共9项，土地利用总体规划和市域总体规划7项指标保持一致，3项略有差别（总人口、城镇化率、耕地保有量），经济社会发展战略规划的指标是2030年的，主要指标都比前两项规划指标要大，但是森林覆盖率、城镇绿化覆盖率与前两项指标仍然保持一致。

表7 "三规"主要指标对比

指标名称 2020年	土地利用 总体规划	市域总体 规划	"十二五"规划 （2015年）	经济社会发展战略 规划（2020年）
国内生产总值（亿元）	1500	1500	1000	2300
人均生产总值（万元）	12	12	9.3	18～20
三次产业结构	4:46:50	4:46:50	—	3:55:42
总人口 （万人）	130	128	107	150
城镇化率（%）	75	75.6	68	75
耕地保有量（公顷）	51833.3	57167		
万元GDP能耗（吨标准煤）	≤0.62	0.62	国家下达指标	0.35
万元GDP耗水（立方米）	≤70	70	<58	<80
森林覆盖率（%）	≥60	60	—	60%
城镇绿化覆盖率（%）	≥45	45	—	40
退化土地恢复率（%）	≥90		—	—
人均城镇工矿用地（平方米）	≤115		—	—
水环境	饮用水源水质达到Ⅲ级；部分争取达到Ⅱ级		—	—

三、"三规"协调的经验

诸暨市"三规"在编制过程中，无论从指标，还是从基础设施建设，甚至是从空间布局上，都实现了一定程度地相互衔接，这与国家政策背景以及诸暨市政府重视规划是有一定关系的。

诸暨市"三规"编制的时间主要集中在2005～2010年，这个时期是我国中央政府加强宏观调控的重要时期，也是国家规划密集出台的时期。中共十六大五中全会通过了《中共中央关于制定国民经济和社会发展第十一个五年规划的建议》，同年，国务院通过了《全国城镇体系规划（2006～2020年）》，2009年国务院通过了《全国土地利用总体规划纲要（2006～2020年）》，2010年国务院原则通过了《全国主体功能区规划（2006～2020年）》，国家层面的四大规划对规划期内的规划期、主要经济社会发展指标、空间开发重点以及土地利用进行了充分的衔接，为地方编制规划提供了重要的编制依据。正是在这个时期下，诸暨市迅速启动了"三规"编制工作，"三规"的形式与思路与国家出台的"四规"主要的目标保持基本一致，即在科学发展观的指导下，围绕经济方式朝着优化高效的方式转变，实现和谐发展的目标。

诸暨市政府高度重视规划编制工作，成立了规划指导委员会指导"三规"编制，为"三规"协调奠定了很好的基础。诸暨市政府历来重视规划的龙头作用，先后投入5000万元的经费，完成了20余项总体规划和专项规划。为了保证规划的科学性和前瞻性，以及与其他规划的衔接，诸暨市于2003年成立了以市长为委员会主任的规划管理委员会、市委常委会和市政府常务会议，每年都对城乡规划问题进行一次专题研究，每两月定期召开专题会议研究部署，协调处理城乡规划编制、管理、实施中的重大问题；本届政府每年由市财政安排1000余万元资金专门用于规划的编制和实施管理工作。讨论审核各项总体规划、专项规划，规划管理委员会的成员有市领导、各部门公务员、社会研究人员，还有资历较深的老干部、老党员。讨论规划时政府提供场所和会务经费，大部分人是零薪酬的，一些规划评审会支付一些专家费。在编制"十二五"规划期间，诸暨市成立了规划编制工作领导小组，定期召开规划编制联络员会议，抓好各专项规划的衔接工作。

专栏1　　　　　　　　诸暨市政府高度重视城镇规划工作

　　诸暨市历届市委、市政府都从战略性、全局性的高度，切实把城乡规划作为指导城乡建设发展的"蓝图"，作为调控城乡发展的基本手段，作为实现城乡可持续发展的重要保证。一是思想高度重视。市委常委会和市政府常务会议每年都对城乡规划问题进行一次专题研究，市里专门成立了由市长任主任的城市规划管理委员会，每两月定期召开专题会议研究部署，协调处理城乡规划编制、管理、实施中的重大问题；本届政府每年由市财政安排1000余万元资金专门用于规划的编制和实施管理工作。二是健全组织机制。本届市委、市政府在机构编制方面的第一件事就是把规划局作为政府职能部门、行政机关予以单设，负责规划管理日常事务；在全省率先建立基层规划管理所，改革村镇规划管理体制，把市规划局村镇规划管理机构延伸到中心镇一级，每个中心镇设1个基层规划管理所，给予编制和经费保障；又专门成立市域总体规划、土地利用总体规划及"十二五"规划等"三规"协调编制领导小组，进一步健全规划行政体系。三是完善规划体系。2000年，诸暨市在全省各县（市、区）中第一个被省里审批通过了市域城镇体系规划。并在此基础上编制实施了中心城区总体规划和各中心镇、一般镇、各行政村总体规划和市域环境保护、市域村庄布局、市域公共交通、市域环境卫生等多项市域专项规划，以及中心城市专项规划、城西工业新城分区规划、城东中心区详细规划、旧城改造详细规划等一大批规划方案，建立了较为完善的规划编制体系。为引导城乡空间布局优化、城乡资源合理配置奠定了坚实的规划基础。

　　广泛借智借力，重视公众参与，为"三规"在基础设施建设等具体项目的衔接提供了现实支撑。"三规"分别委托高校科研院所或聘请行业有关专家参与规划编制，在规划编制过程中，规划编制课题组都能深入基层调研，广泛听取民意，召开政府部门、企业和村民座谈会。规划初稿完成后，政府组织各部门负责人参与讨论，并进行了一定范围的公示，听取民众的反馈，并及时进行修改完善，规划编制完成后，将规划成果简介放在中国诸暨政府门户网站"政务公开"栏目中进行公告公示。所有的网民可以查看规划的相关内容，公示内容中包含联系电话，如果网民对规划内容持有异议，可以通过电话向规划局反映。

专栏2   **诸暨市城市规划监察机制**

为进一步规范规划执法工作，2010年8月市编委行文明确规定，规划执法职能由市规划局负责，规划局设立规划执法大队，与建设局城建监察大队合署办公，规划执法人员定编23名。目前状况是规划局委托城建监察大队履行规划执法大队的规划执法职能，城建监察大队下设规划监察中队、规划跟踪管理办公室及14个镇（街道）中队，现有93名同志在专门从事规划执法工作。根据编委确定的规划执法大队职责包括：负责查处全市违反规划法律法规的行为；负责全市建设项目规划跟踪管理等批后监管工作；参与全市农村私人建房选址放样工作。一年多来，共查处违法建筑759起，查处违法建筑面积75210平方米，实施强制拆除违法建筑36145平方米。在全市违法建筑专项整治中出动规划执法人员800多人次，为全市各镇乡、街道的违法建筑清理提供了执法保障。

评论：规划执法既需要严格执法，也需要人人维权。

诸暨市其余52%的违法建筑如何处理呢？另外，这些所谓的违法建筑在建设时为什么没有人监管。主要是因为被占用土地大多为公共所有的城市建设空间，在建设时没有人干预。如北京市复兴路61号院有若干家一楼的住户将阳台外扩，因为一楼阳台外扩并不具体影响其他住户，所以从来没有私人干预。因此，尽管住户私扩阳台影响了整个社区的美观，只要所在社区管理不严格，私扩阳台的事件仍会接连不断。另外，在20世纪80年代的高层住宅楼中有公共的天井用于消防和雨水疏通，但是一些一楼的住户将天井封起来，改为自家的洗衣间，结果公共的雨水管道变成了洗衣机下水管道，原本清洁整齐的小区不时有污水在院中流淌。

澳大利亚则采取"业主公约＋规划图、测绘图"的方式，确定业主的共有部分。房屋居住者要遵循规划图和业主公约的约定，接受建筑物区分所有权的登记。如果改变业主公约，需经50%以上的业主同意，由75%以上的业主同意才可以处分物业。

资料来源：http://www.pzhfc.cn/(X(1)S(afinrv45dl3z4ymxm4ywdxfm))/Articleview.aspx?id=997&AspxAutoDetectCookieSupport=1.

专栏3　建设房产·下坊门村安居小区B地块项目建设工程设计方案规划公示

　　诸暨建设房产开发有限公司位于永昌路东侧的下坊门安居小区出让B地块项目，建设用地面积3242.7平方米，地上建筑面积3956平方米，建筑层次4层（至檐口14.5米），建筑密度27.1%，容积率1.22，绿地率30%。为广泛听取群众意见，做到规划公开透明、公正、公平，实现"阳光规划"，特对诸暨建设房产开发有限公司·下坊门安居小区出让B地块项目规划建筑工程设计方案予以公示，如有异议，请在公示期限内向我局反映。

　　公示期限：2010年11月30日至2010年12月9日

　　联系电话：87116751

诸暨市规划局
2010年11月30日

四、"三规"协调的方式探讨

　　诸暨市"三规"编制情况为"三规"甚至"多规"协调提出了一些启示。尽管在规划界对"三规"合一提出了关于法理、机制、体制和操作的质疑，但是可以取得共识的是，目前我国的多项规划协调进行的条件已经具备。

　　从技术层面上看，三个规划步伐要一致，规划期限要一致，经济社会发展数据以基期年统计数据为准，规划经费统一拨付。诸暨市实现"三规"协调，首先在规划的编制基数都是以2005年作为基础的，虽然市域总体规划2004年开始编制，但是为了与土地利用总体规划和"十一五"规划保持基数相同，也将规划基数调整到2005年；其次是规划期限也基本一致，土地利用总体规划和市域总体规划期限都是2006～2020年，"十一五"和"十二五"规划都是五年期规划，这两项规划主要目标是土地利用总体规划和市域总体规划近期目标和中期目标的制定依据。"三规"顺利完成，与诸暨市政府提供了充足的规划经费也是分不开的。

　　从组织层面上看，"三规"协调必须要有一个强有力的组织，保障"三规"各负责部门能真正坐下来协商。诸暨市成立的规划管理委员会是实现"三规"协调的主要原因。规划管理委员会是有诸暨市长担任的,明确"三规"实现本市长远发展目标是一致的,所不同的是"三规"各自的规划侧重点不同,即"发展规划"确定本市经济社会发展总体目标,强调经济社会发展的引导;"市域总规"落实经济社会建设和管理,侧重于城乡建设的安排;"土地规划"确保在耕地动态平衡的前提下如何保障建设用地供应和用途分区。在编制过程中,避免规划内容重叠与矛盾。

从机制建设来看,"三规"协调需要建立相互配合、相互制约、相互促进的互动机制。土地利用总体规划和市域总体规划不仅要以"发展规划"为依据,土地利用总体规划与市域总体规划要互相衔接,发展规划也应与市域总体规划相衔接,发展规划和市域总体规划的建设项目还应符合土地利用总体规划。

《浙江省人民政府关于诸暨市市域总体规划的批复》(浙政函〔2008〕51号)中明确提出,市域总体规划具体建设用地规模要进一步与新一轮土地利用总体规划相衔接,"发展规划"中也明确提出要保护诸暨市耕地,提出的"统筹空间开发框架"与市域总规保持一致,土地利用总体规划中的发展指标及土地分区及用途管制分别与经济社会发展规划和市域总规保持一致。

执笔人:郑明媚

广东省顺德区"三规合一"探索

　　顺德位于广东省的南部，珠江三角洲平原中部，正北方是广州市，西北方为佛山市中心，东连番禺，北接南海，西邻新会，南界中山市。顺德距广州32公里、香港127公里、澳门80公里。地处东经113度1分、北纬22度40分至23度20分之间，总面积806.15平方公里。

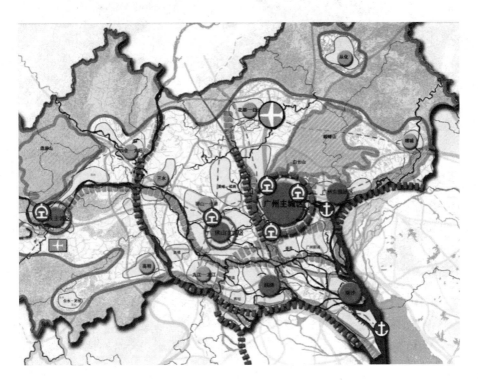

图1　顺德区区域位置图

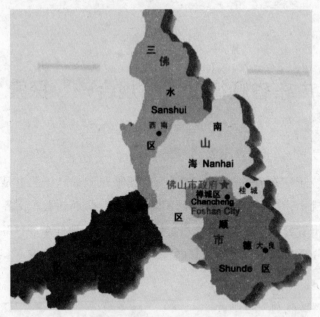

图2　佛山市行政区划图

2011年，顺德区户籍人口123.83万人，常住总人口247.34万人，全区实现地区生产总值2263.93亿元，其中，第一产业增加值38.22亿元，增长2.5%；第二产业增加值1382.09亿元，增长12.0%；第三产业增加值843.62亿元，增长13.5%，三次产业结构为1.7∶61∶37.3。按常住人口计算，人均地区生产总值91531元，已经突破10000美元大关。全区实现税收收入300.08亿元，比上年增长14.6%，其中，地方财政一般预算收入122.06亿元，全区城镇居民人均可支配收入34262元。

一、顺德区"三规合一"的背景与基础

2009年3月，顺德区被广东省委、省政府确定为广东省管县试点单位，成为广东省唯一的省管县试点，在社会经济文化事务方面享受地级市权限。"省直管县"的改革一方面从行政体制上给顺德的改革与发展提供了动力机制，扩大了顺德改革与发展的体制空间；另一方面，通过赋予顺德在人事、财政、决策、城市建设等方面的行政自主

权，为顺德在新一轮改革与发展过程中能继续走在全国的前列提供了必要的机制保证。

2009年9月，根据《广东省委办公厅、广东省人民政府印发的〈关于深圳等地深化行政管理体制改革先行先试的意见通知〉的通知》（粤发办〔2009〕13号）有关要求，结合顺德发展实际需要，广东省委、省政府批准了《佛山市顺德区党政机构改革方案》。机构改革之后，顺德区的党政机构由原来的41个精简到16个，精简幅度接近2/3。

在顺德区政府机构整合中，分别设定了区发展规划和统计局、区国土城建和水利局。前者将佛山市规划局顺德分局、原发展和改革局（物价局）、原统计局、原经济贸易局中产业发展规划、原区环境保护局生态环境保护规划和原佛山市国土资源局顺德分局土地利用总体规划的职责，整合划入发展规划和统计局。不再保留区发展和改革局、统计局、佛山市规划局顺德分局；后者将原佛山市国土资源局顺德分局、原建设局（房产管理局）、原水利局、原交通局（港航管理局）的职责，整合划入区国土城建和水利局。

此次整合既较大规模地精简了政府机构，也极大地提高了政府办公效率，避免了原有各部门之间就交叉业务权责不明晰，相互"扯皮"等状况的发生。同时，此次机构改革，为国民经济和社会发展规划、城市总体规划、土地利用总体规划、产业发展规划和生态保护规划等相关规划的编制和衔接起到积极的促进作用，也是本次"三规合一"的重要基础。

二、顺德区"三规合一"具体做法①

1.完善规划编制组织

（1）成立"三规"编制协调机构

在顺德大部制改革的基础上，成立了统一的规划管理机构，并设立了顺德区"三规"编制工作领导小组和"三规"编制工作办公室。

---

① 《顺德区"三规合一"前期研究报告》广州地量行数字规划科技有限公司等。

（2）实施建立和完善规划工作会议机制

根据规划工作的阶段进展构建了三个层面的工作会议机制。第一层面是重大问题决策会议，主要审议事关城市发展的重大战略性问题；第二层面是重要工作协调会议，主要审议城市总体规划修编的一般性重要问题；第三层面是日常工作促进会议，协调城市总体规划修编的具体问题。

（3）完善社会公众参与规划工作的形式

为了便于调动和保证社会各界力量，积极参与到规划编制过程中来，顺德区将社会群体进行了细分，以保障各界别的规划需求都能得到反映，提高规划的科学性和民主性。五个层面主要包括：市、区、县各级政府、各职能部门的参与；人大、政协的参与；省内外专家的参与；各种团体（非政府组织，包括行业协会）和企业的参与；广大市民群众的参与。

2. 统一技术方法

（1）统一编制基础

基础数据方面，发改、规划和统计将使用统一的经济、人口、资源和土地利用现状数据，这样可避免在基础资料收集方面的重复工作和引用数据不一致造成的分析偏差。

用地统计口径方面，统一用地分类和建设标准，共同参与修订一套涵盖城乡、内涵统一的用地分类与建设标准。建立城乡统一的建设用地细分标准，做到城、镇、村建设用地分类名称统一，建立一套体系下的城、镇、村差异化的建设用地标准。同时以主体功能区划为基础，在市域范围内划定优化开发区、重点开发区、限制开发区和禁止开发区等四类土地分区，并在此基础上进一步划定土地规划的建设用地空间管制分区，重点将两个规划的禁止建设区和限制建设区进行对接，从而统一区域的土地用途。

图件方面，结合第二次全国土地调查的最新成果和最新遥感与数字正射影像图等资料，叠加形成各空间规划现状基础图件。

表1　　　　　　　　　"三规合一"规划城乡各类用地汇总表

类别（1）	类别（2）		类别（3）	对应空间管制分区
城乡建设用地	城市建设用地	市	居住、公共设施、工业、道路广场、仓储、市政、公共绿地、特殊用地	允许建设区有条件建社区
		镇		
	乡村建设用地	集镇	居住、公共设施、道路广场、工业、仓储、公共绿地、农业生产设施用地、其他建设用地	
		村庄		
	其他独立建设用地		采矿用地和大型能源重化工用地等	
其他建设用地	交通水利设施用地		对外交通用地、水库用地、水工建筑用地	允许建设区有条件建设区限制建设区
非建设用地	耕地		水田、水浇地、旱地	限制建设区禁止建设区
	林地		有林地、灌木林地、其他林地	
	园地		果园、茶园、其他园地	
	牧草地		天然草地、改良草地、人工草地	
	其他农用地		设施农用地、农村道路、坑塘水面、农田水利用地、田坎	
	水域		河流、湖泊、滩涂	
	自然保留地		荒草地、沼泽地、裸地、盐碱地、沙地、冰川及永久积雪等	

规划期限方面，各规划的规划基期年难以统一，例如国民经济与社会发展规划具有时间上的承接性，一般以五年为单位；土地利用总体规划通常与国家和省级规划编制时限相统一。因此规划期限将以国民经济和社会发展五年规划期限为基本单位对未来进行安排，考虑与"十一五"规划的衔接并对"十二五"、"十三五"做更长远的考虑，规划期限到2020年。并可根据具体要求设定远景目标至2030或2050年，在规划期末进行各项内容的落实。同时，本次规划还将对重大项目做出年度实施计划，并与年度土地供应计划相衔接，真正实现发展与用地空间的协调。

（2）统一目标与产业发展方向

在分解各类规划指标的基础上，建立统一规划目标的体系，通过建立经济指标、用地、人口的多元模型，研究土地产出效率、就业密度等关键性指标，在产业发展方向、规模、布局上建立动态协调机制。

（3）统一人口规划和用地管制

通过系统研究明确人口规模发展目标，在统一的人口规模约束下开展相关规划；将土地利用总体规划和城乡规划的图件进行叠加，使得两规在建设用地空间管制边界上不矛盾，保障城乡规划的适建区、限建区和已建区与土地利用总体规划的允许建设区、有条件建设区和限制建设区相协调衔接。

（4）统一空间布局

在城市发展战略的指导下，针对不同功能分区，明确农用地、建设用地和未来用地的分区需求后，再确定其空间布局方案，并对各项指标以行政区划为单位进行空间上的分配。使空间布局方案充分符合经济社会发展与生态环境保护的各项要求。

（5）统一空间管制

由主体功能区划、土地利用管制分区和城乡规划功能分区相协调确定，根据各分区的主导功能、发展方向、开发时序和管制原则，由城乡规划确定城市重点发展方向和区域，由土地利用总体规划确定各分区的用地规模和比例，整合管制分区的调控措施。

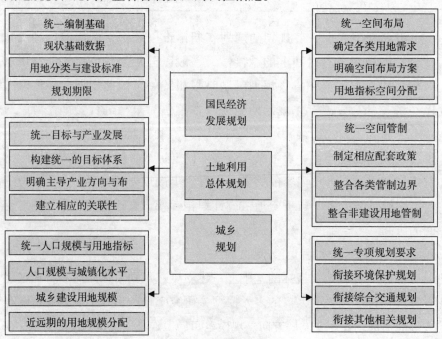

图3　编制技术路线

（6）统一专项规划要求

由于产业发展规划和生态保护规划等专项规划一同整合进了一个部门，因此为搭建规划信息统一平台，促进"多规合一"奠定了扎实基础。促进相同规划在范围、期限和分类标准上的一致性，在"一张图"上叠加各类各业规划的相关信息，形成有效可行的信息共享机制。确保同一平台上的多个规划取得高度的一致，确保各自实施的科学性和可操作性。

3.统一规划逻辑基础

主要是对"土地需求、土地供给和土地分配"等方面的内容，加强整合和衔接。

（1）土地需求分析

主要是将经济分析和预测结果转化为城市土地发展需求量。综合考虑城市增长带来人口、就业等的变化，从而引起的多方面的用地需求。具体如图4所示。

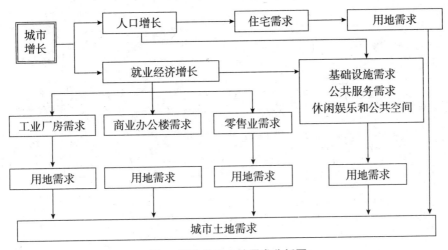

图4 城市发展土地需求分析图

（2）土地供给分析

主要考虑环境、生态、农业、林业、资源、文化历史、特殊用地等方面的限制要素，划分可建设用地总量及其分布。通过打分和权重赋值，进一步划分可开发土地的优先等级。

（3）土地分配分析

主要解决不同土地利用类型的空间分布问题，其中最重要的部分为城市内部就业和住宅的分布。因为这两方面是与城市经济社会的发展紧密相关的。即综合考虑家庭（根据收入、构成、大小等划分类型）数量及其空间分布和就业（制造业、零售、办公等）分布及其空间分布。

以上方面一经整合，再结合城市基础设施和交通网络的规划建设，城市发展空间未来的结构也相应能确定。由此，整合的规划一方面利用经济和人口模型提供的就业和人口（住宅）总量作为约束条件，根据区位间的交通量决定人口和就业的空间分布；另一方面人口和就业空间分布影响交通量的需求及其空间分布，最后通过迭代循环求出最优解。通过定量分析，这种整合的模型不仅能够为城市规划在决定城市土地需求、城市功能分布方面提供决策支持，还能够促进城市土地利用与城市交通的整合。

表2   规划整合内容和方法汇总表

内容	方法	规划
城市发展预测 经济增长战略研究	经济基础理论、转移——份额分析 投入产出模型、计量经济模型	国民经济与社会 发展规划 城市总体规划
土地需求（住宅、商业、工业、公共设施、绿色空间等）	生产函数分析、固定比例分析 最小需求分析、计量经济模型	城市总体规划 土地利用总体规划
土地供给（环境、生态、文化、历史、特殊用途）	可适宜性分析、约束条件分析 边界条件分析	土地利用总体规划
城市基础设施规划	最优投资模型、空间布局模型	城市总体规划
土地空间分配（城市土地利用功能分区、区位模式、城市发展形态等）	行为模型（劳瑞土地利用模型、空间相互作用模型、交通需求与规划模型）公众参与（方案模拟规划）	城市总体规划 土地利用总体规划
环境、绿色空间、文化历史	影响评价分析及其模型	城市总体规划
规划和政策影响评价	指标计算（交通模型、土地利用模型、能源消费模型、计量经济模型）决策理论和模型（多目标效用函数）	城市总体规划

三、顺德区"三规合一"经验

1. 规划部门整合是实现"三规合一"的基础

顺德区推行的"大部制"改革使与各类规划相关的部门进行了有效的整合，为"三规合一"的实现消除了部门之间互相掣肘的障碍，使以往各类规划在编制过程中容易出现问题的空间安排、发展指标设定、项目建设时序等问题，有了一个畅通无阻的便捷沟通渠道，大大方便了规划各部分、各阶段之间的沟通与协调。同时，也将在行政上为各部门规划提供统一的落实设施、协调项目、平衡指标的空间信息平台和操作依据。

2. 明确各类规划的定位与任务是必要手段

（1）发展规划是统领性规划，以"定目标"为主

根据《中华人民共和国城乡规划法》第一章第五条之规定"城市总体规划、镇总体规划以及乡规划和村庄规划的编制，应当依据国民经济和社会发展规划，并与土地利用总体规划相衔接"；从国民经济和社会发展规划的主要内容看，确定了近远期经济和社会发展总体目标，也为城市规划、土地利用规划以及其他专项规划提供了依据和指导，这也是《中华人民共和国城乡规划法》的精神所在。因此，在"三规合一"中，要强调国民经济和社会发展规划的统领性地位和作用。

（2）突出土地利用总体规划"定坐标"作用

从《中华人民共和国城乡规划法》第一章第五条之规定看，城市总体规划、镇总体规划以及乡规划和村庄规划的编制必须与土地利用总体规划相衔接。因为，土地利用总体规划的调控性较强，突出体现对建设用地规模、耕地保有量和基本农田保护等指标的刚性约束。建设用地（包括城市用地、建制镇用地、农村居民点用地、交通用地、水利设施用地、独立工矿用地等）、耕地保有量、基本农田等规模必须以土地利用总体规划为准。同时，综合协调农用地、建设用地和未利用地等三大地类的结构和布局，解决各地类"放哪里"的坐标定位问题。

（3）强调城市总体规划"定布局"作用

无论从城市总体规划实践，还是从城市规划学科设置等角度看，城

市规划的定位和内容都应该是具体确定城市空间结构、城市建设用地内部各项用地比例和空间布局以及具体解决"放什么"的用地布局问题。

3. 健全制度是实现"三规合一"的重要保障

（1）建立"三规"衔接报告制度

"三规合一"规划编制完成后，各镇（街）编制总体规划时必须同步编制《"三规"衔接报告》，并与规划成果一并上报审批。"三规"衔接坚持"总量平衡、分步衔接，侧重近期、留有余地"的原则。

（2）建立规划实施保障制度

一是以控制性规划备案和镇级规划数据库为载体建立建设用地边界管理制度；二是建立建设项目选址分级规划管理制度；三是建立社会监督制度；四是建立城乡规划督察员制度等。

（3）规划审批与实施

在区级层面，"三规合一"规划经区人大审议通过后，即可由区人民政府统一执行。与规划相关的各部门依据经审批通过的"三规合一"规划，在统一的发展目标和空间蓝图指导下，通过制定部门政策分头实施，实现各部门规划的有效衔接和协调。

在省级层面，"三规合一"规划可以两种方式上报。其一是将"三规合一"规划拆分成国民经济和社会发展规划、土地利用总体规划、城市总体规划三个规划分别上报；其二是通过申请作为"三规合一"规划试点城市的方式，统一申报，联合实施。

从经验来看，顺德区从区级层面出发，将区级和乡（镇）级的国民经济和社会发展规划、土地利用总体规划、城市总体规划等6套规划内容整合成一套规划，使得各类规划既能自下而上汇总基本信息和基础资料，为制定发展目标和策略提供科学、翔实的分析基础，又能自上而下层层分解和落实各项规划目标与指标，从而大大提高规划的科学性和可操作性。

执笔人：荣西武　徐勤贤

广东省小榄镇"三规"融合的规划实践探索

一、背景及意义

    小榄镇是一个明星镇，在中国小城镇中的影响力很强，其经济位势在千强镇中排名第七，老百姓收入和幸福指数都很高。2009年，全镇地方生产总值（GDP）160亿元；税收总额28.587亿元；财政收入7.3亿元，平均年增长16.8%。居民人均可支配收入（含已村改居后的农民）2.2万元，银行存款245亿元，按户籍人均15万元；居民储蓄170多亿元，按户籍人均10万元左右。在国民经济快速发展的同时，小榄镇产业结构进一步优化，三次产业比例为0.3∶56.9∶42.8。至2009年底，户籍人口16.03万人，在镇内生活、工作的外来人口约16万人，合计总人口32万人左右，从事农业生产的人口不足万人。镇域总面积75.4平方公里，建成区42平方公里。

    但这类沿海地区经济发达小城镇在发展过程中也面临一些共性问题：行政管理权限有限、管理人员编制不足、外来人口超过本地人口、土地利用效率低下、产业以劳动密集型为主等。如何通过规划合理引导、促进小城镇可持续发展，本文从小榄镇各类规划编制和实施入手，剖析其发展过程中遇到的问题，为我国其他小城镇规划融合提供借鉴意义。

本文部分发表于《小城镇建设》2012年第9期。

二、"三规"编制的目的及联系

1. "经规"编制目的[①]

改革开放以来，小榄镇经济持续高速发展，成为"全国乡镇企业出口创汇五强镇"；社会全面进步，成为"广东省文明单位"、"中山市文明镇"；城乡建设成绩突出，成为"全国小城镇建设示范镇"；为21世纪初全面推进现代化建设奠定了坚实的基础。小榄镇镇政府在全国制定"十五"规划的宏观背景下，为落实《中山市基本实现现代化规划》，提出了富有远见卓识的重大举措——制定全镇未来11年的总体发展战略（2000~2010年）。

战略由9个专题研究报告组成，均以社会主义市场经济理论和党中央关于"十五"规划的建议、广东省和中山市的有关规划为依据。该研究成果为小榄镇21世纪头11年的经济社会发展和城乡建设的规划与决策，提供了科学和系统的依据。

2. "城规"编制目的

1993年经中山市人民政府批准、1995年调整的《小榄镇总体规划》实施以来，对小榄镇的社会经济发展和城镇建设发挥了重要的作用，体现了城市规划为经济建设服务的正确方向，其规划目标已基本实现。近十年来，小榄镇利用改革开放的大好时机，加快改革步伐，经济迅速增长，城镇建设健康发展，由一个默默无闻的农村型镇，发展成为一个发达的、城市型的现代化工业城镇和中山市北部的经济中心、中心镇。2001年，在进入WTO后的现代化发展新形势下，为了进一步保持经济持续高速增长，协调城乡的现代化发展，加快城镇化进程，对城乡建设总体规划进行修编，进而编制了《小榄镇总体规划（2002~2020年）》。规划的指导思想是：① 按照城乡协调发展、城乡一体化的思想，统一整合、调整城乡用地布局；② 为新形势下经济发展新的腾飞和城乡建设的现代化，进行工业用地调整、新一代城乡用地建设和城乡社区改造；

---

① 小榄没有系统的编制过经济社会发展规划，因为中国对镇一级的经济社会发展规划并没有提出明确的要求。但在2000年曾做过一个关于经济社会发展的总体发展战略研究报告，这个报告对于小榄的发展起了很重要的指导作用。因此本文将此报告作为替代经济社会发展规划的研究对象。

③节约土地，提高土地利用效率；④以可持续发展和生态的观念，强化生态建设，弹性城镇布局；⑤统一城乡规划管理。

《中山市小榄镇近期建设规划（2006~2010）》主要依据《近期建设规划工作暂行办法》（建设部，2002年8月21日）、《中山市小榄镇总体规划（2002~2020）》、《中山市小榄镇2000~2010年总体发展战略研究》与《中山市"十一五"规划》以及小榄镇的相关《政府工作报告》等，并根据小榄镇近年发展实际情况及本次规划对镇区发展趋势的分析而制定。规划期限为2006~2010年，与小榄镇"十一五"发展计划和《中山市小榄镇总体规划（2002~2020）》的中期规划相一致。在规划期限及规划范围内进行的土地使用与工程项目建设活动应符合本规划。规划主要强调小榄镇"十一五"计划在城镇发展空间上的落实与协调统筹，强调小榄镇土地控制措施以及政府对建设的引导和控制，是政府各部门的共同行动纲领。

3. "土规"编制目的

由工业化、城市化快速发展而引发的人口、资源与环境矛盾在小榄镇体现尤为突出。由于工业在国民经济结构中占据主导地位，土地资源大量用于城市扩展、企业厂房和工业园区的建设，加之长期的粗放利用，使得土地资源耗费现象较为严重，造成当前部分新建项目"无地可用"的窘况。为贯彻落实科学发展观，建立资源节约型社会，同时保障经济发展所必须的项目用地需求，实现和谐的人地关系和经济社会的可持续发展，小榄镇人民政府按照国家、广东省和中山市对新一轮土地利用总体规划修编的有关要求和部署，编制《小榄镇土地利用总体规划（2006~2020年）》，旨在通过土地利用总体规划对小榄镇的土地利用作出科学和战略性的安排，解决好保障发展与保护资源的"两难"问题，促进和保障小榄镇经济社会全面、协调和持续发展。编制土地利用规划主要是依据上级土地利用总体规划，根据自然、社会和经济等实际情况，《规划》综合研究和确定了小榄镇土地利用的目标与发展方向，以土地节约集约利用为核心，以《中山市土地利用总体规划大纲（2006~2020年）》（以下简称《大纲》）下达的各项约束性指标为指导，落实相关规划指标和任务，统筹安排各类用地规模及其布局；围绕协调城乡、保护耕地和空间管制等内容，进一步划定土地用途管制区，重点安排好基础设施和重要产业用地，确定城乡建设用地规模、范围和扩展边界；制定切实可行的规划实施保障措施，加强规划对城乡土地利用的控制和引导。

4. 小结

从"三规"编制目的来看，三个规划各有侧重点。"经规"侧重于确定发展战略，确定战略目标和对策，要解决全局性的问题；"城规"和近期规划侧重于城镇镇区建设和空间形态布局；"土规"侧重于土地集约节约利用；后两个规则都是解决局部性的问题。

从三个规划衔接来看，相互之间紧密度不一。"经规"和"城规"的联系较为紧密，"城规"的制定是以"经规"作为依据的，并与"经规"相衔接；"土规"则更多地体现部门规划的性质，与"经规"衔接并不紧密，与"城规"在确定规划期内各项用地规模和布局时技术思路基本保持一致；在城镇用地扩展方向基本衔接，但由于小榄镇建设用地现状已经超出城市总体规划的用地控制规模，因此土地利用总体规划确定的建设用地规模相应作了调整。

从三个规划期限来看，"城规"近期规划与"土规"吻合较好。"经规"是2000～2010年，规划期11年；"城规"是2002～2020年，规划期18年，其中近期规划2006～2010年，规划期5年；"土规"是2006～2020年，规划期15年。

三、"三规"指标体系比较分析

1. "经规"战略目标及指标体系

战略目标：到2005年小榄镇基本实现现代化，到2010年全面达到社会主义现代化的所有指标，国民生产总值每6～8年翻一番。要将小榄镇建设成为综合经济实力雄厚、社会事业优势明显、城镇功能充分发挥、基础设施齐全完备、居民生活工作环境舒适、社会公共秩序稳定安全、市民整体素质优良，具有大商业、大市场、大流通、水乡特色、生态良好的现代化城镇。

指标体系：在对小榄镇乡村城镇化量化指标的评价基础上，引进城镇现代化指标体系作为标准体系，在六大类32项指标中，将1999年小榄现状指标分为以下三种：第一种是无统计资料，无法量化分析的有15项；第二种是按小榄镇区的基础设施建设水平统计的资料，不能代表全镇来对比，共有10项；第三种是有统计资料可以进行对比分析的有12项（见表1）。表1表明：小榄镇的现状水平与城镇现代化的指标相对照，在12项指标中有4项已全部达标；有3项的达标率在50%以上，可认作初步达标；其余5项在50%以下，差距较远，还需要若干年的发展才能达标。

表1 小榄镇乡村城镇化量化指标的评价

序号	指标名称	指标数量	1999年小榄镇水平	达标率
1	人均国内生产总值（GDP）	≥30000元	a25322，b17383	a84.4%，b57.9%
2	第三产业占GDP比重	≥40%	34%	85%
3	恩格尔系数	≤30%	40%	75%
4	市镇人口比重	≥50%	a33.4%，b60%	a66.8%，b100%
5	平均预期寿命	≥70岁	72岁	100%
6	九年义务教育普及率	≥95%	95%	100%
7	每位医生服务人口	≤500人	576人	86.8%
8	人口自然增长率	≤8‰	9.81‰	81.5%
9	人均住宅建筑面积	≥30m²	居住面积37m²	100%
10	农村人均纯收入	≥10000元	a4556元，b8902元	a45.6%，b89%

注：表中第1项和第4项指标中的a数据均为按户籍人口的计算结果，b数据均为按实际总人口计算的结果；第10项指标中的a数据为上报数字，b数据为实际统计数字。

表2 城镇现代化指标体系

序号	指标名称	指标数值	指标权重
1	经济类		23
	① 人均GDP	≥1万美元/人	8
	②第三产业占GDP比重	≥50%	5
	③研究开发费占GDP比重	≥2.1%	3
	④劳动生产率	≥2.5万美元/人·年	4
	⑤恩格尔系数	<20%	3

续表

序号	指标名称	指标数值	指标权重
2	社会类		15
	① 人口自然增长率	<4‰	3
	② 人口平均预期寿命	≥70岁	3
	③ 每万人口医生数	≥40人	3
	④ 每十万人刑事案件数	<1000件	3
	⑤ 每十万人交通事故死亡数	<7人	3
3	文化教育科技类		20
	① 文化支出占生活支出比重	≥20%	3
	② 人均图书占有量	≥30本	2
	③ 电视机普及率	≥90%	2
	④ 劳动力文化指数	≥10年	3
	⑤ 人口文盲率	<15%	2
	⑥ 青年人口受高等教育比重	≥15%	2
	⑦ 科技进步贡献率	≥50%	3
	⑧ 每万人口科技人员数	≥1000人	3
4	居住与基础设施类		21
	① 人均居住面积	≥15m²/人	4
	② 住宅成套率	≥90%	2
	③ 人均道路面积	≥13m²/人	3
	④ 人均生活用电量	≥1000千瓦·时/人·年	3
	⑤ 人均生活用水量	≥350升/人·日	3
	⑥ 煤气普及率	≥90%	3
	⑦ 电话普及率	≥100%	3
5	环境类		10
	① 人均绿地面积	≥20m/人	3
	② 二氧化硫年日平均浓度	<0.06mg/m³	2
	③ 悬浮物年日平均浓度	<0.09mg/m³	2
	④ 污水排放处理达标率	≥100%	3
6	政府管理类		11
	① 政府决策科学化	有高层次的决策智囊团	4
	② 行政管理微机化	信息处理高速高效率	3
	③ 民主监督公开化	立法监督与新闻监督并重	4

表3　　　　　　　　城镇现代化指标与小榄镇的对照

序号	指标名称	指标数量	小榄镇现状	达标率（%）
1	人均GDP	≥1万美元/人	3055美元/人	30.6

续表

序号	指标名称	指标数量	小榄镇现状	达标率（%）
2	第三产业占GDP比重	≥50%	34%	68
3	劳动生产率	≥2.5万美元	0.48万美元	19.2
4	恩格尔系数	<20%	40%	50
5	每万人口医生数	≥40人	17.4人	43.5
6	人口自然增长率	<4‰	9.81‰	40.8
7	人口平均预期寿命	≥70岁	72岁	100
8	电视机普及率	≥90%	户均1台以上	100
9	科技进步贡献率	≥50%	40%	80
10	每万人拥有科技人员	≥1000人	126人	12.6
11	人均居住面积	≥15m2/人	37m²/人	100
12	电话普及率	≥90%	户均1部以上	100

2. "城规"目标及指标体系

"城规"的目标主要体现在城镇性质、城镇规模、发展总目标三个方面。

城镇性质：小榄镇是中山市北部地区中心镇，全国音像、小五金生产基地和交易中心，中(山)、顺(德)、江(门)交界地域的经济中心。

城镇规模：小榄镇人口总规模近期末（2005年）控制在28万人左右，其中户籍人口为17万人左右，常住流动人口为8万人左右；中期末（2010年）控制在30万人左右，其中户籍人口为18万人左右，常住流动人口为12万人左右；远期末（2020年）控制在40万人左右，其中户籍人口为20万人左右，常住流动人口为20万人左右。

小榄镇城乡建设总用地规模近期末控制在41平方公里左右，人均约145平方米；中期末控制在40平方公里左右，人均约133平方米；远期末控制在44平方公里左右，人均约110平方米。近期建设规划（2006～2010）中进一步明确：至2010年城乡人口总量（含常住一年以上流动人口）控制在34万人左右；展望到2020年人口规模为40万人；近期建设用地规模为46.09平方公里，人均建设用地控制在135.57平方米以内，展望到2020年建设用地为44平方公里，人均用地控制在110平方米以内。

发展总目标：继续坚持以经济建设为中心，以社会进步为目的，以人为本，满足城乡居民物质生活和精神生活需要的大政方针；着力发展高新技术产业，全面提升产业的科技水平，进一步改善生态环境质量，优化城乡布局，强化小榄镇为中山市北部工业重镇和经济中心的作用。把小榄镇建设成为工业高度发展、商贸繁荣、科技进步、教育发达、人民生活富裕、城乡融合、生态型的现代化城镇。到2005年小榄镇基本实现现代化，2010年全面达到社会主义现代化的所有指标，国民生产总值每6~8年翻一番。

3. "土规"目标及指标体系

"土规"目标：通过规划的有效实施，充分发挥传统五金制造业、电子音响业的产业优势，在贯彻土地可持续利用和保护好原有优良生态景观的前提下，实施严格的耕地保护制度，落实耕地保有量任务和基本农田保护任务，重点保障产业园区和现代化物流等重大项目的用地需求。以科学发展观为指导，统筹区域土地利用，优化土地利用结构和布局，加强生态建设和环境保护，充分发挥土地利用的经济、社会和生态效益，实现土地节约集约利用，加快新型工业化城镇的建设步伐。

"土规"调控指标：根据上级下达给小榄镇的2010年和2020年的主要调控指标，分为约束性指标和预期性指标。其中，约束性指标是为保护资源和推进节约集约用地规划期内不得突破或必须实现的指标。

表4 　　　　　　　　　　小榄镇土地利用规划目标　　　　　　　单位：公顷

	规划指标	2010年	2020年	指标属性
总量指标	耕地保有量	1042	1040	约束性
	基本农田面积	1036	1036	约束性
	建设用地总规模	4567	4940	预期性
	城乡建设用地规模	4475	4805	约束性
	城镇工矿用地规模	2662	3171	预期性
增量指标	建设占用农用地规模	282	673	预期性
	建设占用耕地规模	93	234	约束性
	开发整理复垦补充耕地义务量	93	234	约束性

4. 小结

从发展战略目标来看，"经规"提出了"到2005年小榄镇基本实现现代化，到2010年全面达到社会主义现代化的所有指标，国民生产总值每6～8年翻一番"的发展战略目标。"城规"基本沿用了这一目标，并在此基础上进行了细化。"土规"则没有提到这一发展目标，主要强调耕地保护和土地集约节约利用。

从具体目标来看，"经规"以城镇现代化指标体系为依据，将现状与指标体系进行对比，对当时未能达标的指标进行了分析，给出了其在2010年能够达标的分析预测，但并未就每个具体指标给出具体的数值。"城规"则在遵循发展战略目标的基础上，对于人口规模、建设用地规模以及人均建设用地三个指标给出了具体的数值。"土规"分总量和增量两大类指标来调控土地，以约束性和预期性作为指标属性，把耕地保有量、基本农田面积、城乡建设用地规模、建设占用耕地规模、开发整理复垦补充耕地义务量作为约束性指标，进一步强调土地调控的保护耕地、集约节约用地。

从目标的衔接来看，由于"经规"是最早编制的，并且提出了发展战略目标。"城规"随后编制并遵循了"经规"提出的战略目标，但"城规"和近期规划提出的具体目标也进行了动态调整，人口规模、用地规模、人均建设用地都有所扩大。"土规"与"城规"和近期规划衔接的目标主要是建设用地目标，但两者数据并不一致。

从目标的动态性来看，"经规"由于没有提出具体目标不好比较。"城规"和近期规划的具体目标近期调整较大，远期基本保持一致。从人口指标来看，呈增长态势；从建设用地指标来看，近期先增长，远期再回落。"土规"设定建设用地规模无论是近期还是远期都保持增长，近期目标小于"城规"中提出的数值，但远期规模大于"城规"中提出的数值。

四、研究方法与技术手段比较

经过对三个规划文本及说明书的比较研究，总结了三个规划的研究方法，如表5所示。

表5 "三规"研究方法比较

研究方法		"经规"	"城规"	"土规"
定性方法	专家打分法	√		
	德尔菲法	√		
	文档收集法	√	√	√
	实地调查法	√	√	√
定量方法	问卷调查法			
	统计分析法	√	√	√
	回归分析法		√	
	趋势外推法		√	√
	模糊评价法			√
	投入产出法	√		

从研究方法上来看，"三规"都采用了定性与定量相结合的研究方法，但由于各自规划具体目标的不同，采用的具体方法也不尽相同。总体来说，"经规"在定性分析方面更为突出，"城规"在定性与定量结合方面比较突出。"土规"由于目标比较单一，因此在定量分析方面更为突出。

从技术手段上来看，"经规"以数理分析为主，"城规"以图形技术为主，"土规"采用了遥感影像技术，对土地利用现状进行识别和分类。

五、"三规"实施及其评价

"经规"由于只是一个战略研究成果，因此缺乏实施和操作手段，但是其所设定的定性目标对小榄镇的发展极具影响力，小榄镇所有类型的规划基本都要与之衔接。

城镇总体规划和近期建设规划对工业、居住、商业、农业等功能定位进行了划分，并且根据区域交通的重大改变对轨道交通站点周边进行了城市设计，奠定了小榄镇的空间格局。但对于小榄镇发展定位比较单一，强调产业发展与经济中心地位，没有突出市域西北部经济发展增长以及城市综合服务中心功能的定位。在内部布局上，各分区基本都有工业用地布局，生活与居住混杂比较严重。而近期建设规划在城镇总体规划的基础上进行的细化与调整，强调近期建设的需求，关注于具体项目的布局，没有从整体上对城市布局进行思考，工业绕城问题更加突出，西南部开敞空间被工业用地包围，居住区与工业区混杂严重。

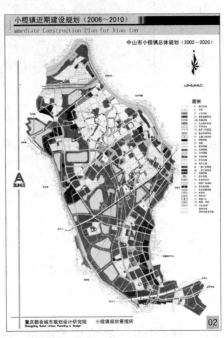

图1 小榄镇总体规划图

土地利用规划由于受国家土地利用总体规划修编的调整，一直没有审批落实，所以实施效果无从考察，在第二轮土地利用规划修改后，直到2010年又重新组织编制了《中山市小榄镇土地利用总体规划（2010～2020）》，并经中山市人民政府批准实施。具体实施效果有待进一步观察。

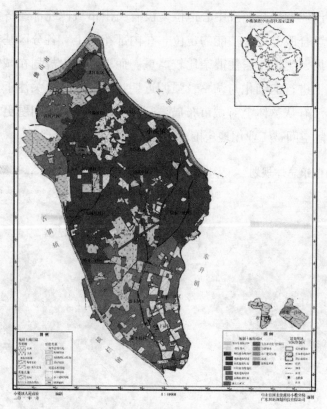

图2　小榄镇土地利用总体规划图（2010～2020年）

六、对我国小城镇规划编制的启示

1. 整合"三规"，形成指导小城镇发展的综合规划

我国虽然实行的是中央—省—市—县—镇（乡）的五级政府架构体系，但在实际工作中，小城镇作为最低级别的政府，在用人权、事权、财权、行政管理权等方面不具备一级政府的独立权限，再加上缺乏各类相关规划专业人才和机构，因此有必要进行"三规"合一，将"经规"、"城规"、"土规"及其他各项规划实行统一编制、统一管理、统一实施，形成"一个文本，一张图纸"的小城镇综合发展规划，它的特点应该是综合性、可行性和操作性。

2. 科学编制，充实完善小城镇发展规划的内容

在编制主体内容上，应包括经济发展、社会进步、民生改善、教育文化、城镇建设、土地利用与保护、生态环境、空间布局等；在编制目标和方法上，设定合理的指标体系，强调定性与定量方法相结合，长期目标定性为主，中短期目标定量为主；在编制规划期限上，强调长期和中短期相结合；建议以五年为期限，展望十年；在编制技术手段上，采用"3S"等新技术，结合多种调查方法、分析方法，力求将规划内容细化落实到具体空间上；在编制参与上，充分与政府、企业、老百姓交流，加大公众参与力度，多听取公众的意见。

3. 加强落实，扎实推进小城镇经济社会科学发展

建立规划评审机制，保证规划的合理性与科学性；建立规划管理体系，加强与上级、同级规划的衔接；建立规划评估体系，对规划目标和内容进行跟踪，确保规划在执行过程中不断深化和完善；建立综合评价考核体系，考核结果作为各级政府领导班子调整和领导干部选拔任用、奖励惩戒的重要依据。

执笔人：文 辉

第三篇
国际经验

国外城市规划体制的初步研究

"中国城市规划体系的形成，将部分来自对西方城市规划经验的吸取，部分来自对我们从50年代以来规划实践的成绩和缺陷的总结，部分基于学术性的探讨和试验[①]。"

伴随着18世纪相继发生的工业革命，西方主要资本主义国家进入了城市化快速发展时期。据2005年联合国世界城市展望报告中描述：1900年世界上约有2.2亿城市人口，约占世界总人口的13%；1950年增长到7.32亿（占世界人口的29%）；2005年这个数字则达到32亿人，占世界总人口的49%；2007年，已经有超过一半的世界人口生活在城市中，世界真正进入了城市时代。在此过程中，一方面由于资本主义发展的迫切需要，另一方面国家为了解决资本主义发展的内在不平等导致的矛盾、危机，现代城市规划制度体系开始慢慢形成和发展。

城市规划是具有复杂性的学科，是多种因素共同作用的结果，包括国家和城市形成和发展的历史、经济发展的模式和阶段、国家的政治体制和立法体系，还有一个国家和城市特有的文化传统等等，所以我们在研究或者借鉴一个国家的城市规划制度和技术的时候，不能就事论事，应该进行全面的考察和分析。

一、英国

1. 国家和城市化简史

1640年英国在全球第一个爆发资产阶级革命，成为资产阶级革命的

[①] 《吴良镛城市研究论文集·迎接新世纪的来临（1986～1995）》，中国建筑工业出版社1996年版，第58页。

先驱。1649年5月19日宣布成立共和国。1660年王朝复辟，1688年发生"光荣革命"，确定了君主立宪制。18世纪后半叶至19世纪上半叶，成为世界上第一个完成工业革命的国家。

19世纪是大英帝国的全盛时期，自称"日不落帝国"。自第一次世界大战后，英国开始衰败，第二次世界大战中英国的经济实力被进一步削弱，国际政治地位下降。到20世纪60年代，英帝国殖民体系瓦解。1973年1月英国加入欧洲共同体。

英国1800年城市化水平为25.0%，到1850年已经上升到55.0%，到1900年进而达到75.0%。

2. 政治与行政体制

联合王国是君主立宪制国家，国家的首脑是国王或女王。联合王国以君的名义，由国王或女王陛下政府治理。英国的议会制度并不是基于成文宪法，英国宪法不由单一文件构成，而由成文法、习惯法和惯例组成。司法部门裁定习惯法或解释成文法。

英国是中央集权国家，而不是联邦制国家。议会由君主、上议院和下议院组成。

英国被划分为651个选区，每个选区选一名下议院议员。大选必须五年举行一次，但经常不到五年就进行一次选举。

英国政府的行政管理实行三级体系，分别是中央政府（central government）、郡政府（county council）和区政府（district council）。根据城市化程度，分为大都会地区（metropolitan regions）和非大都会地区（non-metropolitan regions）。大都会地区包括6个郡和大伦敦地区（Greater London）。6个大都会郡包括36个区，大伦敦地区包括伦敦城（City of London）和32个区（London Boroughs）。非大都会区包括47个郡和333个区。根据1985年的地方政府法（the Local Government Act, 1985），保守党政府解散了大伦敦地区和其他6个大都会地区的郡议会。

3. 城市规划行政体系

中央政府主管城市规划的行政机构在最近的十年中结合政府组织结构的改革也进行了多次相应的调整。在1997年之前，根据城市规划法，负责城市规划的中央政府机构是环境部（the Department of the

Environment），基本职能是制定土地使用和开发的国家政府，使之具有一致性和连续性。城市规划法由议会颁布，作为城市规划的最高法律依据。环境部制定有关的法规和政策，以确保城市规划法的实施和指导地方政府的城市规划工作。这些法规和政策具有不同的法定地位，有些必须经过议会批准。

1997～2001年间，城市规划事务是由环境、运输和区域部（Department of Environment，Transport and Regions，DETR）负责；2001和2002年间由运输、地方政府和区域部（Department of Transport，Local Government and the Regions，DTLR）负责；2002年5月则开始由副首相办公室（Office of Deputy Prime Minister）负责，直接归副首相进行领导。从而使城市规划的权利越来越集中。

4. 城市规划编制体系和编制方法

法定的发展规划实行二级体系，分别是结构规划（structure plan）和地方规划（local plan）。结构规划由郡政府的规划部门编制，上报环境部审批；地方规划由区政府的规划部门编制和不需上报环境部审批，但地方规划必须与结构规划的发展政策相符合。在大伦敦地区和其他大都会地区，由于郡议会已被解散，采取了单一发展规划（unitary development plan），包括结构规划和地方规划两个部分，都由区政府的规划部门编制，第一部分的战略规划上报环境部审批。

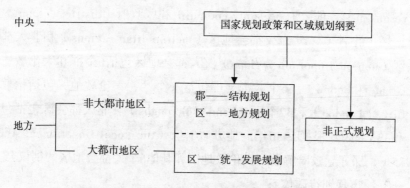

图1 英国2004年以前的城市规划体系示意图

开发控制是区政府规划部门的职能，但环境部可以通过两种方式进行干预。第一，如果开发商对地方规划部门的开发控制决策表示不满，可以向环境大臣提出上诉。环境大臣根据具体情况，支持或者否决地方政府的决策；在后一种情况下，环境大臣可以直接签发规划许可。第二，环境大臣有权"抽查"（call-in）任何规划申请，并且取代地方规划部门，直接作出开发控制的决策。

从20世纪90年代开始，英国的政府体系经历了一系列改革，这些改革在整体上更加强调服务导向和对客户负责。2001年运输、地方政府和区域部（DTLR）发布的绿皮书首先提出了具体的改革方案。根据该方案，新的城市规划体系不应该有过于详尽的结构，它最好由不是太综合性的、较少数量的文件构成。结构规划（由郡政府制定）、地方规划（由区政府制定）和单一发展规划（由单一政府机构制定）将被取消，它们将由"地方发展框架"（Local Development Framework）所取代，该框架包括一个对战略和长期规划目标的简短陈述，更为详细的具体场址和专题的"行动规划"（Action Plan）。这些行动规划将处理行政区范围内的专题（如绿带或设计等方面的内容）或者特定区域（如主要的开发或更新的地区）。

5. 城市规划法规体制

在19世纪中叶，英国政府颁布了一系列有关城市公共卫生的法规，包括1848年和1875年的"公共卫生法"、1866年的"环境卫生法"。从19世纪70年代开始，各个地方政府制定了一系列住房法规（housing by law），规定了新建住房的居住密度、日照间距、卫生设施和其他标准。

在1909年，英国通过了第一部城市规划法（the Housing, Town Planning, etc. Act 1909），标志着城市规划为一项政府职能的开端。但是，1909年的城市规划法只是授权地方政府对于新发展地区制定规划方案，以控制城市的郊区蔓延，并不涉及已经建成的地区。第一次世界大战以后，1919年的住房和城市规划法（the Housing and Town Planning Act 1919）规定所有20000人口以上的城市要编制规划，但规划的控制范围仍然是极其有限的。1932年的城乡规划法（the Town and Country Planning Act 1932）将规划的控制范围扩大到所有地区，包括已建成和未建成地区。根据1932年的立法，规划从编制到批准需要三年时间，一旦经过会议批准，规划具有法律效力，任何变化和修改都必须经过同样的程序。在规划还未批准之前，实施过渡性的开发控制。

在1940年，成立了研究就业分布政策的Barlow委员会（Barlow Committee on the Distribution of the Industrial Population）。Barlow委员会的报告（Barlow Report）被认为是英国区域发展政策的历史转折点，报告提出的建议成为以后几十年中英国城市发展和城市规划的政策基础。这些建议包括两个方面：一是要在全国范围内均衡各地分布就业岗位；二是要使各个地区的产业结构多样化，因为单一产业结构的城市往往更容易受到经济萧条的影响。

1947年的城乡规划法为英国的战后城市规划体系奠定了基础。第一，编制发展规划成为地方政府的法定职能，意味着规划职能不再只是对开发活动的控制，而且更是对城市发展的部署和引导，而战前的规划方案实际上只是土地利用的区划。第二，对于开发活动实现全面控制，几乎任何开发活动都必须申请规划许可。与战前的运作方式不同，发展规划不是决定规划许可的唯一依据，规划部门还要考虑其他的具体情况，并且附加任何合适的条件，从而使开发控制具有更大的灵活性。第三，城市规划不仅只是地方政府的事务，中央政府具有审批发展规划的职能，以确保地方发展与国家政策相符合，促进与地方发展规划之间的协调。在1964年，成立了规划顾问小组（Planning Advisory Group），全面评价了近20年的城市规划体系，建议对发展规划的编制进行改革，分为战略性的结构规划和实施性的地方规划。1968年的城乡规划法采纳了规划顾问小组的建议，确立了结构规划（structure plan）和地方规划（local plan）的二级规划体系（two-tier system）。1971年的城乡规划法和以后颁布的一系列法规从各个方面补充和完善了这一规划体系。

1990年的城乡规划法确定在大伦敦区和其他大都会地区实行单一发展规划（unitary development Plan），由区政府编制，包括结构规划和地方规划两个部分，结构规划部分上报环境大臣审批。

除了城市规划的法律和规则，环境部还以导则（guidance）和通告（circulars）的形式，阐述中央政府的各种规划政策。区域规划导则（Regional Planning Guidance Notes）阐述中央政府的区域发展政策，为结构规划提供依据；规划政策导则（Planning Policy Guidance Notes）阐述中央政府对于一些具体规划问题（如绿带或住宅发展用地）的政策；矿区

政策导则（Mineral Policy Guidance Notes）阐述中央政府对于矿区发展的
规划政策。中央政府的各种规划政策也是地方规划部门在编制发展规划
和实施开发控制中必须遵循的依据。

6. 借鉴意义

英国的城市规划和土地开发控制是以法规控制为主。任何开发行为
必须限制在法律规定许可的范围之内；任何行政领导及部门不得利用行
政职权，发布超越法律规定范围之外的"指示"和"意见"，更改具有
法律约束力的规划方面的法律文件内容。

各类具有法律效力的法律规范的相互关系，既相互补充、相互衔
接，又层次分明，具有相对独立的内容，由于这种相互制约的关系，各类法
律件文件之间就构成了一个严密的法规体系。英国的城市规划法律，既有纲
领性的法律文件，如城乡规划法；又有解释性的法律文件，如各类规则和条
例；还有大量的补充性的政府文件，如各类通告和政策指导书。同时，地
方政府通过地方议会还不定期地发布地方的规划法规和规章。而我国的
城市规划及管理工作实行的是行政管理机制而不是法规控制。

二、美国

1. 国家和城市化简史

1775年，美国独立战争打响；1776年5月，在费城召开第二次大陆会
议，发表著名的《独立宣言》；1783年9月3日，英国正式承认美国独立。

19世纪初期，美国开始工业化。从内战至第一次世界大战的不到
50年的时间内，美国从一个农村化的共和国变成了城市化的国家。在
1890～1917年的近30年间被称为"进步时期"。

2. 城市规划行政体系

美国是一个联邦制的国家，在建国之前先有了13个州（state），然后
通过州的协议，在13个州之上成立了联邦政府（Federal Government），
赋予了军事、外交、邮政、州际范围等有限的权限，而城市和住宅领域
的权限并没有由州政府赋予联邦政府，因此，在这些方面联邦政府没有
可以直接参与的法律基础，这样，联邦政府对与城市规划相关的活动的

参与的手段主要是一些间接性的财政方式，如联邦补助金等。另外，由各州政府决定，在它的属下设置了各种地方政府（local government）。地方政府没有固有的自治权力，只有由州授予的权力，也就是说，地方政府权力的来源只能是州宪法和法律的授权以及州宪法和法律所规定的自治权。因此，各州的地方政府在法律性质、区域大小、人口多少、职能和组织上存在着很多的分歧，同一个名称在不同的州可能有不同的意义和内容，即使在同一个州内，地方政府之间也可能存在分歧。这是美国地方政府制度的一个重要特征。

在美国的地方政府中，县（county）是存在最广的地方政府机构。除了在新英格兰（New England）地区的州是由镇来承担县政府的职能外，其余各州都有县的建置。在所有的地方政府形式中，只有县政府是州政府在地方上的正式分支机构。县范围内的市、镇均由县政府管辖，但县政府只是行政管理的工具，没有制定政策的权力。而自治市（municipality）则是一种独特的地方组织机构，它同样是州政府的"创造物"，但同时具有立法、行政和司法三种权力。

一般而言，城市管理机构的组织形式有三种：议会—市长制、委员会制、议会—行政官制。

① 议会—市长制，它是延续了联邦和州政府的分权形式，市长是单独选举产生的。依据市长的实际权限而有强市长、弱市长之分。在这种体制下，规划委员会在名义上是作为行政机构设立的，但通常是对议会负责，主要是做出有关城市规划方面的决策；行政机构中还设有规划部门，主要负责城市规划的编制和发展控制等具体的技术性管理职能。

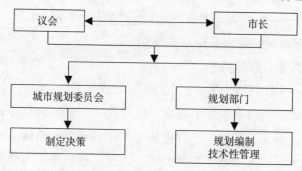

图2 城市管理机构的"议会—市长制"

② 委员会制，是指城市的管理由一个小团体，即通常由3~7人的当选官员组成的议会来负责，每一个委员也就是一位行政官员，领导一个或几个机构。委员会基本上是从整个城市选举出来的。在这样的体制下，规划委员会是这个议会下的一个机构，既从事于决策方面的工作，也从事于具体的技术性管理。

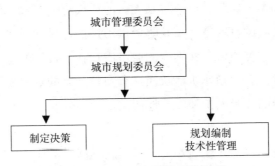

图3 城市管理机构的"委员会制"

③ 议会—行政官制，是指经全体市民选举组成议会。议会行使所有的决策权，并雇用一个市行政官来管理城市的行政工作，议会在任何时候都可以通过表决来辞退行政官。在这种体制中，议会下设规划委员会，作为决策机构而行使职权；行政官下设规划部门，从事具体的规划管理工作。

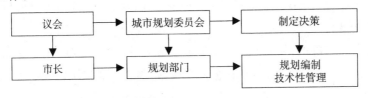

图4 城市管理机构的"议会—行政官制"

在不同类型城市管理体制下，从事于城市规划工作的机构组织各不相同。而对于具体的城市而言，各类与城市规划相关的机构有着确定的地位，从事着确定的工作。这些机构主要有以下几种。

① 立法机构。立法机构在城市中是以决策者的身份而起作用的。它决定是否成立规划委员会，决定规划委员会的成员构成并予以任命，对规划委员会划拨资金，并对规划委员会的行动提供支持等。通过规划委

员会的介绍和建议，立法机构将规划转变为行动。

② 规划委员会。规划委员会是绝大部分城市的法定机构，通过该机构大量的规划得到执行。规划委员会通常由一组经城市的行政长官提名并由立法机构批准的个人所组成。他们一般是社区内房地产商、银行家、商会等方面的领导人物，或者是律师、建筑师、医生、劳工代表、社会工作者等等。这些委员通常是无薪的或仅有一些象征性的补贴。建立这样的委员会的目的是为了及时提供市民的意见和想法，并对规划机构进行监督。这类委员会在不同的城市中存在着极大的差别，有的只不过是橡皮图章，有的则非常活跃而富有力量。有的规划委员会还有地方政府各个部门的负责人参加，但他们的职责主要是对一些事务提供专业帮助，他们很少具有投票权。

就立法机构而言，规划委员会只起到顾问性的作用。当议会处理有关规划的事务时就要求规划委员会提出相应的报告和建议，议会有权同意或否决这些报告和建议。

综合规划经过批准后，对社区内所有的人和所有的地方政府机构都具有支配性的作用，要求所有的公共部门都要将各自管辖范围内的具体改进规划提交规划委员会进行审查和批准。

在大城市，除了设有规划委员会，还设有独立的区划管理机构和上诉委员会。通常情况下，规划委员会编制区划法规，区划管理机构来执行区划法规。

③ 规划部门。规划部门是地方政府中的一个机构，但在很大程度上，规划委员会要发挥作用就需要依赖于规划部门内的技术人员的能力，而且，无论城市宪章上规定规划部门负责人是向市长还是向规划委员会直接汇报，立法机构对一些政策的最后批准也需依赖于规划部门。通常，规划机构的负责人由城市的行政长官予以任命，并得到立法机构的批准。规划部门的主要职责在于编制综合规划并依法编制区划法规和土地细分管理的条款。在规划实施过程中，在与政府的其他部门相互协作下，规划部门负责街道和道路、卫生、教育、娱乐设施、市政公用设施、警察局和消防设施以及对所有的建设和工程行为进行管理。在许多州，法律还要求规划部门合作编制行政管理方面和基础设施改进计划方

面的城市预算。

在较大的规划机构中，一般分成几个部门来处理规划任务的不同方面，如有的部门专门处理综合性的长期性规划，有的则处理土地使用控制内容并执行区划和土地细分复审等，还有的部门则负责对给水与排水设施、道路、市政设施等投资的资本预算的审查工作。有一些规划机构还有研究部门，主要进行人口预测、税收评估以及为机构的其他部门的行动提供适当的定量和事实的基础资料。近年来，其他与规划相关的政府职能也不断地设置于规划机构中。在许多的城市中，经济发展管理机构也设置在规划机构中或依附于规划机构，环境保护机构也是如此。

④ 区划管理机构。在大城市由于建设的数量和种类繁多，因而设立专门的区划管理机构，其职责在于对具体的申请案提供区划条例的解释，并在授权的情况下可对区划条例作适当的修正。对于区划管理机构的决定可以向规划委员会、立法机构、上诉委员会和相应的法庭上诉。

⑤ 上诉委员会。由于地方政府事务在复杂性方面的增加，区划条例的解释和区划的变动需要设立这样的机构，其控制权限和设置与规划委员会相类似。这个机构主持针对规划委员会和区划管理机构所作出的决定而提出上诉的听证会。

3. 城市规划编制体系和编制方法

（1）发展规划的编制

在政府的各个层次上都有各种规划。联邦政府的规划以各种方式影响到人们的日常生活。在土地使用规划方面，联邦政府只能决定联邦政府所有土地的使用，而没有权力来管理其他用地。州政府也通常运用州宪法或其他特别的法规，而将除了州所有的土地之外的土地使用管理权下放给地方政府进行管理。城市、县的地方法规在执行所在州和地方宪章的同时也确定了规划的范围。根据联邦政府各项计划的要求，如果地方政府想要获得联邦政府的某一项计划的资助，就必须先编制综合规划（comprehensive plan），必须首先确立详细的土地使用范围。妥善安排好交通、卫生、住房、能源、安全设施、教育和娱乐设施、环境保护的方式和其他与地方社会、经济和物质空间结构相关的各项因素。

州的立法通常都要求地方编制综合规划（comprehensive plan，也有称master plan或general plan等），并确立该类规划的作用范围。如California州的"Laws Relating to Conservation，Planning and Zoning"就指出："每一个规划委员会和规划部门都应编制并审批综合的、长期的综合规划，这些规划应当是有关于城市、县、地区或区域的以及尽管是位于边界之外的但委员会认为与规划有关密切关系的土地上物质发展（physical development）。这个规划应当是作为总体的或全面的规划……"规划的编制过程通常是由对社区内的物质空间、社会、经济和政治结构的深入研究开始的。这些研究包括了对地形地貌条件、水文状况、地震问题以及气象、温度等方面资料的收集，也包括了对人口增长的比率和潜在的发展可能、就业机会、卫生和福利条件、市政公用设施和社会公共设施的可获得性以及大量的其他数据。收集这些数据和资料的目的在于鉴别社区的特征以及明确未来发展的可能选择。在基础数据收集的基础上，对这些资料进行分析和用计算机进行计算。规划机构运用地图、图表和文字的方式对这些资料进行整理，并作为规划预测的基础。在内部的审查之后，这些数据和规划机构所提出的规划建议必须提交定期的由公众参加的研究会议讨论和确定。然后，在提交给规划委员会和立法机构决策之前，还必须召开公众听证会，几乎所有涉及土地使用的事务在规划委员会特别是立法机构做出决定之前，都必须举行一次或多次公众听证会，而对于一些有争议的问题，在举行投票做出决定之间也必须进行公众听证会。只有当公众的意见得到充分地体现，政府机构的行为又符合地方法规的要求，规划才是有效的，并且只有这样才能成为未来许多方面规划决策的依据。

规划编制完成后，要通过审批赋予一定的官方地位。这个过程在不同的州是不同的，尽管有些城市为了更好地实施规划，往往也有立法机构对综合规划进行审批并由市长签署批准，但在大多数州，规划是不必经立法机构审批的，而是由规划委员会来承担这一职能。在州的授权法中一般都规定了规划委员会审批综合规划的过程和程序，如在审批之前必须进行公众听证会、审批时规划委员会要举行投票。这就意味着综合规划只能担当咨询和顾问的作用而不具有法律文件的作用，于是带来了一个问题，综合规划在规划委员会批准之后是否具有法定的约束力？答案显然是肯定的。在各个州的授权法中对此都有明确的规定。根据这些法规，有关社区发展、再开发、社会设施的改进或者预算等决定都应当与综合规划的原则和内容相符合，而且必须明确阐述这些决定预期结果与规划目标之间的关系。California州的法律指出："综合规划批准之后，所有的道路、街道、公路、广场、公园、其他的公共通道、庭院或开放空间（open space）都应当通过各种方式予以达到。所有的公共建筑物也应当按照规划在所确定的地区进行建设……"这样的官方政策陈述建立了美国城市中的规划过程，而且这样的陈述也得到了法庭的支持，并将综合规划作为相关司法实施的依据，由此而确立了城市综合规划的法律地位。

综合规划在对社区未来发展进行全面安排的基础上，还必须包括一系列广泛的具体项目和计划，这是因为综合规划作为一个整体是无法在短时期内完全实现的，因此需要从时间和环境上提供保障。规划考虑了未来的变化并以此来适应发展的需要，这也就意味着综合规划必须考虑规划实施过程中在特定时期内实现特定项目在财政上的可能，因此就需要细致地确定具体的项目和计划。能够将综合规划与具体的发展计划结合在一起的是各种类型的具体规划。1965年以来，California州的法律就授权城市和县编制和审批具体规划。这些具体规划通常都将区划法规、基础设施投资计划、详细的开发规范和其他的法规规章因素结合成为一个整体，以适合特定地区的具体要求。在美国，这类具体规划有多种类型，各个城市对此都没有具体的规定，而是在实践过程中根据所要解决的实际问题予以选取。其中主要的类型有：主要设施规划（capital facilities planning）、城市设计、城市更新规划和社区发展规划、交通规划、经济发展规划、增长管理规划（growth management planning）、环境和能源规划等。

在美国，涉及州、地区和地方事务的规划都由州和城市、县进行颁布和实施。联邦政府对地方上的财政支持必须符合地方上的需求，但它通常是被排除在地方事务之外的。因此，城市和区域的规划和实施是无需州和国家规划机构复审的。

区划法规是美国城市中进行开发控制的重要依据，因此，对于规划实施而言，区划法与城市规划之间的关系就成为一个重要的问题，只有将城市规划的内容全面而具体地转译为区划法的内容，城市规划才有可能得到很好地实施。在这一方面，绝大多数的州都在法律条文中明确要求区划法规的制定必须以综合规划为基础。地方政府是依据州的授权法而制定区划条例的，这些授权法通常是以美国的商业部（US Department of Commerce）于1922年制定的样板法为基础的，在这部法典中就明确规定了"这些规章（指区划法规）必须按照综合规划而制定……"在这样的授权中也提供了达到这一要求的具体方法。在一些州的授权法中，要求规划机构作为负责区划法规编制的机构，即使在这些法规中并未明确阐述，但其中的相关条款也通过各种方式蕴含着规划委员会应当担当这样的职能的意思。在有些州设有独立的区划委员会，它们也必须与现有的规划委员会进行紧密的协作；有些州不设规划委员会，但综合规划的基本原则也必须运用到区划法规的阐述之中。

区划的原理存在于地方政府将其所辖的地区在地图上划分成不同的地块，对每一个地块制定管理的规划，确定具体的使用性质或允许某种程度的土地使用的混合等。它们也确定了新开发的物质形态方面的标准或限制。这些控制还扩展到建筑的最大高度、建筑物四周的最小后退距离、地块的尺寸和覆盖面积（通常以容积率来界定）或建筑的体量、最小的汽车停车位标准等。

区划法规需经地方立法机构的审查批准，并作为地方法规而对土地使用的管理起作用。一部典型的区划法规包括有两部分内容，即对规划进行界定的条例文本中，包括有内容和目的、定义、地块边界轮廓、各项规划的清单，规划委员会、上诉委员会、立法机构、具有相应司法权的法庭的职责、区划地图的编制和批准程序、区划地图与综合规划的一致性要求、不同手续的成本以及有关申请、上诉程序等各项规定。区划条例和区划地图通过适当的程序可以随时修正，这种修正一旦通过，即具有法定的效用而可以运用。

（2）开发控制的实施

在美国各地，有大量而广泛的详细规定决定着开发控制的过程。就总体而言，联邦政府在开发控制方面的作用是间接的，例如，主要是通过要求或者鼓励进行环境影响报告等，主要的控制机制是由地方政府执行的。但开发控制的范围自20世纪70年代以来变得越来越广泛，而且也越来越复杂，审批的权限也开始相对集中。如New Jersey州的《Directory of State Programs for Regulating Construction》就详细列出了38项必须经州审批的内容，除此之外，还有比较传统的由地方政府执行的地方区划、土地细分等内容的控制。对于一些特定的项目还需要由联邦政府进行审批，如有可能影响到湿地（wetland）等环境敏感地区的项目等。这些控制往往强调的是具体的环境方面的内容，并对规划系统的开发控制也带来重要的影响。

在发展控制方面，区划、土地细分（subdivision）仍然是地方政府所采用的主要方法。场址规划审查（site plan review）是对开发计划内容所施加的详细审查，这类审查还可以由地标（landmark）控制或者设计委员会的审查所补充，而且任何的开发都必须与综合规划的基本框架相符合。实际上，在州和地方层次上，综合规划、基础设施的计划等是决定这些具体的发展控制手段的重要因素。同时在制定区划法规和进行土地细分管理时必须考虑综合规划的因素。如联邦政府提供资助编制城市的综合规划，许多州的土地使用法不仅要求编制综合规划，而且还要求定期对综合规划进行审查和修订，如果地方政府不执行这样的要求，地方政府的区划决定通常会遭到州政府向州法院的检控。

区划是地方政府影响土地开发的最主要手段。地方政府制定和执行区划规则的权力主要源自于政府的行政权力。区划法规确定了地方政府辖区内所有地块的土地使用和建筑类型，因此可以用来保证所有的开发是与已经确定的规划目标相符合，对于与区划法规相符的开发提案的审批无需举行公众听证会（除非区划条例中有特别的规定）。

在区划法规批准之后，所有的建设都必须按照其所规定的内容实施。在实施的过程中，由于种种原因而需要对区划法规进行调整时，要按照一定的程序进行。这些程序按照所需调整的内容而有所不同，在州的授权法和区划法规中都有详细的规定。通常涉及的修正有如下几种。

① 强度转移。这类转移主要是在地产所有者拥有大宗土地时，其中

某些部分由于自然的原因（如洪水淹没等）而不能进行建设，此时，地产所有者可以申请将这些地区的被允许的建设强度转移至他所拥有的其他用地范围内，但同时他需保证将不能建设的用地作为永久性的开放空间。如果他将这些用地用作为对社区开放的开放空间，则还可享受税收方面的奖励。

② 区划改变或修正案。区划改变是最经常出现的区划调整方式，一般是由地产所有者出于经济价值的目的而要求将区划法规中所规定的用途转变为其他的用途。这样做的前提是这种改变必须符合综合规划。区划修正案主要是对区划法规的文本进行修正，包括对术语的改变、归纳或者删除一些用途、对标准进行修改，也有对批准程序的修正。无论是对区划地图还是对区划文本的修改，都需要首先进行公共听证会和讨论，这一过程通常与最初对区划法规的批准过程相同。

③ 区划变动（the zoning variance）。这是一种对区划法规的严格解释所提出的一些具体而且特别硬性的规定的放松的许可。主要是针对由于区位、地形、形状或规模的原因而不能达到区划法规所规定的开发标准时采取的调整方式。区划变动允许一个地产所有者在他的土地上达到已经允许同一地块上的其他所有者同样的开发强度，但并不允许对土地用途的改变。

④ 有条件使用许可（conditional use permit）。这是针对于一些对于社区的福利而言是必需的土地用途，但在所申请的地块上根据区划法规是不许可的，此时就需要以有条件使用许可的方式进行审批。这种许可的目的在于适合社区公共利益的具体需要，因此必须有充分的证据说明所选择的地块是能够符合这种特别的目的。有条件使用许可的审批过程在各个城市有不同的方法，有的城市是作为规划委员会的职责，有的城市则需要立法机构的批准。

在区划法规实施的过程中，由于土地所有者对区划法规修改的内容、对规划委员会、区划管理委员会或立法机构的决定不满，或者社区居民对所作的区划调整有意见，可以将这些案件递交法庭进行审理。从大量的法庭决定来看，法庭通常依据这样一些原则来行使其职责：区划法规和区划地图应当是综合的；同样的规划应当是能够运用到所有的同样的土地使用分类中；区划法规的内容应当能够证明这是为了对卫生、福利和安全的保护；在法规中不应有歧视的和随心所欲的内容；法规的管理应当是理性的，不受任意的决定的影响。

土地细分是一种确定土地地块划分的法律过程，主要是控制将大的地块划分成一定尺寸的小的建设地块，以满足地块产权转让的需要。在美国，这个过程通常得到了非常细致的控制。这种控制主要是为了保证所划分的土地能够以比较合适的大小规模来与区划条例所允许的开发相适应，并且能够保证道路方面有较好的通达性。在建设地块可以出售之前，或者土地的所有者在对地面设施进行改进之前，必须先获得市政当局对地产权的土地范围批准。根据相应的法规，在地产权的地图上至少要表示出街道、地块的边界和公共设施的通行权（easements for utilities）。而且，还会规定在建设地块出售或建设许可得到批准之前必须进行怎样的改进。这样，社区就可以要求地产的所有者在地块内建设街道，并且在符合宽度、安全和建设质量的标准的基础上，以适当的方式与城市的街道系统相联系。同样，也可以要求地产的开发者提供给水、排水及下水道等设施以符合社区的标准。土地细分的要求通常会规定地产开发者必须向社区贡献出一定量的土地（或者为替代这种贡献而需支付的款项）以作为社区建设学校、娱乐设施或社区设施所需。土地细分控制还要考虑其他基础设施的可供应范围，比如给水和排水、消防设施的可获得性以及诸如公园、学校、路灯等的服务设施的供应范围等。一般而言，土地细分的控制主要运用于居住区发展，但在某些社区也用来管理商业区或工业区。

场址规划审查通常用来保证区划条例中的各项标准在重要的开发项目中得到贯彻。需要进行场址规划审查的项目的确定在各个城市是不同的，一般由地方政府决定。在New Jersey州中部的West Windsor市，除了联立式的独户住宅及其附属设施的建设外的所有开发都需经过场址规划审查。在该市，这种审查分两个阶段，即初步审查和最终审查。有一个专门的政府机构——场址规划审查顾问委员会，来协助规划委员会和区划委员会执行场址规划审查的职能。其他的政府官员被邀请参加，主要有政府的工程师、规划顾问、政府的卫生委员会、城市的消防官员、政府环境委员会和州的交通部、城市的污水处理管理委员会以及规划委员会认为必要的其他委员会或专家等。而同样位于New Jersey州、执行同一部州授权法的Jersey市，则只审查较少的项目。在该市中，只审查10户以上的住宅建筑或基地面积在10000平方英尺以上建设（通常限于密集的建成区）或者扩建面积在原有建筑面积50%以上的建设项目。而在有的城市，场址审查是作为获得建设许可过程中的一个组成部分，因此其主要内容也就更多涉及建设工程标准的审批。

另外有两类相关的控制可归纳为美学方面的控制，一是地标控制（landmark controls）；另一类是设计审查。近几十年来，在美国对于保护建筑遗产重要性的认识得到了极快的增长，这种保护主要通过两种方式进行，一种是保存历史建筑本身，一种是保证在历史地区新的开发项目在规模和设计上与这些地区的特征相和谐。New York市于1965年成立了地标保护委员会（Landmarks Preservation Commission）来鉴别、确定地标建筑和历史地区，并管理这些指定建筑物作为财产转让和转换的过程，以保证这些建筑物在建筑学、历史、文化和美学方面的质量得到保护。这些财产的所有者想要改变任何单个的保护建筑物的特征和任何历史地区在性质上的特点，都需要获得地标保护委员会的批准。至1986年，这个委员会已经确定了730个单个的地标和48个历史地区。在美国许多城市都有同类的地标保护委员会，但管理和控制的内容、方式在不同的城市却各不相同。在许多城市，地标控制通常与特种税减免相结合，以保证对历史地区和建筑物的维修，并且鼓励对这些建筑物的再使用。

在一些城市除了有标准的建设法典之外，还要经过独立的设计审查过程。

4. 城市规划法规体系

美国的宪法在本质上是州与州之间的契约。尽管它确立了联邦政府和州政府的权力范围，但它对州与州以下的各级政府之间的权力分配却未予涉及。因此，州政府以下的各级政府都是由州来确定的。在法律上，州政府只能将其拥有的权力分配给地方政府。通常，地方政府的结构以及地方政府的权力与责任是由州宪法、宪章和法律所具体规定的，而且只有州政府授予的权力，地方政府才能执行，同时也具有了相应的职责。地方政府在执行权力的同时，还受到联邦宪法和州宪法所保障的个人权利的引导和限制。当个人权利和政府权力范围发生不一致时，最终的仲裁者是法院系统。因此，地方规划工作会考虑如果正在处理的争端提交法庭进行法律审查，法庭会做出怎样的决定。由于美国的法院依循案例法（case law）的原则而作出判决，因此规划工作会受到过去同类案件的处理和对法庭会做出的可能判决的揣测的限制。在许多情况下，地方规划工作也受到法庭要求地方政府所做的事情的影响。

在美国，州与州之间在规划立法方面有着巨大的差别。在许多州的法律中只允许地方政府从事特定的规划行为，在其他的州中则要求社区履行相当全面的规划行为。而州的授权法（state enabling legislation）往往确定了地方政府在规划方面的功能。比如，Virginia州与规划有关的州授权法就要求所有的城市、城镇和县都需要设置规划委员会，并有经过批准的综合规划。在州的法律和宪法允许市政当局从事相当的规划行为的州，通常都指出这些法规仅仅只保障市政当局的所作所为绝对局限于行政权力（police power）的范畴之内。

州的规划法是一种专门的授权法，通常是建立一个州的机构来协调州层次上的规划功能，此外也确立地方规划行为的具体内容。这些法描述了州规划委员会的功能，并规定了每一个城市和县完成当地的完整规划的过程。这些法通常还要求编制综合规划，列出综合规划的范围，并详细说明综合规划审批和执行的方法。州的区划授权法往往也详细地定义区划的范围、批准区划条例的过程、区划委员会的构成、权力和功能，以及区划条例修正的方法及区划条例的例外等。这类授权法通常都详细地列明，而不仅仅是行政权力的笼统保障。

另一种授权法是用来在州、城市或县中创设新的机构，以处理一些特殊性质的问题，如住房和城市改造法就是其中的一例，在县和城市依法创立相应的地方机构以使得地方政府可以从事于州的法令所规定的内容。

就如同州层次所确立的特别授权法覆盖了城市行为的一些领域，在地方层次往往运用特别的条例来详细确定城市宪章所要求执行的具体方法。在那些没有"完全拥有者宪章"（freeholder's charter，这是关于市政社团的法律，由各个州在州宪法中予以规定）的城市，州的法律可以直接起作用；在有了这类宪章的城市中，由于宪章已经以比州的法律更为严格的语词确定了行政权力的执行，因此地方的法律具有优先性。城市宪章通常以与州的授权法相似的语汇确定了规划委员会的职能，而且，只要州的法律所包括的所有任务没有更少的限制，城市宪章中的规定一般都沿用州的法律条款。

政府工作的开展是依据于政府所拥有的行政权力（police power）。这被认为是一种内在的主权，是政府在执行关乎整体福利和提供适宜的社区生活的公共政策时所具有的权利与责任。在美国联邦政府建立之初，行政权利仅仅局限于有主权的州政府，只有当涉及国家利益或者地方政府已经无法处理的状况下，而且州政府也确认需要联邦政府的帮助并提出要求时，联邦政府才能使用这样的权力。然而，联邦的法律也影响了州与州之间的关系，如州际商业委员会管理着州际通过铁路的商业交易率，联邦劳工法规定了产品通过州际商业销售的产业的就业者的工资和劳动时间，这些例子构成了联邦政府所使用的行政权力。另一方面，联邦政府也通过各种途径对州和地方的城市发展政策和规划的施行提供必要的政策引导。这些政策引导往往建立起了规划过程的基本结构以及在此过程中必须考虑的因素。1978年总统向国会提交的城市政策报告，对1977年通过的住房法修正案的条款的进一步阐述，此后每两年总统就提交一份这样的报告。这类报告主要涉及美国传统观念和新的现实、变化了的城市模式、强调对处于贫困地区的城市居民进行援助的需要，提出为保护城市而采取的新的合作方法，最后，提出国家的城市政策。这些政策决定了联邦政府各类计划的构成及其作用范围，从而通过计划资助而影响地方城市所采取的具体措施。同时也对州政府城市政策和工作重点起到引导和推进的作用。与此同时，各类专业性学术机构也会通过对专业规划师的宣传和学术带动而促进城市规划工作的开展。美国规划联合会（American Planning Association，APA；1978年由两个机构合并组成，这两个机构是The American Institute of Planners，即AIP和American Society of Planning Officials）出版了一系列的参考手册，致力于研究和推进城市、区域、州和国家规划的发展，他们希望以此来引导规划的实践者，并且能够促进立法者和法庭对规划的认识。

一些州通过具体的法律赋予城市和县以行政权力，其他的州则在州的宪法中予以了保障。一般而言，行政权力的目的是一致的，但在不同的州保障这种权力的方式是各不相同的。就规划过程而言，关键的就是地方政府必须拥有通过制定法律和规章来处理社区居民的行为及其财产的权力。在美国，行政权力的运用必须是为了一个有价值的目的，这个目标必须是明确地予以陈述过的。例如，在运用行政权力管理或否定某项地产使用而不予补偿的地方，必须首先明确证明该项地产的继续使用会有害于社区的最好利益。一栋房屋结构的不适当会危及公众，也同样会危及居住在其中的人，因此而遭到关闭，此时行政权力的运作是无需对业主进行补偿的。对于这类行为的公正性依赖于这样的假设，任何人都有义务维护他们的财产合乎标准，也就是对社区不造成伤害，否则就有必要运用行政权力来消除这类损害，而这样做的时候是不必给予任何补偿的。

国家征地权（Eminent Domain）是涉及规划实施的一项重要的政府行政权力，它意味着政府有权出于公共或半公共的目的而获得地产。例如，道路建设需要获得线路上属于私人的地产。当政府采用此方法从私人手中获得地产，必须对财产所有人进行补偿。如果政府与私人之间无法达成协议，就需要由法庭作出判决。

而对于规划来讲，对私人财产的使用进行公共控制则是最为关键的因素。对于现代美国城市规划的发展历史来讲，政府施行对私人所拥有的财产进行控制的权力的演变是其中最为重要的组成部分。在20世纪初的30年中，政府确立了对私人财产的使用进行实质性控制的权力。自20世纪20年代以来，区划作为城市规划实施的工具得到了连续的发展，并在改变区划条例过度固定、需求区划弹性方面进行了广泛探讨和运用，大量的新技术也得到了运用和发展。

5. 借鉴意义

按照美国的经验，规划管理法规是地方性法规，各城市政府应该有自己的、可具体操作的规划法规。我国现有的"控制性详细规划"性质与此相似，但更像是设计图纸，不如区划法规那样既有法规文本，又有区划地图，易于执行和监督，具有一定灵活性。

在技术层面上可以看出，在美国传统的网络式城市形态中，其街廓和产权地块的尺度与模数对开发建设具有很大的适应性。美国传统街廓的方格网式布局，是从土地开发的经济规律出发，尽量使街廓和地块的形状规整、尺度统一、朝向一致，并与道路的连接方式相同；使同一区位、相同用途的地块在地价上差别减小。其优点为：

① 在经济上容易体现公平分配的原则，方便了土地的买卖、批租和开发利用。

② 在城市建设上可以高效利用城市土地，统一管线铺设，便利交通的组织疏散。

③ 统一简化城市用地控制上的法规管理工作。对于形状、大小、朝向相同（相近）的地块，红线后退、容积率、层高等控制标准可做统一的规定，避免了审批过程中大量不合常规的特例出现。

三、德国

1. 国家和城市化简史

1848年德国各地爆发资产阶级革命，普鲁士于1867年建立北德意志联邦，1871年统一的德意志帝国建立。1914年挑起第一次世界大战，1918年11月德意志成立"魏玛共和国"。1939年德国发动第二次世界大战，1945年战败投降。战后，根据雅尔塔协定和波茨坦协定，德国分别由美、英、法、苏四国占领，并由四国组成盟国管制委员会接管德国最高权力。柏林市也划分成4个占领区。

德国作为一个地理单元在历史上曾经几经分裂，最近的一次分裂是20世纪的40年代末，当时德国分裂为东德（德意志民主共和国，The German Democratic Republic，GDR）、西德（德意志联邦共和国The Federal Republic of Germany，FRG）两个国家。1990年10月3日，德国再次实现统一。

2. 政治与行政体制

《德意志联邦共和国基本法》于1949年5月生效。1990年8月两德"统一条约"对《基本法》某些条款又作了适应性修订。《基本法》规定，德国是联邦制国家，外交、国防、货币、海关、航空、邮电属联邦管辖。国家政体为议会共和制。联邦总统为国家元首。议会由联邦议院和联邦参议院组成。联邦政府由联邦总理和联邦部长若干人组成，联邦总理为政府首脑。联邦宪法法院是最高司法机构，主要负责解释《基本法》，监督《基本法》的执行，有16名法官，由联邦议院和联邦参议院各推选一半，由总统任命，任期12年。

3. 城市规划行政体系

德国的城市规划，可以分成为两个层面：

① 城市的《土地利用规划》，即："F-Plan"，全称为: Flaechennutzungsplan。

② 城市的《建造规划》，即"B-Plan"，全称为: Bebauungs plan。

这两项规划在《建设法典》（BauGB）中统称为《建设指导规划》，即：Bauleit planung。按照德国的《建设法典》（BauGB），《建设指导规划》是一个社区在需要时有义务制定的任务。假如一个社区需要发展和需要维持日常秩序，社区有义务进行编制以上两项《建设指导规划》。

4. 城市规划编制体系和编制方法

根据《建设法典》、联邦州的法律、社区公共管理条例和规定，德国的《土地利用规划（F-Plan）》和《建造规划（B-Plan）》的法定编制过程，可以大致地确定为以下六个程序。

（1）决定编制规划，初步草案准备阶段

随着社区代表机构（社区议会，城市议会全体大会）决定编制一个《建设指导规划》，不管是《土地利用规划》，还是《建造规划》，一般情况下会导入一系列的正式程序。实际上，市区代表机构作出编制规划的决定，本身就是在一系列的正式程序开展以后，才能最后正式决定。社区议会编制规划的决定，一般情况下，都会带来关于社区发展的最终目标、编制规划的必要性、城市土地利用规划和建造规划的实施的可能性等一系列的讨论。

编制城市规划的决定，要在全社区范围内公开宣布。公开宣布方式有以下几种可能性：在正式报纸和公共通知文件上刊登公告，在市政府门口或者其他地方的公告栏内张贴公告，有的采用发放通知单和宣传册的办法，一般情况都要发到社区内所有的家庭。社区内最常用的办法是，召开社区全体居民大会，或者是社区编制城市规划通知大会。通知的内容必须有规划地区的精确描述、本规划的名称以及编制规划的正式决定。在实践中，为了达到精确地描述待规划地区的目的，一般与通知一起，附上一张待规划地段的地籍图。

与通知同时进行的是，社区的公共规划部门或者通过外部请来的规划事务所开始进行规划的草案编制。这个阶段的工作包括，对规划地段的现状进行仔细的踏勘清查和研究，分析研究规划基础资料、规划目标的预定以及对规划的边际条件的研究。在此基础上，确定城市建设不同规划方案，并用草图表现出来。经常发生的情况是，在这一阶段，已经将与本规划相关的公共部门的代表请进来共同参与规划草案的编制。尤其是在编制较大范围或地段的《土地利用规划》和《建造规划》的时候，及早地将区域规划和州域规划的目标引入将要编制的规划中，并与之相适应。

（2）市民参与（第一阶段：前期市民参与），方案的初步阶段

按照德国《建设法典》中的第3款第一条，必须向市民公开通知城市建设不同的方案草案，公布关于将开发建设的建筑、场地的不同使用以及道路的走向和线性等等。在此，市民有权力知道规划的目标和作用，并参与规划方案的讨论，提出建议发表他们的想法。

市民具体以哪一种形式来参与规划，在实践中，是有非常多的不同形式来实现的。从正式报纸的公告海报、公共的通知文件，到特殊印制的规划宣传册和传单，或者是管理部门特别设置的专门接待时间、规划地段的现场接待、规划展览以及全体市民大会等等形式。但是无论如何，必须及早地进行市民参与。一个规划在德国是不允许没有多种方案比较的，也不允许出现规划的目标没有市民理解的情况。另外还要注意的是，对于在此之前还没有通知到的市民，都要以口头的、文字的或以

图形的形式向他们解释关于规划的内容、规划的目标、规划判断的标准以及规划的影响和作用。

按照德国的《建筑法典》，只有以下三种情况可以回避市民的公共参与。

——"土地使用规划在没有改变基本方案的情况下，进行修改和补充。"

——"当建造规划对规划用地以及邻里地段没有造成重要影响的情况下，进行编制、改变和补充，以及停止使用的时候。"

——"当规划的基本要求，已经在其他规划的内容中通知过，并且公开讨论过的时候。"

从1990年开始，德国针对统一后产生的住宅建设问题，专门制定了《建设法典》中的《措施法》，按此规定，在社区的建造规划中，假如涉及紧急的住宅建设需求，其编制、改变或补充，允许不举行公开的解释，而是可以通过公共布告栏进行张贴，但是市民拥有参与讨论和研究的权利。这个调整的目的是为了加速编制规划的进程，但是，这条法律规定只能从1990年开始生效，到1995年5月31日结束。

案一般从称为法律方案（Rechtplan），这个法律方案必须完成要求的各种图纸，在编制"土地使用规划（Flaechennutzungsplan）"的时候并配以《说明报告书（Erlaeuterungbericht）》：在"建造规划（Bebauungsplan）"的时候要配以《规划根据说明（Begruendung）》。

（3）公共机构和邻里社区单位参与，区域空间规划与联邦州规划适应

按照德国的《建设法典》，在编制城市规划的时候，还应尽早地通知与规划相关的各管理部门和各社会公共利益团体。一般情况下，规划编制机关和机构，要将规划的草案附上《说明报告书（Erlaeuterungberieht）》或者《规划根据说明（Begruendung）》邮寄给这些相关的部门和团体，并请他们在一定的限期之内，发表各自的看法。这个限期在德国的各个州，有不同的规定，比方Hessen州的时间是至少六个星期。在一些特殊的情况下，对一些与规划内容和具体措施有非常重要关系的机关或者团体，规划编制机构可以把他们请来一起座

谈，并将规划的内容通知他们。

哪些相关的管理机构和负责官员必须参与一个地区的规划呢？这完全按照规划所涉及的不同层面和范围来决定。所以，在编制"土地利用规划（Haechennutzungsplan）"的时候，要比编制"建造规划（Bebauungsplan）"所邀请来的管理机构和团体多得多。但是一个社区在编制城市规划的时候，与这个社区相邻的所有社区都必须邀请参与。

（4）公众参与（第二阶段：规划图公开），社区代表提出新的争议

在编制城市规划的过程中，除了在开始的时候有一个公众参与外，德国在《建筑法典》中还规定，在城市规划《说明报告书（Erlaeuterungbcricht）》或《规划根据说明（Begruendung）》草案拟定后，必须将规划的方案公开一个月，这就是所谓的公众参与的第二个阶段。按照《建筑法典》中的《措施法》，为了解决紧急的住宅建设需求，可以将这一个公众参与第二阶段时间缩短到两个星期。但是，这个条款规定只能是在编制、补充或者修改"建造规划"的时候才能使用，而且，这个条款规定只在德国统一以后到1995年5月31日期间有效。

一般情况下，公众参与的第二阶段，是在社区代表机构批准规划草案后，决定公开方案的。从作出公开方案的决定到正式公开悬挂之间的时间至少是一个星期。向公众公开规划方案要明确以下几点。

① 规划处理的内容（规划的类型、精确的位置和界限、规划的有效范围）。

② 相关的内容是怎么设计的（街道、接点、就业岗位）。

③ 方案的公开悬挂的日期（开始和结束之日）。

④ 方案的公开悬挂的具体时间（星期几、几点到几点）。

⑤ 在规划草案公开期间，公众可以以哪种形式表达自己的看法和建议。

在公众参与的第二阶段，如果有不同的建议和反对规划的意见，都可以以书面和口头的形式提出来，社区管理政府以记录稿的形式并入规划编制工作的档案中。如果规划草案有比较大的改动，这个过程还将重复举行。为了缩短整个规划的编制过程，这个过程有时候可以和上一个公共团体和管理机构的参与结合起来，平行举行，这样可以把这两个阶

段的时间压缩在五个星期。在完成公众参与的第二阶段之后，还必须将修改后的规划方案，邀请相关的人士再次讨论，并将结果通知相关的公共管理机构和团体。

（5）公共与私人相互协调和权衡，社区决定权衡结果确定最终方案

对任何按时交上来的公共和私人对于规划的想法和建议，都必须对其内容的正确性和可利用性以及可操作性进行分类审查。但这并不意味着，任何超过时间交上来的想法和建议就不予考虑，而是根据这些想法和建议内容的重要性进行判定。社区政府必须针对不同的建议和批评，做进一步补充调查或者邀请一部分专家进行专项审评。

对于被采用的想法和建议或者不被采用的想法和建议，社区政府都必须正式通知提交建议和方案的市民，并说明采用或不采用的理由和原因。如果有超过一百名市民对一个内容相关的问题提出想法和建议，市政府必须对此问题进行专项的调查审定。

如果规划内容的修改不是一些重大的问题，比如像说明书的错别字改正、规划图上的图标完善等，那么规划程序将继续进入下一个阶段；如果规划的基本思想没有改变，但是规划的某些用地和规定进行了修改，修改后的规划方案还将再一次进行公开悬挂；如果规划的基本内容和基本指导思想发生了改变，那么前面两个阶段都要重新进行，也就是说，要重新进行公共团体和管理机构的讨论和公众参与和讨论。

这个阶段以完成确定规划的最终成果而结束。图标、规定、法律文本以及规划说明书都在修订后已确定和完善。由社区的管理机构官员、市长或者镇长签名盖章，并附以公众参与和公共机构团体参与提交的想法和建议的最终处理意见。最后这些文件都将报上一级管理机关进行审批，并在全社区范围内公开。

（6）确定规章制度和法规，批准和宣布指令，执行规划

经过社区的代表机构审定通过，规划方案就成为正式的《建设指导规划（Bauleitplanung）》。在编制《土地利用规划（F-Plan）》的时候，没有特别规定的法律形式，而在编制《建造规划（B-Plan）》时，规划本身成为一个法律文件，并按照法律文件规定的形式进行公布和执行。

德国的城市《建设指导规划（Bauleitplanung）》，在上报上一级政

府管理机关时，作为政府文件卷宗运行处理。按照规定，此卷宗应包括编制该规划的各个过程中产生的基础资料和决定，具体如下。

① 编制该规划过程中的所有方案草案以及规划说明书。

② 所有的公告、通知和海报。

③ 所有在第一次市民公众参与中产生的想法和建议的记录。

④ 所有公共机关参与中产生的态度和建议。

⑤ 所有在第二次市民公众参与中产生的想法和建议的记录以及社区代表议会按照《建设法典》（BauGB）对这些想法和建议作出的决定。

按照德国的《建设法典》（BauGB），上级机关对《建设指导规划》的批准期限是三个月。但这个期限也可以因为上报给再上级机关而延期。一个社区或城市的《土地利用规划》公布以后，就开始生效作用。一个社区或城市的《建造规划》在正式宣布以后，就成为一个法律文件，对该社区的每一个人都具有地方法的效应。

5. 借鉴意义

中国城市规划法是规划编制和规划行政管理的法律，而德国城市规划法除了含有规划编制和管理的内容之外，还有土地使用的法律，也就是要求土地使用者在自由支配土地财产的同时承担法律约束义务。

城市的建设管理过程中必需的土地征购、补偿等规定由土地管理法做出，由土地管理部门管理。但是，无论是在规划法中还是在土地管理法中，对城市建设中地方政府的土地征购都没有做出明确的界定。在现实操作中，由于城市政府参与了大部分的土地市场行为，从而使得城市建设中城市规划管理者和被管理者的关系不明确，城市规划的法律约束无法面对由地方政府参与的土地征购行为。此外，政府部门在规划和土地征购权限方面的分离，也给城市规划的管理带来很大的不便，对城市规划的实施能力也造成影响。

在建设指导规划编制和审议批准期间，德国建设法规确定城市政府可以发布禁止改建的命令或建设申请的搁置。在中国的城市规划中，对于建设项目主要依据城市的规划主管部门发布许可证或许可证件进行管理，对与规划设想有矛盾的建设项目可以拒绝发布许可证或许可证件。

四、法国

1. 国家和城市化简史

1789年7月14日，手持武器的巴黎市民攻占巴士底监狱。1789年8月26日，法国大革命的纲领《人权和公民权宣言》正式通过。1792年建立第一共和国，1799年拿破仑·波拿巴夺取政权，1804年12月2日，拿破仑·波拿巴成为法兰西第一帝国的皇帝。1848年2月法国爆发资产阶级革命，第二共和国建立。1851年路易·波拿巴总统发动政变，1852年建立第二帝国。

1870年在普法战争中战败后，法国于1871年成立第三共和国。第一次、第二次世界大战期间法国遭德国侵略。1944年6月戴高乐宣布成立临时政府，1946年通过宪法，成立第四共和国。1958年9月通过新宪法，第五共和国成立，同年12月戴高乐当选总统。

2. 政治与行政体制

总统是法国国家元首和武装部队统帅，任期5年，由选民直接选举产生。总统有权任免总理和批准总理提名的部长；主持内阁会议、最高国防会议和国防委员会；有权解散议会；可不经议会将某些重要法案直接提交公民投票表决；在非常时期，总统拥有"根据形势需要采取必要措施"的全权。在总统不能履行职务或空缺时，由参议院议长代行总统职权。议会由国民议会和参议院组成，拥有制定法律、监督政府、通过预算、批准宣战等权力。

法国分为大区、省和市镇。省下设专区和县，但不是行政区域。县是司法和选举单位。法本土共划为22个大区、96个省、4个海外省、4个海外领地、2个具有特殊地位的地方行政区。全国共有36565个市镇，其中人口不足3500人的有3.4万个，人口超过3万人的市有231个，人口超过10万的市有37个。

3. 城市规划行政体系

在法国的政府体制中，这些层次之间的相互关系并不构成一个完全的等级系统。国家政府通过国家特派员（Commissaire de la Republique），并且在省的层次上有着相应的国家机构（DDE）从而获得对市镇的监控权。

考虑到有如此大量的市镇并为了达到规划和管理的效率，建立了一些机构以促进在地区发展的微观层次上进行更好地合作。目前有如下机构。

——9个大都市地区开发当局。

——214个市镇规划机构。

——35个地方性的地区规划机构。

——17014个社区间发展联合体。

4. 城市规划编制体系和编制方法

（1）法国城市规划分两个阶段

第一，城市主导规划（SDAU）确定众多的地方政府可以运用的规划目标的总方向，规划范围由国家当局根据相关的地方自治范围予以公布。例如里昂地区的大都市主导规划范围包括了71个地方当局。

自1983年以来，城市主导规划是由市镇之间的合作机构编制的。内容有：一套展示未来发展模式的规划图，比例由1/10000至1/25000；一份解释和阐明规划方案的详细报告。

通常，在城市主导规划的编制和修改之前，要先发表一部"特别报告"——"白皮书"（Livre Blanc）。这部白皮书主要论述有关被研究地区现有条件和各种事务的状况。

城市主导规划的主要目标是安排和研究与地区发展问题相关的总体的规划方向，以达到在未来城市发展、农业发展和其他经济行为以及自然区保护方面取得平衡的发展条件。并建立起未来土地使用模式的方向，以此来达到政府所确立的发展计划与受到城市主导规划影响的地方自治之间的协调。一个市镇可以通过城市主导规划的法律效应消除它的地域限制，此时，城市主导规划的指令不再约束市镇的发展问题。

第二，地方性的土地使用规划（POS）确定与各地块的土地使用尤其是与每个地块上的建筑特征相关的规章和条例。这些规划通常由所在的行政当局进行编制。然而，这种管辖权限也可以被扩展到相邻的没有编制地方性的土地使用规划的行政区。

地方性土地使用规划（POS）是唯一的法定规划文本，对于地域范围内所有地块的土地和建筑使用具有强制性。正由于这样，不符合规划的开发是违法的，并会受到起诉。而城市主导规划与规划问题相关的指令只能运用于地方当局层次的城市发展和基础设施规划方面，特别是用于地方性的土地使用规划的深化方面，而不能用于个别土地或财产的拥有者。

1983年以来，地方性的土地使用规划是由市镇发起并在其负责下编制的。一般而言，这些规划是由政府部门编制后免费递交给地方当局的，但经常是由地方当局在上级政府部门的财政资助下，聘请私人规划事务所来编制他们各自的地方性土地使用规划。

一份地方性土地使用规划包括以下内容。

① 一份综合性的报告包括分析现有的条件、解释市镇的发展远景，证明所提交的规划方案与国家城乡规划法的条文、与城市主导规划的指令、与所有公共领域的通行权（easement right of all domain）等相一致，并且无损于任何公共福利计划的利益。

② 若干张不同比例的规划图（从城市地区的1/2000到农村地区的1/10000）。这些规划图展示了不同土地用途以及各自覆盖面积的区划图，也表示了公用事业和创造宜人环境所需的保留用地以及保留或新辟的道路边线及其用地。

③ 一套建立在国家规划法上的地方法规，这些法规确立了可运用于这些规划所覆盖的不同土地使用分区之上的地块的建设规章。

④ 一套与地方性土地使用规划相配套的附录性报告，如：

——一份供水和卫生网络规划图和相应的技术报告，反映了与城市未来发展规划相适应的可能扩展。

——一份说明废物处理系统规划的技术报告。

——一张反映机场噪声控制区的规划图。

——一张反映受自然和技术影响的受灾地规划图，特别是水灾、塌方和滑坡地区。

当把城市主导规划和地方性的土地使用规划的法规置于地方当局的管理权限内时，国家政府要求地方当局在编制这些规划时应当考虑以下信息。

——根据国家城乡规划法的条款而适用于规划范围内国家的或特定的土地使用规定。

——公共领域的通行权。

——涉及国家利益的计划，尤其是与交通相关的大型基础设施计划。

——规划法和对要求特别保护地区制定的强化国家规划政策的规定，也就是各类纪念物和历史性建筑物、自然保护区、山区、海滨和机场周围等等地区。在编制城市主导规划或地方性土地使用规划时，必须考虑根据这些法规和规章所确定的规划规定尽可能地适应于地方条件。

所谓发展在法国主要是指任何的建设活动，甚至是兴建那些没有基础的建构物，这是一个严格的、全面包容性的定义。但自1986年起，一些较小的建设（如中小学、变电站、邮电局等建筑物）则可以是例外或者可以进行初步方案的申报控制。

城市规划法提供了规划和控制的基本框架，而且包括了非常重要的有关土地征收、土地政策和开发税的条款，但还有一些法规如环境、建设、矿产以及行政法等在发展控制中担当了重要的作用。

发展控制的基本原则源自于关于发展权利的法律体系，也就是当申请与POS的条款相一致就必须批准。自1983年以后，如果没有经过批准的POS，那么在建成区之外进行开发几乎是不可能的，而在建成区之内，国家的城市规划条例对各类开发已经规定了区位和公共设施、位置和体量及其外观，并对各类申请提供了清晰的引导。

从某种角度讲，POS本身并不仅仅是一份规划图，而更重要的是一种对发展权利的确认。它必须包括对各种开发的所有公共限制，如市政设施、公路、污染区和安全区等。这就必然是一种分区地图，对于这些分区中的每一个地块都制定有一套十五个指标的规定。其中包括土地使用（两个指标）；交通和公共设施（两个）；位置、高度和平面形状（六个）；外部空间和停车设施（两个）以及容积率（两个）等。这些规定可以是复杂而具体的，如容积率的规定可以根据不同的地区而有所差异，它可以对某些使用提供激励，而抑制其他的使用。

根据国家城市规划法，对绝大多数的开发的核准采用"建设许可"（permis de construire）的制度。建设许可提供了保证所有的建筑物与规划或规划条例、公共控制（servitudes）、营造条例和有关防火、卫生、公共安全等规则的一致。但它与土地的私人权利没有任何关系。这一制度有一个审核的程序，并有严格的时间限制。纲要性的规划许可过程也是通用的，审批的程序和手续与建设许可相同，它的主要目的在于建立开发权利以及相应的土地价格。审批程序的规定如下。

① 一份正式的申请表，要求提供所有参与者的详细资料，并附有平面图、剖面图和标高。几乎所有超过170平方米的建设项目都必须由建筑师设计。

② 这些申请表在POS已获批准的市镇则要求送交市长，否则要求送交国家特派员。市长或特派员在收到后要发布一份文件，在市镇厅或在长官府将申请予以公布，并表示对这份申请的接受。

③ 这份文件由国家机构（DDE）或者市镇的技术机构进行检核，并且还有一系列的顾问也会对此进行考察，这些顾问通常有90名合适人选担当，其中通常仅包括相关的市政公共部。

④ 对于每种类型的开发申请都规定了作出决策的时间限度，通常是两个月，但对较大型的开发或者历史纪念建筑则需三个月，对于重要的商业性开发最多可达到六个月。如果一项建设开发需要有附加的必要的评议会，这个时间限度还可以延长。

⑤ 如果在具体规定的时间内没有对申请作出决定就意味着对申请的自动核准，但第三者可以向法庭提出质疑。

⑥ 最后的核准基于财政和规划的考虑可以是附有条件的。也可以是调整性的许可，对地产进行划分的核准或对临时性建设的许可。但也可选择对一些开发申请搁置起来而不予审理，最长时间为两年，主要是当POS在编制过程中或者一些公共工程在准备中。

⑦ 每一项建设许可得到批准都必须进行公告，并在随后的六个月内可通过法庭进行抨击。批准的建设许可的有效期为两年。

⑧ 在建筑物使用之前必须提供一份建设与所提交的方案相一致的证书，这一要求提供了内在的监督和执行体系，并具有规定的程序和惩罚。而与营造条例的一致则是另外进行查核的，这主要依赖于通过私人保险手续来进行控制。

在大多数的市镇中并没有规划部门之类的机构，如果他们要承担发展控制的职责，就依靠于一些小型的技术机构来颁发许可和授权。绝大多数的规划制定功能和发展控制的建议是由省一级层次国家机构来提供的，因此，在规划和控制的过程中仍然受到中央的极大影响。三十个左右的大城市有城市规划机构，并有较强的跨专业的团队承担规划编制和规划研究，但这些机构是完全独立于政治控制的。

（2）1992年以来城市规划体系的新发展

1992年法国行政法院对"总体规划纲要"（SD）实施情况的分析报告指出国家政府应当放弃恢复SD指导作用的幻想并建议由国家政府在大区或省一级行政区编制"城市规划地域指令"。这一提议在1995年的《地域规划与发展指导法》（LOADT）中得到了落实，1999年颁发的《地域规划与可持续发展指导法》（LOADD）吸取了LOADT试图编制《全国土地规划与发展纲要》（SNADT）的失败教训，以新的思路提出编制国家层次的规划指导文件——"公共服务发展纲要"（SSC）。它的编制年限为20年。以全国为地理范围，拟订9项对国土利用具有结构性影响的公共设施的发展计划，它们是高等教育与科研、文化设施、信息与通讯、医疗保健、客运、货运、能源、体育设施以及自然保护用地。

2000年12月13日颁布的《社会团结与城市更新法》，提出彻底更新《土地指导法》以来的两项规划文件（SD和POS），首先它提出以"地域协调发展纲要"SCOT取代原来的"总体规划纲要"（SD）。SCOT在城市聚居区（市镇群）的尺度上进行编制，必要时还可以通过编制分区的SCOT进一步深化。

在市镇尺度上新的"地方城市规划"（PLU）将取代原来的"土地利用规划"（POS）。PLU不仅是地方进行规划管理的控制性的文件，也是地方发展的战略性、实施性的方案。"用地区划"原理被彻底抛弃，"方案"的概念取而代之，PLU不再进行土地细分，也不再编制容积率等抽象的指标，而是根据综合规划方案确定用地性质和具体的建筑控制要求。

表1　　　　法国《社会团结与城市更新法》后的城市规划体系

地域尺度	规划文件	编审人
全国	公共服务纲要（SSC）	国家政府（Etat）
大区	城市规划地域指令（DTA）	国家政府（Etat）
	大区国土规划纲要（SRADT）	大区议会（Conseil Regional）
城市群或聚居区	地域协调发展纲要（SCOT）	市际合作管理公共机构（EPCI）
市镇	地方城市规划（PLU）	市镇（Commune）

5. 借鉴意义

首先，法制建设对保证政策稳定性和连续性的作用显著。我们是否可以设想由国家制定地区性和政策性的城市规划法律，如在发达地区以控制性规划为主；在欠发达地区实施鼓励型的规划。并加强政策内部的整体协调性。目的是促进管理工作接近具体问题，鼓励社会多方参与，但调控型的收权和激励型的放权都有各自的局限性，在任何时候都必须根据城市实际发展状况和阶段对两种方式进行不同程度的结合。

为了适应城市发展的区域化应在现行行政体制框架内，以共同参与、共同负责、共同受益为原则，尽快建立有效的区域化城市管理模式。例如针对城市区域化发展中的某个或若干问题可由相关地方政府在达成共识的基础上共同签署合作协议，各方分别派出代表组成区域性的规划管理协调机构。负责组织编制区域整体发展的战略研究决策跨行政边界的大型项目（特别是基础设施项目）等。通过定期举行会议，为有关各方的及时沟通和友好对话搭建平台，以区域协商的方式解决城市问题。

五、日本

1. 国家和城市化简史

1868年日本实行"明治维新"，废除封建割据的幕藩体制，建立统一的中央集权国家，恢复天皇至高无上的统治。明治维新后，日本资本主义发展迅速，对外逐步走上侵略扩张的道路。1894年，日本发动甲午战争；1904年挑起日俄战争；1910年侵吞朝鲜。1926年，裕仁天皇登基，日本进入昭和时代。日本在第二次世界大战中战败，1945年8月15日宣布无条件投降。战后初期，美军对日本实行单独占领。1947年5月实施新宪法，由绝对天皇制国家变为以天皇为国家象征的议会内阁制国家。

2. 政治与行政体制

日本为君主立宪制国家，宪法订明"主权在民"，而天皇则为"日本国及人民团结的象征"。如同世界上多数君主立宪制度，天皇于日本只有元首名义，并无政治实权，但备受民众敬重。

日本政治体制三权分立：立法权归两院制国会；司法权归裁判所，即法院；行政权归内阁、地方公共团体及中央省厅。

日本的都、道、府、县是平行的一级行政区，直属中央政府，但各都、道、府、县都拥有自治权。下设市、町、村。其办事机构称为"厅"，即"都厅"、"道厅"、"府厅"、"县厅"，行政长官称为"知事"。每个都、道、府、县下设若干个市、町（相当于中国的镇）、村。其办事机构称"役所"，即"市役所"、"町役所"、"村役所"，行政长官称为"市长"、"町长"、"村长"。

日本被划分为47个一级行政区：1都，1道，2府，43县。

3. 城市规划行政体系

明治维新以来，日本强调以法治国，积极吸取欧美资本主义国家的法制经验，结合其本国的各个时期的具体情况和特点，陆续制定并逐步形成一整套适合资本主义发展的法规体系。日本现行的与城市规划有关的法律、法令和条例数以万计。《城市规划法》是基于《国土综合开发法》和《国土利用规划法》两个全国性土地基本法，国土规划法将土地划分为城市地域、农业地域、森林地域、自然公园地域和自然保护地域五类，每一类地域都有与之相应的管理各项用地的基本法，《城市规划法》仅适用于城市地域，城市规划由国家建设省主管。对城市地域以外的建筑行为的管理仅建议参照有关条例，对用地规模及形态加以控制没有实质性的意义。

新法实施前，城市规划的审批经内阁审查通过后，由建设省大臣批准。1968年（新法）实施后，一般城市规划的编制和审批分为两类。由都道府县（地方行政领导决定的城市规划编制和审批过程如下。

① 召开必要的公听会和征集居民意见后编制规划方案。

② 方案通过前公布规划内容。

③ 听取有关区市町村、有直接关系居民的意见书，召开公听会的意见，经城市规划地方审议会修改定案。

④ 公布规划全部内容。

由区市町村决定城市规划及审批的过程具体如下。

① 召开必要的公听会和征集居民意见后编制规划方案。

② 规划方案由区市町村审议会审查。

③ 方案通过前公布规划内容。

④ 经城市规划地方审议会审查后定案，上报都道府县知事认可、备案。

⑤ 公布规划全部内容。

城市规划的范围是从城市整体空间出发的，不受行政边界的限制。一般认为与建成区连接，人口密度40人/公顷以上，且有3000人以上居住的地区可以和建成区看作一个整体的城市空间，编制城市规划。此外，1万人以上，且从事工商业的人口占50%以上的建成区可作为城市规划对象。但多数情况下城市规划的范围与行政边界是一体的，当规划涉及地域较广和内容较多，或跨越区市町村行政边界时需要通过都道府县知事（地方行政领导）批准，当涉及两个以上都道府县时，由建设省大臣批准，与国家利益关系重大的城市规划必须经建设省大臣审批。

听取居民意见时需公布规划方案，由居民和利益相关者提出书面意见，经相应的公听会讨论。城市规划审议会有设在建设省的中央审议会和都道府县的地方审议会，其主要职能是负责与城市规划有关事项的调查、咨询和技术审查。此外，有些区市町村也设有规划审议会，负责区市町村规划方案的审查。

4. 城市规划编制体系和编制方法

发展规划的编制规划都包含基本构想、基本规划和实施规划三部分。发展规划的基本构想"整备、开发和保护的方针"是日本城市发展和城市规划既定基本方针（即城市综合开发和保护的方针），《基本规划》应包含的主要内容如下。

① 城市规划的目标。

② 土地利用。

③ 城区开发及再开发。

④ 交通体系。

⑤ 自然环境保护和公共空地系统。

⑥ 给排水及河流整治。

⑦ 城市公共设施。

⑧ 其他（环境改善、城市防灾和住宅建设等）。

在城市总体规划中城市再开发（旧城改造）和住宅用地开发等通常作为专题研究。《基本规划》的过程：确定规划范围—确定规划目标—现状调查—编制规划—制定实施方案—审批。实际操作过程并非是线性的，往往在不同的阶段会出现反复。

《新法》中规定的城市规划内容有市街化区和市街化调整区、地域地区、促进区域、闲散土地置换促进、地区规划、城区开发、开发预定区和城市设施等8项。

从实际编制和操作上来看，前5项涉及较多的控制性内容，后3项属发展性内容。20世纪80年代以来，市街化区和市街化调整区、地域地区（相当于土地利用与功能分区）和地区规划（相当于详细规划）等与土地开发控制有关的内容在城市规划中的比例越来越大。1996年1月阪神大地震后，为尽可能减小突发性、大规模灾害性地震造成的损失，当年2月迅速通过了《受灾市街地复兴特别措施法》，要求城市规划中增加"受灾市街地复兴推进地域"的内容。

开发控制的实施。日本的城市开发控制主要指对民间土地开发的控制。

《新法》将城市地域划分为市街化区（城区）和市街化调整区（城区发展控制区）两大地域，目的是为了防止城市用地无秩序地蔓延，人口规模在10万人以上的城市必须划定市街化区和市街化调整区。市街化区范围一经划定，将作为10年内重点开发地区，市街化调整区是对市街化区进行控制的地区，并不仅仅是城市发展用地。市街化区规模的确定一般以10年为单位，不足1000平方米的开发用地原则上不给予批准。在市街化调整区内，农业和特殊项目以外的开发行为原则上是禁止的。市街化区和市街化调整区的划定通常是通过城市总体规划来实现的。

地域地区指城市规划区域内土地使用分类和功能分区制度，其中包含通过城市规划对城市开发和城市各项设施等建设事业的促进以及为实现城市规划目标对开发行为进行引导和控制的双重含义。所谓地域指土地使用分类，自《旧法》实施之后，随着城市发展和规划方法及手段的变化不断地进行调整。1968年的《新法》将城市用地分为8种，每一种用地都有详细的规定。1994年对《新法》进行了修正，修正后的城市用地分类由8类扩充到12类，主要是对居住用地进行了细分，目的是为了提高城市的可居住性和改善城市的居住环境。

所谓地区指城市的功能分区，是辅助性的用地分区和对空间特性的规定，有按照城市功能分为居住区、商业区、文教区、观光区等，按城市景观或形态特性划分为风景区、高度限制区和传统建筑群保护区等，还有按城市防灾和防护划分为防火区和飞机噪声防护区等，还有特殊地区和特别地区等，有些分区往往依规划的对象和特点而有所侧重。

以往的城市规划着重从宏观的角度，通过土地使用控制和城市设施规划等手段解决建筑与城市的关系，与微观开发和控制等具体的建设缺乏理想的对应关系，《城市规划法》和《建筑基准法》之间缺少必要的联系。地区规划则是以居民生活接近的小范围的地域为对象，通过对建筑形态控制和公共设施配置，为建设良好的城市环境进行具体引导的规划，规划对象是城市总体规划中用地性质及功能确定的地区（如居住区、商业区、文教区等），但范围又设有严格的规定，通常地区规划地域度规模不超过1平方公里。日本的地区规划是在参考了德国的《建造规划（B-Plan）》的基础上制定的，一些具体的规定与我国的控制性详细规划有诸多相同之处。

5. 城市规划法规体系

日本的城市规划是区域规划（称为广域规划）的下一级规划，是以国土综合开发（发展性）和国土利用（控制性）两项互补性基本规划为依据展开的。

城市规划相关基本法和专业法规、政令、条例、通知等级有以下几种。

① 基本法——城市规划法。

② 城市开发法规。

③ 土地利用控制法规。

④ 城市设施管理法规。

⑤ 其他。

《城市规划法》是适用于全国的基本法，与《建筑基准法》有密切的联系，尤其在土地利用控制方面可以看作和城市规划的区域不受行政边界的限制。

从法定的8项城市规划的内容可以看出，城市发展规划与实施控制规划是作为一个整体来考虑的，涉及的控制性内容较多，与其他发达国家略有区别。

6. 借鉴意义

制定有关城市规划的完备法律体系，如日本已出台近200部相关法律。同时，城市规划的区域不受行政边界的限制，而应该以土地功能和实际问题的解决需求进行确定。此外，日本对民间开发的引导和控制有较完善的制度，而对市街化区内的控制有较大的弹性和自由度。

六、新加坡

1. 国家和城市化简史

1819年，英国殖民地开拓者莱佛士登陆新加坡。1826年，新加坡沦为英国的殖民地。英国一直把新加坡作为远东转口贸易的重要商埠和东南亚的主要军事基地。第二次世界大战期间，新加坡被日本占领。1945年日本投降后，英国恢复其在新加坡的殖民统治。随后，新加坡人民展开各种形式的斗争，迫使英国殖民当局改变统治方式。1958年4月18日，英、新代表签署《关于新加坡自治宪法草案》，英国政府同意新加坡成立自治邦，实行内部自治，但保留国防、外交、修宪和颁布紧急法令权，并驻扎军队。1959年6月，新加坡成立自治邦，实行内部自治，英国仍保留国防、外交权利。

1963年，新加坡同马来西亚、沙捞越和沙巴组成马来西亚联邦。1965年8月9日退出联邦，成立新加坡共和国。

2. 政治与行政体制

宪法规定：实行议会共和制。总统为国家元首，由全民选举产生，任期6年。总统委任议会多数党领袖为总理。总统有权否决政府财政预算和公共部门职位任命；可审查政府行使内部安全法令和宗教和谐法令所赋予的权力以及调查贪污案件。总统顾问理事会受委向总统提供咨询与建议。总统在行使某些职权（如主要公务员任命）时，必须先征求总统顾问理事会的意见。总统和议会共同行使立法权。议会称国会，实行一院制。议员由公民投票选举产生，任期5年，由占国会议席多数的政党组建政府。

新加坡是英联邦成员国，实行总理内阁制。

3. 城市规划行政体系

（1）国家发展部

新加坡作为一个城市国家，中央政府在公共管理事务中起着主导作用。国家发展部（the Ministry of National Development）的形态发展和规划，具体的职能部门是城市重建局（Urban Redevelopment Authority），地方政府（town councils）不具有规划职能。规划法授权国家发展部部长行使与规划有关的各种职责，包括制定规划法的实施条例和细则、任命规划机构的主管官员、审批总体规划、审理规划上诉、并可直接审批开发申请。

（2）城市重建局

从1989年11月1日开始，原来的规划局并入城市重建局，形成统一负责发展规划、开发控制、旧区改造和历史保护的规划机构。城市重建局的最高行政主管是总规划师（Chief Planner）。除了各个职能部门，还有两个顾问委员会，分别是总体规划委员会（the Master Plan Committee，简称MPC）和开发控制委员会（the Development Control Committee，简称DCC），由总规划师兼任主席，成员则由部长任命。

MPC的成员包括主要公共建设部门的代表，每隔两周举行例会，讨论政府部门的公共建设项目，提交部长决策。MPC的作用是协调各项公共建设计划的用地要求，使之尽快得以落实。DCC的成员包括有关专业组织（新加坡规划师协会和建筑师协会）和政府部门（公用事业局和环境部）的代表，每隔两周举行例会，讨论私人部门的重大开发项目。DCC可以修改URA的开发控制建议，参与制定修改与私人部门开发活动有关的规划标准、政策和规定。

（3）其他相关的政府机构

与形态发展规划有关的其他政府部门包括住房与发展部（HDB）、裕廊工业区管理局（JTC）和公用事业局（PWB），分别负责居住新镇、工业园区和公共道路的规划、建设和管理，因而与UBA的形态发展规划有着密切的关系，MPC就是为了协调和落实这些公共建设计划的用地需求。

4. 城市规划编制体系和编制方法

新加坡的发展规划采取二级体系（（two tier system），分别是战略性的概念规划（Concept Plan）、实施性的开发指导规划（Development Guide Plan，简称DGP）或总体规划（Master Plan）。

（1）发展规划（Development Plan）

概念规划是长期性和战略性的，制定长远发展的目标和原则，规划在形态结构、空间布局和基础设施体系。概念规划的作用是协调和指导公共建设（public sector development）的长期计划，并为实施性规划提供依据。规划图只是示意性的，并不是详细的土地利用规划，不足以指导具体的开发活动，因而不是法定规划。

在1967～1971年期间，新加坡编制了第一个概念规划。这是一个环状发展方案（Ring Plan）。发展环的核心是水源的生态保护区，禁止任何开发活动。城市中心在南海岸的中部，将发展成为一个国际性的经济、土地、商业和旅游中心。沿着快速交通走廊（大容量快速交通体系和高速公路），形成兼有居住和轻型工业的新镇（new towns），市中心的人口和产业将疏散到这些新镇。一般工业集中在西部的裕廊工业区，国际机场位于本岛的东端。

在1991年，新加坡重新制定了经济和社会发展的远景，并对概念规划进行了相应的修编，形成2000年、2010年和X年（X年：指未来不确定的年份——新加坡特有表述）三个阶段的形态发展框架。新的概念规划的重点是建设一个具有国际水准的城市中心，形成四个地区中心，完善快速交通体系，在交通节点和地区中心周围发展科学园区（science parks）和商务园区（business parks）构成的"高科技走廊"（technology corridors），提升居住环境品质，提供更多的低层和多层住宅，并将更多的绿地和水体融入城市空间体系。值得指出的是，概念规划的远景只是一个发展目标（指新加坡的人口达到400万），并没有具体的实现期限。

（2）开发指导规划/总体规划

总体规划曾经是新加坡的法定规划（statutory plan），作为开发控制的依据。由于总体规划的法定地位，其编制、增改和审批都必须遵循法定程序，这就是1962年的总体规划条例。总体规划的任务是制定土地使用的管制措施，包括用途区划和开发强度以及基础设施和其他公共建设的保留用地。

对于具有重要和特殊意义的地区（如景观走廊和历史保护地区），以及开发活动较活跃的地区，还需要在总体规划的基础上，制定非法定的地区规划，包括微观区划（micro-zoning plans）、城市设计指导规划（urban design guide plans）和方案规划（scheme plans），提供更为详细和具体的开发控制和引导（如建筑物和基地布置的规定）。

20世纪80年代以来，开发指导规划（DGP）逐步取代了总体规划，成为开发控制的法定依据，其编制、增改和审批的程序是与总体规划相同的。URA在开发指导规划的编制中起着全面协调的作用，但有些地区的开发指导规划是由规划事务所承担的。新加坡被划为5个规划区域（DGP regions），再细分为55规划分区（planning areas）。到1997年底，完成了每个分区的开发指导规划，取代1985年总体规划的相应部分。

每个分区的开发指导规划以土地使用和交通规划为核心，根据概念规划的原则和政策，针对分区的特定发展条件，制定出用途区划、交通组织、环境改善、步行和开敞空间体系、历史保护和旧区改造等方面的开发指导细则。分区的开发指导规划显然要比全岛的总体规划更为详细和更有针对性，因而对于具体的开发活动更具有指导意义。开发指导规划不但取代了法定的总体规划，而且在很大程度上涵盖了非法定的地区规划内容。

（3）开发控制（Development Control）

① 开发定义。新加坡规划法的开发定义与英国相同，不但指建造、工程和采掘等物质性开发，还包括建筑物和土地的用途变更。1981年的用途分类条例划分了6类用途，每个类别之内的用途变更不构成开发。

② 授权和豁免。国家发展部有权制定各种开发授权（development authorization）通告，在授权范围内的开发活动不再需要规划申请。这些被授权的开发活动往往是政府部门为执行法定职能而进行的建设活动。比如，1987年的规划通告授权新加坡港务局在其用地范围内，进行与法定职能（如航运和装卸）有关的开发活动，因而这些开发活动不需要规划申请。1964年的规划通告曾把新加坡的外岛列入开发控制的豁免（exemption）范围，在1984年取消了其中38个外岛的豁免地位。

③ 规划许可。尽管开发指导规划/总体规划是开发控制的法定依据，这并不意味着对于开发活动的许可性的事先约定（prescription）。也就是说，与开发指导规划相符并不能保证开发申请必然会取得规划许可，开发控制还可以附加其他的有关情况，因而具有较强的适应性和针对性。

④ 开发费（development charge）。根据1964年规划法令的修正案，在规划允许的情况下，开发活动可以超过规定的开发强度或变更规定的区划用途，但必须支付开发费，目的是将由此带来的土地增值的一部分收归国有，又使开发控制具有较强的适应性和针对性。

⑤ 强制征地。新加坡是一个土地资源极其匮乏的岛国，为了加强政府对于土地资源使用的有效控制，除了法定的开发控制，政府还通过强制征地的手段，把大部分土地收归国有。除了用于公共建设，其余土地按照规划意图，制定合约条款，批租给开发商。城市重建局和裕廊工业区管理局代表政府，分别行使非工业用地和工业用地的批租职能。

⑥ 公众参与和规划上诉。为了确保规划作为一定政府职能的民主性和公正性，规划法制定了公众参与和规划上诉的法定程序。无论是编制战略性的概念规划还是实施性的开发指导规划／总体规划，都要通过公众评议，并将公众意见呈报国家发展部部长，作出妥善处理。如果对于开发控制（包括征收开发费）的审理结果不满，可以向国家发展部部长

提出上诉，由其进行最终裁决。因此，在开发控制具有适应性和灵活性的同时，维护了民主性和公正性。

5. 城市规划法规体系

（1）规划法及其修正案

新加坡规划体系的核心是1959年的规划法令及其各项修正案，包括规划机构、发展规划和开发控制等方面的条款。

根据1959年的规划法令，建立了规划局（Planning Department），取代SIT的规划职能。该法令授权规划部门每隔五年对于总体规划进行重新编制，并在任何时候可以进行必要的调整和修改。该法令还授权规划部门对于所有的开发活动进行控制，开发者必须在开工前取得规划部门的许可，以确保总体规划的实施。

1964年的规划法令修正案（the Planning（Amendment）Ordinance 1964）增加了有关开发费和规划许可有效期限的条款。根据该项修正案，经规划当局允许，开发活动可以超过总体规划规定的开发强度和变更总体规划规定的用途区划，但要交纳开发费（development charge），目的是将由此带来的土地增值的一部分收归国有。为了防止开发者／土地业主利用规划许可进行土地投机，修正案规定规划许可的有效期限为两年，没有完成建设的开发项目要重新审核规划许可。

在1989年颁布了两项规划法修正案，并被纳入1990年规划法。根据第一项修正案，规划局并入城市重建局（Urban Redevelopment Authority，简称URA），合并后规划机构的职能包括发展规划、开发控制、旧区改造和历史保护。第二项修正案对于开发费的核算方法进行了修改。

（2）规划法的主要内容

现行的1990年规划法包括四个部分。

第一部分是关于规划的名词解释以及规划机构的设置。

第二部分是关于总体规划的编制和报批程序。规划当局每隔五年重新编制总体规划，可在任何时候进行必要的调整和修改。在重新编制和修改调整的总体规划被采纳之前，必须进行公开展示，并且针对反对意见举行公众听证会。第二部分还授权规划当局编制局部地区的详细规划（detailed plans），以具体落实总体规划的基本原则，这些详细规划只需要得到规划当局的认可就可以实施。

第三部分是关于规划的开发控制。从1960年2月1日开始，所有的开发活动都要得到相应的开发许可（planning approval）。开发定义是参照英国的城乡规划法，不但指建造、工程和采掘等物质性开发，还包括建筑物和土地的用途变更、土地和建筑物的细划也要申请规划许可。第三部分还明确规定了规划当局和土地业主/开发者的权利和义务以及规划执法（enforcement）和历史保护的条款。

第四部分是关于开发费的核定和征收。

（3）补充法

规划补充法包括各种条例（rules）和通告（notifications）是规划法各项条款的实施细则。规划法授权政府主管部门（国家发展部）制定这些细则。

（4）关于总体规划的条例

根据1959年规划法令第7条，1962年总体规划条例（The Master Plan Rules 1962）规定了总体规划的编制内容和报批程序。总体规划包括图纸和书面文件。规划使用的地形图包括1：25000全岛地图、1：5000市镇地图和1：2500的中心区地图。如果同一地区的规划图之间有差异，以大比例规划图为准；如果规划图和书面文件之间有差异，以书面文件为准。

由规划当局公布总体规划方案或增改建议，并使公众能够查阅这些材料。为了使公众有机会发表不同意见，主管部长派员主持公众听证会，并将听证结果呈报部长，在此基础上提出修改建议。在规划被批准后，由规划机构公布于众，并将批文复印件送至提过不同意见的公众。

（5）关于开发申请的规划条例

1981年关于开发的规划条例（The Planning（Development）Rules 1981）是有关开发申请的实施细则。当申请者不是土地业主时，开发申请必须附有土地业主的书面认可。开发申请的图纸要标明容积率和建筑密度。主管当局将开发申请的受理材料保存归档，并使公众能够查阅。条例还包括规划上诉的有关规则。

（6）关于用途分类的规划条例

根据1970年规划法的第28条，1981年关于用途分类的规划条例（The

Planning（use Classes）Rules 1981）将土地和建筑物用途分为6个类别，包括商店或食品店用途（use as a shop or food shop）、办公用途（use as an office）、轻型工业用途（use as a light industrial building）、一般工业用途（use as a general industrial building）、仓库用途（use as a warehouse）、宗教用途（use a building for public worship）。如果建筑物的新用途与原用途属于同一类别，这样的用途变更不构成开发。所谓原用途（existing use）是指1960年2月1日之前的实际用途或曾被批准的规划用途。对于用途分类条例的解释还需要参照规划法第12（2）条的有关条例。

（7）关于开发授权的规划通告

根据1959规划法令第9（12）条，1963年关于土地开发授权的规划通告（The Planning（Development of Land Authorization）Notification 1963）授权的开发活动免予规划许可。这些被授权的开发活动往往是政府部门为执行法定职能而进行的建设活动。

（8）关于豁免的规划通告

新加坡共有58个外岛。这些岛上原先没有显著的开发活动，1964年的规划通告曾把这些岛屿列入开发控制的豁免范围。随着国家发展，这些岛屿逐渐用作游憩或工业场所，规划控制已经成为必要。1984年关于取消豁免的规划通告（The Planning（Exemptions）（Revocations）Notifcation 1984）将其中38个外岛列入开发控制的范围。

（9）关于开发费的规划条例

根据规划法第30（1）条，1989年关于开发费的规划条例（The Planning（Development Charge）Rules 1989）规定了开发费的核算和支付的细则，以及申诉的程序。

（10）相关的专项法

相关的专项法是指针对具有规划影响的特定事件的立法。较为突出的例子是有关住房与发展局和裕廊工业区管理局的立法。由于新加坡的大部分住宅区和工业区都由这两个机构来建设，具有重要的规划影响，需要专项立法为其行使公共职能提供法律依据。如1985年住房与发展法（The Housing and Development Act 1985）和1985年裕廊城镇公司法（The Jurong town corporation Act 1985）等。

6. 借鉴意义

（1）法制建设是城市规划的中心工作

现代城市规划体系是建立在每一部法律基础之上的，城市规划立法工作一方面赋予了城市规划以合理性和社会地位，另一方面也保证了城市规划的有效实施。而现代的市场经济就是法制经济，没有健全的法制，城市化不可能保持健康、持续的发展，构建完善的城市规划体系更是无从谈起。

（2）合理高效的政治组织是城市规划的实施保障

现代城市规划与城市的经济社会问题、财政的收入与支出、社会的效率与公平等密切联系，所以城市规划是在高度政治化的背景下进行的。专业的规划师只是政策的建议者，大量的城市规划工作是有行政机关的工作人员通过行政权力来实施的。从发达国家的经验来看，一套行之有效的政府机构是城市规划工作得以有效开展的保证。

（3）规划行政要依法进行

首先应由规划法规定中央与地方规划行政事权范围，规定国家和区域规划体系和相应的行政管理机制；其次实施管理中进一步完善开发许可制度。当前的重点工作，一是建立一套公开的原则和程序；二是建立中立、权威的纠纷仲裁机制；三是建立政府、市场、非政府组织和公众参与的制衡机制。

（4）要妥善协调城市规划与经济计划之间的关系

在进一步完善社会主义市场经济的过程中，一方面我们要从单纯的经济计划转向重视城市、区域空间发展战略的制定，要从长远、战略的高度考虑城市的持续、健康、协调发展。而且城市规划则要从空间的角度出发，将发展战略具体落实到城市空间，实现城市土地和空间资源的优化配置。

探讨国外城市规划体制的产生与变迁是一个漫长的学习过程。

中国自1970年代末实行对外开放政策，随着学术交流的日益增多，如何学习、理解、比较和借鉴西方发达国家在城市发展过程中的经验教训的问题，已经提到议事日程上来，成为中国城市规划学术界所关心的焦点之一。

　　许多发展中国家的规划学者，抱着学习和借鉴的态度，开始研究其他国家（主要是西方发达国家）的城市与区域规划，并希望很容易地将他国的经验在自己的国家中广为传播和移植。但至今为止，这种期盼往往是令人失望的。问题的关键在于，如果仅仅是从现象上进行的比较，则将会取得与形成事物的本质方面相差甚远的结果。在向他国学习的过程中，那种看起来似乎只是一些"简单的"新技术手段，而实质上却涉及多方面政治文化传统甚至体制政策的"先进经验"，是最容易引人误入歧途的。

　　事实上，各国的规划是不能直接进行比较的。或者说，对别人的规划实践经验是不能直接照抄照搬的。目前比较研究的方向，对发展中国家而言，主要是在自身发展的同时，理解（至少是了解）西方发达国家已经走过的道路和采用过的方法，并在自己的规划工作过程中考虑到别国在与本国大致相同发展阶段中曾经出现过的类似问题和相关的经验。社会发展到今天，闭关锁国、闭目塞听是愚蠢的，而放弃自己的努力，希望从其他国家的发展过程中寻找某种"捷径"的想法，对城市与区域规划科学而言，同样是天真和不切实际的。

执笔人：五静文　毛其智　朱　强
厉基巍　翟炳哲　顾文选

中加公众参与城镇规划研究

中国的小城镇①是行政区划的产物。中国小城镇的形成虽然曾源于军事需要、集市交易，但到1978年，全国仅有2173个小城镇，以城关镇和工矿镇为主。1984年，撤销了人民公社，恢复乡作为县以下的乡村基层行政单位。1984年正式颁布设镇标准，迄今为止未做调整。该标准规定：20000人以下的乡，假如乡政府驻地非农业人口超过2000人，可以撤乡建镇；总人口在20000人以上的乡，乡政府驻地非农业人口占全乡人口10%以上的，也可以撤乡建镇。县政府所在地均应设镇的建制。少数民族地区、人口稀少的边远地区、山区和小型工矿区、小港口、风景旅游区、边境口岸等地，非农业人口虽不足2000人，如确有必要，也可设镇②。在中国，乡和镇是同一等级的行政单位，在管理体制上将镇划归城镇即"城"，乡划归农村即"乡"。根据这一设镇标准，1984年，原本归类为农村的4000多个乡转而归类为城镇③。但是，小城镇既没有独立的税收权，也没有独立的财政权和行政权。事实上，虽然名称发生了变化，但大部分"撤乡建镇"的小城镇不可能在短期内改善其公共服务，当然也难以实现从农村生活方式向城市生活方式的转变，实现从"乡"到"城"的转变。截至2008年末，全国共有建制镇19234个。

西方国家的小城镇是自发、自愿组建的。小城镇的概念中外均有，但其内涵却相差甚远。"在绝大多数联邦制的国家，'镇'不是联邦政府设立的一级行政区，而是由规模达到一定标准的居民社区自愿申请设立，如在美国，200人的社区就可申请设镇"。镇是一级独立的、法定

---

① 本报告中的小城镇专指建制镇，不包括集镇。
② 许学强、周一星等编著：《城市地理学》，高等教育出版社2009年3月第2版，第29页。
③ 1978年建制镇为2173个，1983年增长为2968个，1984年突增为7186个，一年内增长1.42倍。

的、有一定行政辖区边界的行政区划单位，与所在郡（县）、市没有行政级别高低之分，没有行政领导与被领导的关系，而是有着高度自治权利的地方政府[①]。加拿大的城镇管理体制与美国基本相同，市镇的人口多少亦无具体标准，如纽芬兰拉布拉多省的提塔卡夫镇（Tilt cove）历史上人口曾多达1500人，但2008年总人口仅为9人[②]。从社区转变为镇的关键在于居民同意在全镇范围共同承担统一的公共服务，是经济社会发展到一定阶段后公共服务供给"规模经济"的产物。中国市镇的核心则是政府行政单元，一方面没有建立城镇的实体地域概念，一直以市镇行政界线作为城乡划分的基础[③]；另一方面，我国的市镇行政管辖范围包括了相当大的乡村地域和相对多的农业人口。

我国公众参与城镇规划的实践与研究刚刚起步。公众参与政府管理的概念于20世纪90年代引入我国。之后，规划界学者从不同视角对公众参与城镇规划进行了研究和探索，在制度建设、规划编制和实施管理等方面提出了一些建议，规划编制单位也在广州、深圳、青岛等城市进行了小范围的公众参与规划的尝试。近年来，公众参与城镇规划开始成为规划界普遍关注和讨论的问题。张萍（2000年）从城镇规划法修改及机构设置上论述了规划决策和监督的公众参与民主性。陈锦富（2000年）论述了我国公众参与的城镇规划制度改革框架，包括中间机构设立、城镇规划部门编制与决策权的分离、对规划执行过程中的监督机制。侯丽（1999年）则提出应该加强公众参与，转变角色，改革规划行政体制。这些多都对我国城镇规划制度、体制方面进行探讨，关于我国城镇规划公众参与的具体形式、操作方法的研究则较为缺乏。与国外成熟的公众参与体系相比，我国的公众参与状况不论在组织的形式上，参与的深度上，还是参与的程序上都是初级的。戴月（2000年）、孙施文（2002

---

① 袁中金：《中国小城镇发展战略》，东南大学出版社2007年版，第17页。

② 《Convention Guide 2008——Municipalities Newfoundland and Labrador》，p.124。提塔卡夫镇坐落于纽芬兰岛圣母玛利亚湾东南角，1813年，最早的英国殖民者到达此地，那时提塔卡夫是个只有25人的小渔村，1857年发现了储量丰富的铜矿，随着铜矿的开发，1916年人口达到1500人的顶峰。到1920年，矿井关闭人口降至约100人，直至1957年铜矿重开，但1967年铜矿再次关闭，至今未重新开张。所以，2008年，提塔卡夫镇的总人口仅为9人。

③ 许学强、周一星等编著：《城市地理学》，高等教育出版社2009年3月第2版，第31页。

年）指出我国城镇规划的公众参与只是在局部的范围内，在特定的层次上有一些零星尝试，在制度和实践整体上则尚未全面推行[1]。

为了创新公众参与机制，完善小城镇规划，国家发改委城市和小城镇改革发展中心于2009年先后两次组团赴加拿大以"加强公众参与，完善小城镇规划"为主题进行考察交流[2]。在掌握第一手资料，实地考察的基础上，本课题组系统研究了加拿大公众参与规划的理念、方法及实践模式，并且对我国小城镇如何建立公众对规划的参与进行了探讨。

一、加拿大公众参与规划的理论、理念及历程

加拿大是一个有着悠久民主传统的联邦制国家，有众多不同的民族、种族，使用不同的语言，有着不同的历史、传统、文化，分布在广大的地域，而不同地区经济社会发展水平也有较大差异。但是，通过建立具有包容性特征的公众参与方式，加拿大在其公共政策形成过程中不断吸纳民意，协调各种利益和冲突，沟通政府与民众，从而使规划决策更加科学合理，较大程度上获得了民众的支持和理解。

1. 公众参与的理论基础

早在1947年，英国《城乡规划法案》就规定允许公众对城镇规划发表意见和看法。在1969年《城乡规划法案》的修订中，为了适应新时期的特点，制定了与传统的公众参与有所不同的方法、途径和形式，这就是著名的斯凯夫顿报告（the Skeffington Report），它被认为是公众参与城镇规划发展的里程碑。与此同时，美国也开始了对公众参与理论的探讨和研究。Paul Davidoff在20世纪60年代提出了"倡导规划"（Advocacy Planning）。他认为城镇规划应由代表不同利益群体的规划人员共同商讨，决定对策，以求得多元化市场经济体制下社会利益的协调分配。Sherry Arnstein（谢里·阿恩斯坦）则从实践角度提出了公众参与城镇规划程度的阶梯模型理论、"市民参与阶梯"理论，为衡量规划过程中公

---

① 陈志诚等："国外城镇规划公众参与及借鉴"，《城市问题》，2003年第5期，第73～75页。
② 加拿大开发署中加政策选择项目"加强公众参与，完善小城镇规划"（POP2008-01）资助了考察活动。

众参与成功与否提供了基准。20世纪90年代，Sager和Innes提出的"联络性规划"是又一个重要的理论，它侧重研究规划师如何使公众积极参与到城镇规划当中的问题①。

加拿大公众参与是以阿恩斯坦的"公众参与阶梯理论"为基础的。1969年美国学者谢里·阿恩斯坦发表了"公众参与阶梯理论"。该理论认为不同的公众参与具有不同的参与程度，体现公众参与程度的"概念"正如由低到高的不同阶梯（见图1）。公众参与的本质是公众对决策过程及决策本身的知晓、评论及影响程度。

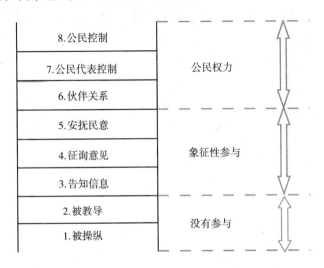

图1　谢里·阿恩斯坦公众参与阶梯

按照阿恩斯坦建议的范围分布，在梯子的最底端，公众完全没有发言权或没有任何权力。往上移，公众将获得一定的知情权和信息，更进一步，主管机构将会向公民征求对项目的想法和意见，但是最终决策权仍然保留在当局手中。因此，此时的公众参与仍处于"象征性参与"阶段。再往上移，决策权力将进一步向公民转移，最终达到最高点"公民控制"，即公民被政府完全授权进行决策。

2. 公众参与的价值理念
加拿大公众参与实践的核心价值理念主要包括：①确任何受到决策

① 陈志诚等："国外城镇规划公众参与及借鉴"，《城市问题》，2003年第5期，第73～75页。

结果影响的个人或群体都有权参与到决策制订过程中，并为其提供公平和平等的有效参与途径；② 向公众允诺其参与会影响到最终决策，且所有参与者影响决策结果的机会是平等的；③ 通过不同利益群体间的交流促进可持续、均衡决策结果的产生；④ 通过设计公众参与的模式，积极寻求不同利益群体的参与投入；⑤ 鼓励为参与者提供所有与决策相关的信息，以帮助他们更好地理解和评估最终决策结果；⑥ 通过与参与者交流，告知其参与投入是如何影响最终决策的。

3. 加拿大公众参与的发展历程

早在20世纪30年代，公众参与政府事务就开始出现，当时加拿大东部新斯科舍省（Nova Scotia）为了改变渔业和农业日渐衰落导致新贫民涌现的局面，政府鼓励非政府组织帮助当地居民发展社区经济，他们开展自我培训，并成立信用合作社资助生产合作，这一事件后被称为"安提高尼斯"运动。到60年代，以"安提高尼斯"为名的国际性公众参与培训组织成立。

很多加拿大人都认为"多元性是加拿大国家的重要特色"。正因这种多元性，公众参与需要体现最大的包容性和最高的参与度；在程度和范围上，加拿大公众参与是比较温和的，在组织公众参与的程序和方法上也比较成熟。

按照谢里·阿恩斯坦的"参与阶梯"理论，加拿大公众参与自20世纪30年代至今，共经历了3个主要的阶段[①]（见图2）。

一是起步阶段（1930～1950年）。加拿大这一阶段的决策模式被称为决策告知模式（Decide-Announce-Defend）。即政府、主要研究机构和专家掌握着所有的信息，整个决策过程由政府官员和学者独立完成，公众没有任何的参与机会。政府只是在最后才将决策结果公之于众。而面对随之而来的公众质疑，政府则积极进行辩护。

二是变革阶段（1960～1970年）。在这一阶段，美国公民权利、女性平权、反越战、环境保护等运动的爆发和相互结合，极大地冲击了西方传统的主流文化和决策模式。加拿大公众的声音开始被政府倾听，环

---

① 详见加拿大纪念大学基思·斯多里（Doug House）教授讲稿。

境保护、文化遗产保护等非政府组织也开始出现并迅速崛起，成为加拿大公众参与的一个重要力量。

三是审议式民主阶段（1970～2009年）。从20世纪70年代开始，加拿大的公众参与逐步开始制度化，并形成了完善的法律保障，被称为审议式民主阶段（Deliberative Democracy）。1992年公布加拿大环境评估法，首次在联邦法中明确提出实行公众参与的必要性。该法明确规定列入综合研究目录的所有项目，主管部门在项目信息收集、分析主导因素、方案设计等各个阶段都必须保证公众咨询的有效进行。目前，加拿大公众参与的领域已经十分广泛，几乎涵盖了公民生活的各个方面。在城镇规划领域，社区居民正在成为规划编制和实施的主体。

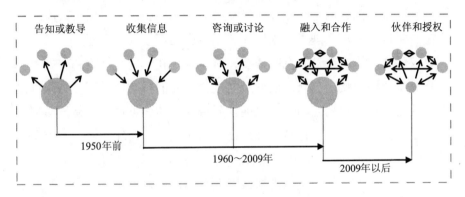

图2　加拿大公众参与演化历程

二、加拿大公众参与规划的体系、方法及意义

经过几十年的发展，加拿大公众参与规划已经达成了一个共同的认知：受到决策结果影响的个人或团体都有权参与决策的制定过程，政府有责任为公众提供公平参与的途径，公众通过有效地参与，形成的决策能够均衡不同利益群体的要求。这个理念成为加拿大公众参与不断完善的根本动力。

1. 公众参与规划的体系

加拿大从联邦到省以及各市，都对公众参与城镇规划提供了法律保障。例如，在联邦层面，加拿大环境保护法规定与环境相关的项目必须进行公众参与，鼓励全国人民积极参与环境保护运动。受广泛而激进的环保运动影响，加拿大城镇规划的理念更加强调公众参与，更加注重人文价值和多元化。在这种主流观念的影响下，省级规划、市级规划的法律中明确了公众参与的必要程序。纽芬兰—拉布拉多省规定，如要对已有的规划进行调整必须有公众参与，并通过政府网站等媒体平台公布相关文件，让公众对规划和相关规定有足够的知情权。

加拿大开放式的规划行政体系为公众参与提供了便利和保障。根据联邦宪法城市建制由各省依据各自市政法创立，城市作为一级政府享有高度的自治权，相应地城镇规划与实施都可以自主进行，规划部门平行于任何其他政府职能部门，规划设计、土地管理、建设和预算等功能整合在一个部门，而不是相互分离在各职能部门中。由于城市政府的权力由选举成立的市政理事会掌管，该理事会的例会向公众开放，经常就有争议的事项举行公众意见听证会，城镇规划在制定、修改和实施等各个环节都要随时接受公众的质询。在这种开放的行政体系下，公众可以方便地与政府就规划问题展开对话，公众的具体意见也很容易传递到政府规划部门。公众可以在城镇规划设计和实施的任何环节参与讨论和决策，所以对于已经批准的城镇规划在实施过程中很少出现大的失误。

由于加拿大联邦把城镇规划权限下放到地方各省，全国并没有严格的规划编制体系。但是从各省的规划情况来看，可以大致分为三级，即省级（区域规划）—市级（城镇规划）—社区（愿景规划）。从规划内容上看，省级区域规划只规定了5项基本要素，即住房、交通、区域性服务设施、公园和自然地带、经济发展；市级规划一般只有3种类型，即土地利用、建筑遗产保护、交通规划；社区愿景规划主要考虑安全、休闲、商业等功能性内容。三级规划都可以根据各自的情况扩充或缩减规划关注的内容。省政府对区域规划有管辖权，城市政府对市级规划和社区规划有管辖权。

这三级规划的设计、制定和实施等环节都不同程度地引入了公众参与。省级规划的制定和审核强调区域和城市之间的平等合作，通过共同参与并以合作的方式解决区域存在的争议和问题；市级规划在制定过程中，可能涉及不同群体（政府、开发商、居民）的利益平衡，所以公众参与都是群体利益代表之间的讨论和博弈，公众参与的组织广泛深入，历时长，在设计和制定以及审核阶段都会引入全市范围的公众参与活动；在社区愿景规划中，公众参与最为具体和彻底，市民会通过成立志愿者协会，深入各户了解居民对未来社区的设想，再根据这些想法拟定初步方案，在社区宣传征询，社区居民积极参与讨论并促成最终规划方案的形成。

2. 公众参与的主要技术方法

依据不同的参与程度，加拿大将公众参与划分为5级：告知、咨询、参加、合作和授权（见表1）。每一级都对应有不同的公众参与目标、对公众的允诺和典型技术。

表1   公众参与影响程度的目标矩阵

	告知	咨询	参加	合作	授权
公众参与目标	为公众提供客观的信息，协助他们理解问题、机遇和解决方法	获得公众对分析和决策的反馈	全程与公众一起工作，确保他们的顾虑和期望被有效考虑	在整个决策过程中（包括最终方案的确定）与公众建立伙伴关系	给予公众最终决策权
对公众的允诺	他们将被告知尽可能多的相关信息	他们的意见将被听取，并被告知其对决策结果的相关影响	他们的顾虑和期望将被直接反映在备选方案中，并被告知其对决策结果的影响	他们的建议和创新将成为最终方案的一部分，他们的建议将被最大程度采纳	他们的一切决定都将被执行
典型技术	材料手册、网站、公共开放日	公众意见收集、小组讨论、民意调查、公众会议	研讨会、审议式投票	公民咨询委员会、共识构建会议、参与式决策	公民评审团、公众投票、公民代表决策

资料来源：国际公众参与协会培训手册，2006。

针对政府决策制定过程，加拿大将公众参与规划划分为5个阶段：① 获得项目管理机构的内部认可和支持；② 向公众发布和交流信息；③ 确定公众参与的程度和级别；④ 确定决策制定过程和公众参与目标；⑤ 设计公众参与规划。在每一个步骤中，都明确有满足公众需求的目标要求（见图3）。

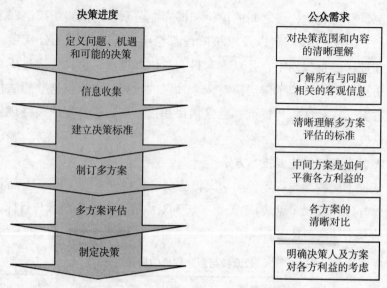

图3 决策进度与公众需求的阶段关系

在城镇发展事务中,加拿大NGO(Non-Government Organization 非政府组织)组织、社区志愿者组织设计具体的公众参与规划,有效地组织公众参与政府事务,形成了一套完备的技术和方法。

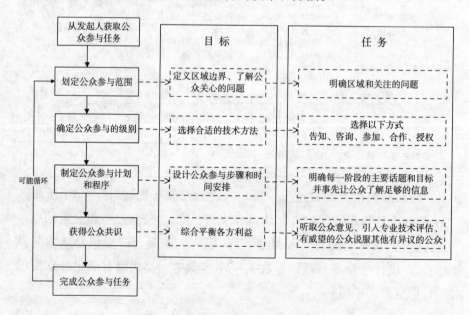

图4 加拿大NGO公众参与设计流程

加拿大公众参与范围广泛，形式多样。如在城镇规划和城市市政中，只要有可能影响到公众利益的规划或工程，从联邦到小城镇，甚至到社区，都会组织不同模式的公众参与。为了保证公众参与的主体覆盖到所有的利益相关者，加拿大NGO或公众参与志愿者协会在制定公众参与规划、组织公众参与过程中，采取了较人性化的技术手段，每个阶段都制定了详尽细致的计划，确保公众参与的有效开展。

加拿大公众参与已成为众多规划和大型建设项目必须经历的一个程序，许多NGO逐渐把公众参与作为一项业务或者项目使之程序化，图4是加拿大公众参与的一般流程。

针对发起人（可能是政府，也有可能是开发商）提出的规划要求，NGO来组织和策划公众参与活动，首先他们会划定公众参与的范围，在这个阶段NGO或者发起人会通过合适的方式告知公众即将要修改规划或者建设某个项目（规划和项目可能会影响到公众的生活或其他利益）。如纽芬兰—拉布拉多省圣约翰斯市若进行规划调整或开发，会在开发点半径150米范围内做出告知。

其次，针对发起人和公众参与对象主要关心的问题，确定公众参与的级别，评价公众参与的风险，然后再设计公众参与程序和相关的活动。每个阶段的活动都会事先告知公众需要探讨的核心问题，考虑到参与主体可能来自不同的种族、性别和年龄，有时候还需要在不同的环节采取相应的解决办法，比如请翻译给土著人讲解、设立儿童游戏室等。

在不同的阶段听取公众的声音后，大部分时间还要答复不同的问题，这是一个权衡各方利益的过程，既要答复所有的公众，还要让公众参与能达到共识，有时候需要借助地方权威公众的力量去游说有异议的公众，有时候也需要请专业人士对相关的问题展开研究，用科学的结论去说服公众，这个阶段矛盾最多。

在加拿大城镇规划和管理中，公众参与是一项必须的程序，经过几十年的发展，它被认为可以"更好的决策"，是政府和公众都比较赞同的城市管理方式。当然在实施公众参与的过程中，还是会遇到各种困难和问题，所以公众参与程序很多时候是采用多种方式进行的，程序上也不是一直从取得任务到达成共识线性流程化的进行，有时候可能在一个环节上要重复多次。其实，在加拿大公众参与也存在重重阻碍。由于公众对政府规划和管理的信息比较缺乏，在实施公众参与过程中，相关各方的利益难以平衡，导致决策时间过长，对急于发展的地区还是存在效率偏低的问题，因此无论是公众还是政府都会怀疑公众参与的实际成效。

规划中公众参与面临的难点集中在规划前期摸底、规划制定过程中选定决策方案和规划实施三个环节，这与我国规划中实施公众参与面临的难点相类似。经过近几十年的发展和完善，针对可能出现的困难导致公众参与无法顺利进行的问题，加拿大探索出了一些效果好、人性化、简单易操作的方法和技巧，值得借鉴。如图5。

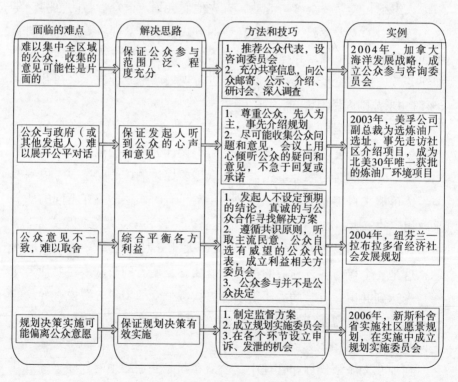

图5 加拿大针对公众参与的方法技巧

3. 公众参与规划的影响及积极意义

公众参与是一个自下而上的运动，主导力量是公众，这里的公众代表了各阶层、各方利益群体，在公众参与城镇规划和其他事务中，会面临难以平衡所有利益群体的问题。政府或其他发起人为组织公众参与，要花费时间、金钱和人力，比如要为举行公众会议租用场地、为公众印刷资料、适时对公众展开培训等；公众参与造成决策时间过长，降低了政府效能，从一定程度上还会激发各方利益各自为己的"山头主义"；公众参与组织和管理不善，或者公众监督的力度不够，造成公众参与的主体被少部分特别利益集团操纵，并不能反映多方利益的意见。即使公众参与城镇规划和其他事务存在以上的问题和缺点，但是经过几十年的实践，公众参与被证明仍然是有积极意义的，特别是公众对城镇规划和管理采取更加合作的态度，从一定程度上促进了城镇规划更加有效地实施。

公众参与城镇规划和管理方面具有的优势表现在以下几个方面：一是抵御了领导个人意志对规划的影响，使公众能以合作的态度与政府展开对话，政府能够积极地回应公众的需要和意见；二是避免政府决策失误。公众对当地的了解、理解和背景知识对规划城镇的作用是不可低估的，他们往往比政府或规划人员更了解地方实际；三是促进规划建设项目的顺利实施。市民的想法往往有新意，也符合主流民意，公众参与规划可以避免规划人员闭门造车，使得规划方案和决策更具有可操作性、更易成功。

1991年，纽芬兰—拉布拉多省在制定区域规划时，曾提议将省府圣约翰斯市与其邻居城市珍珠山市合并为一个城市，统一建立道路、供水、公园等公益设施。但是，珍珠山市民对珍珠山市有强烈的归属感，很多市民向政府提交反对意见，最后省政府采纳了市民的意见，迄今为止，珍珠山市仍为独立的城市。

2003年，圣约翰斯市政府计划将市中心区域废弃的溜冰场卖掉后建超市，但很多居民认为应在这个有河流经过的地方建设抗战军人纪念馆，以此寄托多数居民的情感，虽然建超市会给城市带来商业价值，但城市认同感与城市文化对城市更为重要，政府最终采纳了公众的意见，现在该建筑已成为城市的标志。

美孚能源公司计划在圣约翰斯市建设一个炼油厂，该项目在公众意见征询之前，公司副总裁就走遍了可能开发的所有社区，向公众讲解项目，征询公众的意见，让公众充分了解并参与到项目的设计和选址讨论中，结果这个项目成为北美30年来唯一被批准的炼油厂。

所以，无论是省政府、市政府还是开发公司，都认为公众参与城镇规划及其他事务是值得的，他们普遍认为公众有能力、诚实并且是值得信任的，公众有权利知道城市即将要发生什么，也有权知道即将发生的一切会对他们未来的生活产生什么影响。因此，有公众参与的城镇规划和管理实务更加安全，更加有意义。

三、加拿大公众参与规划的模式

1. 新斯科舍省"志愿规划"

志愿规划是新斯科舍省公众参与的一种独特模式。志愿规划由该省志愿规划协会（Voluntary Planning，VP）组织实施。该协会的组织形式十分具有特色，它既与新斯科舍省政府保持着所谓"一臂距离"（arm's length）的关系，享受着省财政拨款支持，并对省财政厅和政策委员会（policy board）负责[1]，同时又独立运作，不受制于任何政策制定部门。这种"一臂距离"关系一方面有利于协会同公众公开、透明、公正的开展工作，另一方面有利于协会为公众提供更多协助或影响政府政策制定的机会。

每当新斯科舍省发展面临严峻挑战时，省级政府相关主管部门便以具体项目的方式委托给VP，并提供一定的资金支持。然后针对每一个问题，VP都将在互联网和其他媒体上发布"××问题志愿任务小组/委员会成员招募"公告。该小组的所有成员均由个人自愿报名，再由VP按照满足项目要求的程度进行选拔。此后，在VP的指导下，志愿任务小组将全权负责整个项目中的专家咨询和公众参与，开展世界范围内的相关研究，并将重要发现撰写为最终报告。任务一旦完成，志愿任务小组也将自动解散（见图6）。

---

① 在收入来源和与政府关系上，志愿规划协会与中国省级差额拨款事业单位有些类似。

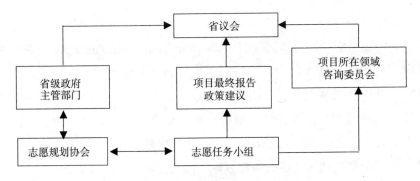

图6 新斯科舍省志愿规划组织模式

2. 哈利法克斯地区"社区愿景规划"

该规划由哈利法克斯地区政府（Halifax Regional Municipality，HRM）社区发展部主管。2006年6月，哈利法克斯地区政府历时三年半完成了新一轮区域规划（Regional Plan）。该规划为哈利法克斯地区未来25年的发展提供了指导性框架。同年9月，为了加强公众对社区发展的参与，哈利法克斯地区议会启动了一项为期12个月的"憧憬哈利法克斯"（VisionHRM）试点项目，确定马斯科多比特港（Musquodoboit Harbour）、福尔河（Fall River）和贝德福德（Bedford）等3个社区作为第一批试点。试点内容包括：在HRM规划人员指导帮助下，每一个试点社区均成立一个社区联络小组（Community Liaison Group）。该小组由7~9名社区居民以志愿者身份构成，具体负责编制和实施"社区概况"（Community Profile）、"社区愿景规划"（Community Vision）和"社区行动计划"（Community Action Plan）等（见图7）。

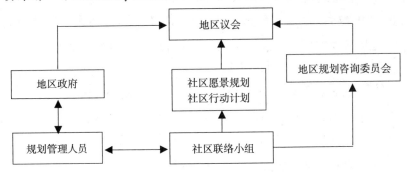

图7 哈利法克斯地区社区愿景规划组织模式

值得一提的是，社区愿景规划不同于一般的土地利用规划。首先，土地利用规划必须符合地区政府法案（Municipal Government Act）的相关规定，而社区愿景规划则不受任何法规和条例的制约，是非法定规划。其次，社区愿景规划也没有明确的规划内容要求。事实上，社区居民关心的一切问题都可以成为该规划的重点，如人口结构、社区感受、健康与生活质量、社区安全、文化和遗产、住房保障等。

3. 尼亚加拉地区"增长管理战略"的公众参与

（1）多方合作

近年来，尼亚加拉地区政府、成员城镇政府和尼亚加拉半岛保护局正致力建立一种合作的规划方式。为此，各团体共同签署了《谅解备忘录》（Memorandum of Understanding，MOU），以期提高尼亚加拉地区的规划职能。地区议会于2007年7月26日批准了这份备忘录，并声明备忘录的目标是"建立一个整合的、无缝对接的，容易被议会、公众和申请者接受并理解的，并且能够鼓励参与政策制定与申请过程的规划体系"。"尼亚加拉2031"是在备忘录政策合作框架下制订的第一个重要规划。

编制增长管理战略过程中的合作主要由技术支持委员会和规划审查委员会来加以实施。技术支持委员会由尼亚加拉半岛保护局代表、尼亚加拉地区政府部门代表，以及12个成员城镇各自的规划官员共同组成。技术支持委员会成员在提供战略和技术支持两方面都扮演着非常关键的角色。规划审查委员会则由地区政府议员组成，主要提供战略决策的政策支持和引导。

（2）居民调查

2007年春季，为了更好地了解尼亚加拉各社区对未来发展的需求与期望，地区政府雇佣了一家市场调查公司进行了一项居民调查。

2007年6月4日至15日，规划一共对1200位地区居民进行了电话访问。这些受访者分别来自12个成员城镇，每个城镇100名。在具有1200个样本数的情况下，区域分析结果的精确度可以达到2.8%以内；在各地100个样本数的情况下，各地分析结果的精确度可以达到9.8%以内。总体看来，调查结果对该地区居民有足够的代表性。

调查结果揭示出的不同观点为尼亚加拉地区实现可持续增长提供了

很好的思路和建议，主要包括：① 绝大多数受访者认为城市中心区亟待进一步开发，并且最适宜建设多单元的住宅，但是仅有8%的受访者愿意居住在中心城区；② 70%居民认为他们的社区未来20年在区域面积和人口方面会发生变化；③ 在所有工作者中，仅有2%乘坐公共交通；④ 大多数居民对当前的受教育机会表示满意，但对工作机会的缺乏表示不满。

（3）可视化在线参与系统

为了更好地使公众了解不同政策选择对未来发展的可能影响，地区政府使用了可视化在线参与系统"（NiagaraQuest）。通过选择不同的发展政策，该系统可以展现不同政策选择对2031年尼亚加拉地区发展可能的影响，并通过可视化手段对发展愿景加以演示。系统共包括以下指标：住宅密度、人口分布、就业密度、就业分布、农业用地、道路与运输、交通选择、能源与空气质量、水资源与污染，以及人口与经济。通过"NiagaraQuest在线"，公众能够在6个政策范围内进行选择体验，包括人们在哪里居住和工作、人们的出行方式和环境影响等。"NiagaraQuest在线"将以图表的形式向公众展示他们所选政策在2031年可能带来的结果。

"NiagaraQuest在线"的参与结果显示：① 公众更喜欢支持社区可持续发展的方针政策；② 在现有的城市增长范围内进行最大限度的开发；③ 更好的住房选择；④ 提高基础设施供应的成本效益；⑤ 创造更多收入高、职业导向的工作，尤其是在尼亚加拉南部地区；⑥ 优先发展区域和本地的公共交通，尤其是高速铁路等；⑦ 积极发展与经济增长相匹配的医疗保障和教育设施。

（4）备选方案的研讨与反馈

在第三阶段"制订备选方案"的过程中，地区政府和咨询公司收到了大量关于三个备选方案的评论和意见反馈，这些反馈分别来自于公众、省政府、成员城镇政府、尼亚加拉半岛保护局、各地区委员会以及其他利益相关者。

5月12日至15日，咨询公司还分别在韦兰、伊利堡、尼亚加拉湖镇和格里姆斯比等社区举行了4场研讨会，旨在向公众介绍3个备选方案的内容，并搜集公众对每个备选方案的看法。与会人员有机会对评估标准提出意见，同时也有机会提出更好的潜在备选方案。遗憾的是，研讨会并没有形成最优方案的共识。

地区政府鼓励成员城镇政府对备选方案和评估标准提出正式意见。有11个城镇政府做出了正式回应。其中，分别有5个城镇支持备选方案B和C，剩下的1个城镇没有明确的偏好。没有任何一个城镇支持备选方案A。

（5）修正案准备阶段的公众参与

在增长管理战略的前期，为准备修正案进行了广泛的公众参与，并贯穿始终。这些参与工作涉及了绝大多数增长管理的问题，同时也尽可能多地扩大参与者的范围。

修正案的制定坚持了谅解备忘录中的合作原则。这些合作包括两个地方规划长官广泛参与的研讨会。研讨会得到了Dillon Consulting咨询公司的技术支持。他们以政策组合图表的形式分析了省级政策、区域政策和地方城镇政策的联系。这些图表也得到了省能源与基础设施部的支持。讨论会上提出了一系列建设性的意见，并纳入到修改后的修正案中。

修正案也反映出了如下各方的投入，包括咨询顾问、尼亚加拉地区公务员、地区住房局、地方规划师委员会、精明增长执行委员会、生态环境咨询委员会以及健康生活委员会等。其中，健康生活委员会的代表来自所有地区部门。

2009年4月24日，地区政府向公众和社会机构发布了修正案初稿，广泛征求公众意见。并分别于5月6日和14日举行了公众开放日、公众会议。公众和社会机构的意见以备忘录的形式集结成册，一并提交给地区议会。

此后，修正案于2009年4月30日提交给企业管理小组讨论。企业管理小组支持该项修正案，同时根据自身视角提出了具体建议。这些建议被纳入到修改后的修正案中。例如，关于经济适用房的条款被加入到愿景宣言部分，关于景观道路规划的条款被添加到交通政策部分。

4. 多伦多应对气候变化规划的公众参与

（1）规划背景

多伦多市位于北美安大略湖的西北岸，是加拿大最大的城市和安大略省的首府，拥有城市人口270万人口。大多伦多地区的人口更多，约为

500万。

多伦多市是加拿大最早建立应对气候变化响应机制的城市之一。2007年7月，多伦多市议会颁布了"城市气候变化、空气清洁与可持续能源行动计划"。该行动计划包含了100多项用来减少温室气体和烟气污染物排放的行动。同时该计划还建议建立一种全面的战略发展模式，来适应已经产生的长期天气变化。

2008年，多伦多编制了名为"风暴之前"的应对气候变化发展战略。缓解气候变化影响的行动包括：减少能源使用、改用可再生能源、垃圾填埋厂沼气回收等。缓解行动可以减少温室气体的数量，进而减缓长期的气候变化。多年来，多伦多市一直致力于有效减少温室气体的排放。在"变化中的空气"行动中，多伦多市承诺：主要温室气体排放量到2010年减少6%，到2020年减少30%，到2050年减少80%。

（2）行动计划中的公众参与

为了扩大"2007行动计划"在社区中公众参与的范围，确保"邻里行动"能够听到更多不同意见，多伦多社会发展局、财务和行政部门与重点社区进行了磋商。社会发展部门还专门开发了一个新的调查/讨论工具，用来调查如何帮助居民过上更环保的生活方式。

2007年5月31日至6月10日，重点社区的青年团体使用调查/讨论工具和当地居民详细讨论了与空气清洁和气候变化有关的问题，并征求有关环境问题的看法。在大多数情况下，青少年先与居民交谈，然后把口头语言变成书面语言填写在调查表上。前后总共做了397个调查。

对重点社区的调查显示，重点社区的居民正在采取措施使他们的社区更环保、节约用电、确保洁净的空气。最常见的措施和行动包括：物品的回收利用，离开房间要关掉电灯和电视（75%的受访者），使用风扇或打开窗户而不是使用空调，步行或者乘坐公共交通代替自行驾车。虽然用冷水洗衣服、在自己附近的社区中参与园艺和种植的人随着年龄的增加而增加，而骑自行车的人随着年龄的增加而减少，但总体来看，上述行动在不同年龄组中的表现具有较高的一致性。

当被问及他们或者社区需要什么，如何更好地保护环境时，接近50%的居民回答他们需要更多的信息或培训，同时需要更多社区资金来做清理、绿化或其他项目。同时，39%的受访者认为他们需要提高收入才能选择更好的、环保的生活方式。

当被问及如果资金不是问题，他们想买什么时，接近50%的居民回答他们会购买有机食品、本地产的农产品、更节能的住房、更省油的车和更节能的家用电器。

（3）公众会议的亮点

为了更好地了解公众对应对气候变化战略框架文件："暴风雨之前：应对气候变化，多伦多正在行动"中所提出的优先事项和行动的建议，2008年4月到5月，多伦多环境办公室连续举行了6次由公众及利益相关者参与的公众会议（见表2）。公众参与力求尽可能多地达到人口和地域的多样性。因此，商业和公众咨询会议都被安排在城市中心区以外举行。

表2   公众参与活动概要

活动形式	日期/时间/对象	宣传推广
联邦和省政府/学术研讨会（40） 形式：讲演后讨论3个问题	2008.4.22 12~14:30 对象：多伦多3所大学气候变化研究专家和政府官员	多伦多环境办公室提供的电子邮件/邮件列表
公众研讨会（13） 形式：个人讲演后圆桌讨论3个问题	2008.5.1 7~9pm 对象：公众、非政府组织和其他利益相关者	多伦多环境办公室提供的电子邮件/邮件列表；社区报纸广告；多伦多政府网站www.toronto.ca
公众研讨会（40） 形式：个人讲演后圆桌讨论3个问题	2008.5.15 7~9pm 对象：公众、非政府组织和其他利益相关者	多伦多环境办公室提供的电子邮件/邮件列表；社区报纸广告；多伦多政府网站www.toronto.ca
商业专题小组（12） 形式：个人讲演后讨论3个问题	2008.5.15 7~9am 对象：中小企业	多伦多环境办公室提供的电子邮件/邮件列表
商业专题小组（10） 形式：个人讲演后讨论3个问题	2008.5.15 12~2pm 对象：中小企业	通过多伦多经济发展办公室直接与Sheppard East Village BIA经理联系
公园及环境委员会公众代表团 形式：标准议会委员会团体（每人5分钟）。共16个代表。大约有60~70人在场	2008.5.21 3~5pm 对象：公众、非政府组织和其他利益相关者	多伦多环境办公室提供的电子邮件/邮件列表；多伦多政府网站www.toronto.ca
商务会议（25） 形式：个人讲演后讨论3个问题	2008.5.27 12~2pm 对象：大企业	多伦多经济发展办公室、公共健康和环境办公室提供的电子邮件

在多伦多环境办公室工作人员的大力帮助下，公众咨询部门承担了大部分会议的筹备组织和实施工作。而市政府办则负责组织了5.21公园和环境委员会会议。每位参与者都会被问到这样的问题：① 城市应该帮助做什么？② 规划中还应增加些什么？③ 规划中还遗漏了什么？

规划还专门设立了24小时热线电话。这个热线电话共记录了6个来电，其中一个回电要求回答问题，但是目前还没有收到任何公众的评论。那些不能亲临现场参加会议的公众还可以用电子邮件（邮箱为：changeisintheair@toronto.ca）或者致电（416-338-3095）的方式发表他们的意见。

（4）公众参与的主要结果

在整个过程中，大多数的评论（无论来自于企业或公众）都是关于如何减少温室气体排放的。参与活动的许多人都具有较高的环保意识，以至于让人怀疑他们并不是典型的多伦多市民代表。但是，商业复兴区的代表们可能更多反映了那些较少关注环境问题的意见，因为这是一个跨不同部门的企业代表团。

对于许多参与者来说，公众会议让他们初步了解了应对气候变化的内涵。很多参与者都希望能够进一步对"应对"概念进行更深入了解。2008年5月27日，针对大型企业和公共事业代表们的商务会议吸引了众多具备气候变化专业知识的参与者，这与其他公众会议相比是个例外。在收到的大量评论中，有三种观点对气候变化这一概念表示了质疑。

尽管只有少数参加会议的人意识到应对气候变化规划和活动，大家有意识或无意识的关于应对气候变化的公共主题、话题和推崇的行动是：

① 多伦多市应该增加对企业家、居民和学生关于应对气候变化的教育项目，尤其是气候变化带来的威胁及其解决方法。在应对方面，参与者很想知道"在日常家中能做什么"（提到的具体领域有应急预案、降低能源消耗和各种技术的使用）。在学习了当前全球气候变化及其未来发展趋势后，一些参与者表现出了担忧。

② 多伦多市应当与居民和企业紧密合作，寻找建立在社区基础上的应对气候变化的行动和活动。这包括了派遣专家帮助企业和居民更好地

了解应对气候变化的理念。对企业来说，这包含商业可持续性、灾难和洪水预警规划。由于缺乏气候变化方面的知识，许多人显得束手无措。

③ 多伦多市应当考虑使用财政奖励的方法（财政补贴、物业税减免等）来鼓励居民和企业采取应对气候变化的行动和活动。

④ 多伦多市应使市民尽可能方便地了解政府应对气候变化的政策和进行的协商。参与者希望编制"城市应对气候变化之窗"节目。他们希望通过统一的宣传教育，进一步了解什么是减缓和应对气候变化、公众能够采取什么样的行动、政府能提供什么样的援助和关于成本、许可、合法性及其他方面的要求。项目应该以目标为导向并且必须实用，对"现实世界"的需求有帮助。

⑤ 参与者也提出了如下问题和担忧：对多伦多市政府与企业和居民合作准备上的疑问；对水资源的消耗、饮用水水源和暴雨管理等领域的关心；气候变化对电力供应等基础设施可靠性的影响；气候变化对逃生规划、突发事件应急规划、生存能力等方面的影响；关于减缓和应对行动是否存在差别的问题；多伦多市应当保护弱势群体和维持生态环境的正义；对空气质量、高温和极端天气的担忧。

（5）多伦多应对气候变化行动

"暴风雨之前"提出了一系列用来避免极端气候危害的项目，这些项目为建立一个综合性应对气候变化体系奠定了基础。框架文件还提出了一些短期就可以进行的项目（见表3），用以减缓和应对气候变化的影响。

表3　　　　　　　　　战略提出的部分短期应对气候变化项目

项目名称	预期收益
区域气候变化现状和预测研究	改进气候极端变化和逐渐变化信息系统，为制订应对规划提供更好的决策支持
气候变化下城市运作的脆弱性和风险评估	找出脆弱性所在，提高对风险的理解，对适应性行动的重要性排序
区域极端降水强度、连续降水时间和降水频率曲线的更新	提高排水公共设施的设计能力，从而应对极端径流
城市高温脆弱性评估方法借鉴	开发城市高温脆弱性评估工具，为多伦多应对高温天气规划提供指导
城市屋顶绿化研究	支持出台新的屋顶绿化法案，减少对空调的需求和暴雨径流

续表

项目名称	预期收益
城市热岛效应的研究（用于指导土地利用规划政策）	识别多伦多的主要"热源"，研究产生它们的原因及降低热岛效应的战略措施
主要公路、管道和桥梁气候变化脆弱性风险评估	提供基础设施升级信息，降低基础设施由于极端天气而产生的风险，从而使公共保险索赔最小化
恢复公园和水体周边的自然面貌	将公园和公共空间的绿地覆盖率从30%提高到50%以上，减少暴雨径流
通过改善商业区土壤系统，维持树木的健康生长	将商业区的树木年龄由6年延长到35年，增加树荫面积，减少能源需求
消除新的反坡车道	减少极端降水产生的洪水影响

四、加拿大公众参与城镇规划对我国的启示

1. 我国公众参与城镇规划的制度条件分析

作为社会主义国家，"为人民服务"和"代表中国最广大人民的根本利益"一直是我们党和政府制定各项发展政策的出发点。城镇规划作为政府工作的重要组成部分，自然要以人民的利益为出发点。

公众参与城镇规划是宪法的要求。我国宪法规定"中华人民共和国的一切权力属于人民"，人民可以依照法律规定，通过各种途径和形式，管理国家事务，管理经济和文化事业，管理社会事务。城镇规划作为政府的公共行政职能之一，其活动涉及城乡居民的日常生活和切身利益。因此，公众参与城镇规划是宪法赋予人民的权利。

公众参与城镇规划是《城乡规划法》的要求。2008年1月1日起开始实施的《城乡规划法》第二章"规划制定"中规定乡规划、村庄规划要尊重农民意愿；第三章"规划实施"中规定要量力而行、尊重群众意见；第四章"规划修改"中提出要对规划实施进行评估并采取听证会征求公众意见。

公众参与城镇规划是信息公开条例的要求。2008年5月1日起实施的《中华人民共和国政府信息公开条例》第二章明确规定政府要将国民经济和社会发展规划、专项规划、区域规划及相关规划作为重点公开的政府信息及时向公众公开，保障公众对政府事务的知情权。

公众参与城镇规划是群众路线的要求。公众参与城镇规划也是中国共产党群众路线在城镇规划工作中的具体贯彻。中国共产党的根本路线是"群众路线"，即"一切为了群众，一切依靠群众，从群众中来，到群众中去"。在新形势下，我们党又提出了"三个代表"的科学思想，要求各级政府坚持把人民的根本利益作为出发点和归宿，充分发挥人民群众的积极性、主动性和创造性。公众参与城镇规划既是对群众路线的贯彻执行，也能够通过公众参与城镇规划不断创新群众路线的方法与机制，将"三个代表"落到实处。通过公众参与能使政府的城镇规划决策更科学、更合理，切实维护公众的利益。

2. 我国小城镇规划面临的挑战

小城镇是我国最基层的一级政府。与城市相比，其独立的行政执法权利很不完整，其财政权利受限制更多，其数量较多，其人口规模、经济发展水平、地理特征等方面的差异性较大。因此，我国小城镇规划面临诸多挑战。

小城镇缺乏经济社会发展规划。我国的规划主要有三大类：经济社会发展规划、城市建设规划和土地利用规划。制定土地利用规划的根本目的是保护耕地，目前通过GIS技术已监控到每一地块，基本上是依据自然条件及现状，在保护农地为原则的前提下进行微调，实质上是自上而下地分解农地保护与建设用地使用指标。建制镇作为基层政府，一般只是在其上一级政府的土地利用规划中包括几张图标及说明，镇本身的主动性较少；城市建设规划是法定规划，即只要想实施城镇建设就必须有建设规划，制定城市建设规划的目的是为了拓展城镇建成区，发展非农产业。每个镇都想方设法将建设规划的面积扩大，以求更大的发展空间。因目标不同，往往与土地利用规划有了冲突。虽然绝大部分镇都编制了建设规划[①]，但其覆盖面只是建成区及周边，对全镇域经济社会发展没有总的规划；经济社会发展规划是城镇发展的长远规划，是小城镇依据自身条件谋求发展的规划，是集中智慧的规划。但是，经济社会发展规划不是法定规划，而且只要求做到县一级。所以，很多小城镇都没有

---

① 截至2003年底，全国累计81%的小城镇和62%的村庄编制了建设规划。http://news.sina.com.cn/c/2004–07–09/11453038056s.shtml。

制定专门的经济社会发展规划①，或者只有几页纸的规划，而且内容与上级政府的五年规划雷同，只有少部分小城镇编制了针对自身发展的长远经济社会发展规划。

小城镇规划过于偏重经济。从目前的情况看，城镇规划过于注重技术层面的问题，较少关注就业、居民生活等问题；规划带有太强的计划经济色彩，较少考虑市场经济条件下的城镇发展规律；规划大多由领导说了算，对公众的意见，特别是居民的意见听取吸纳的较少。2006年对浙江、河南和四川部分地区的研究②表明，不同层级政府制定的五年计划内容很相似，地方政府规划过于遵照上级政府意见，内容重复过多；从规划内容上看，自上而下分解GDP增长目标的痕迹较为明显，公共服务规划内容涉及较少。小城镇规划的主要职责似乎是如何让政府促进有效生产，而不是为当地的人民提供公共服务；小城镇建设规划中偏重于大广场、大马路等形象工程，忽视居民小区服务业的配置和公共活动空间的配置。一方面规划编制不严谨。一些总体规划的文本看起来很像是从另外的总规中拷贝下来的，仅仅改了一下地点和名称。另一方面规划与现实脱节。小城镇建设规划与公共预算的联系较弱，有的与土地利用规划冲突，还有的因为地方领导的更换而临时修编。一些规划目标和项目因为被高估而没有实施，一些总体规划因为规划实施混乱而无法真正实施下去。

小城镇规划缺乏公众参与。研究表明，目前的城镇规划看起来还是一种自上而下的专业技术人员的工作，通过规划师与各相关专业人士、地方政府部门相互配合，与地方人民代表大会代表、社区及村委会代表及一些群众代表座谈来完成。通常是在规划批准后进行公告。但是，从总体上看，在规划批准生效之前，区域内的一般城镇居民、农民和企业家在规划编制中没有发言权，也没有可能听到或看到规划编制的过程，也不清楚它的结果。但是，规划却会实实在在地影响到他们的生活环境、现有的建筑物、农田以及规划区内的企业。随着城镇化进程的加快，小城镇或者被划入新的城市发展规划区，或者被列为新的产业发展

---

① 实地调研显示，即使是全国发展改革试点镇，也只有部分小城镇编制了全镇的经济社会发展规划。

② Timo Linkola，邱爱军等：世界银行技术援助项目《中国小城镇及区域发展规划回顾》（TF030640），2006年4月。

区，或者被选作"土地挂钩"复垦区，或者因大型基础设施建设而被征地……与此同时，土地的稀缺程度越来越高，规划涉及的利益相关者对自身利益的诉求越来越强烈；所有这些变化都使生活在小城镇的人们开始关心规划、希望早一点了解规划、更希望规划能给自己带来福利。

3. 完善我国公众参与城镇规划的建议

从加拿大考察了解的情况看，大部分加拿大民众认为，公众参与规划在短期内可能会增加项目成本，也可能产生局部的效率损失，但就长远利益而言，公众参与规划是有意义的；也有民众认为，加拿大普通市民在参与规划的过程中处于劣势地位，而利益集团则因其有较为充足的资金和信息优势则处于优势地位；也有部分加拿大专家认为，公众参与规划的程度和模式并不是级别越高越好，而应根据项目要求来确定公众参与的合适级别。总体上看，公众的广泛积极参与使加拿大城镇公共政策不断吸纳民意，协调利益和冲突，沟通政府与民众，获得民众的广泛支持和理解，从而使决策更加科学合理。对比加拿大公众参与城镇规划的实践经验，我国还需进一步完善公众参与城镇规划的体制机制。

（1）完善法律法规，提高公众的参与意识

在规划法、管理法等核心法中明确公众参与城镇规划的地位，细化公众参与的程序，把是否组织公众参与城镇规划作为考核政府政绩的一项指标。从法律和政策环境上重视公众参与城镇规划，提高民主化水平，增强政府官员体察民情、吸取民意的意识，淡化政府的长官意识。动员政府和社会力量积极有序地组织公众参与，加强宣传教育，提高公众参与城镇规划的意识。一方面要建立参与机制。城镇规划制定和决策方（城市政府）在讨论、制定和决策过程中，要征询公众的意见。关系到公众利益的决策要主动地告知公众，通过发放宣传册、运用媒体、网络等手段向公众公开城镇规划的意图和方案，设立供公众查询了解的平台，提供公众反馈和发泄的渠道，分阶段召开向公众答复释疑的会议；另一方面要加强宣传。编制单位在规划制定过程中要承担起向公众讲解规划、宣传规划等普及规划知识的义务。相关的NGO要积极有序地组织公众参与活动，唤醒公众参与城镇规划及其他城市事务管理的意识，推动政府与民众共同规划城市、管理城市。

（2）落实《城乡规划法》，增强公众参与规划的可操作性

我国2008年1月1日起开始实行的《城乡规划法》在"城乡规划的实施"和"监督实施"部分都明确提出了公众参与规划的要求。但对照国际公众参与协会的相关标准，总体上我国的公众参与程度仍处于告知阶段，其象征性意义大于实际意义。举例来说，目前我国城镇规划在市县一级"告知信息"的具体实现途径有2个：批前公示和批后公示。一项规划在递交政府正式审批前与审批通过后都会通过网站向社会公示，时限一般是30天，但其中的显著缺陷是网上公示的信息非常少，仅有几张图纸（一般是：土地利用规划图、土地利用现状图、近期建设规划图、交通、公共设施、市政设施等专项图纸）和少量的文字说明。"征询意见"阶段的公众参与进行得很不完善，仅是在公示的网站（有时也会同时在报纸上刊登）上留下意见反馈的电话、电子信箱（email）等渠道。而对于公众通过电话、书信等反馈来的意见，大多数处理方式是先转交给设计单位，让他们去参考。然后，在"城镇规划委员会"组成的专家评审会上，将整理出来的公众意见发给各位专家。不过，专家评审会的专家往往对规划所在地域了解较少，一般很难就公众的意见和建议提出针对性较强的评价。由此可见，目前我国地方政府对待公众参与的态度是"走过场"为主，仅履行法规中的部分程序要求。因此，建议在国家层面尽快出台《城乡规划公众参与办法》，界定一些主要的原则与方向，同时允许地方政府根据自身实际情况制定本地的实施细则。

（3）基于国情，坚持效率优先，选择合适的公众参与方式

借鉴加拿大公众参与经验，需要对比考虑两国基本国情。加拿大国土面积为997万平方公里，超过我国居世界第二，而总人口规模却远远低于我国，2009年仅为3350万。加拿大作为西方发达国家，其公众参与由1930年起步发展到现在，尚经历了近80年时间。这说明推进公众参与是一项长期的工作。目前我国的经济和社会发展正处于快速发展期。在这一时期，大力推进公众参与的过程中，难免存在激发矛盾和降低政府工作效率的风险。为避免这种风险，在选择公众参与方式时，应坚持"效率优先"的原则，不拘泥于公众参与的形式而消耗性地延长决策时间。具体来说，在规划的编制阶段，规划设计单位应尽可能多地采取访谈、

调查问卷等形式,充分了解规划利益相关群体的意见和规划愿景,并以单独一章或附件形式列入规划说明书。规划编制完成后,规划设计单位应通过网站、报纸、城镇规划展览馆等媒介尽可能多地向公众展示规划成果,时间应不少于30天;在规划实施阶段,目前我国公众参与基本处于缺失状态。建设单位和开发商可以在不经过公众参与的情况下通过各种途径改变规划,如改变某一地块的用地性质、容积率、建筑密度、建筑限高、建筑后退红线等。目前,这些违反规划实施的行为在我国还很普遍,并且往往很隐蔽,公众根本无法干预。因此,针对规划实施阶段,应尽快将建设项目的主要建设指标、方案等规划成果向公众公示,设计合理的公众参与程序,让公众参与(尤其是与该项目利益直接相关者)来监督那些违反规划的权钱交易。

(4)将决策过程细分,促进规划决策过程中的公众参与

公众参与规划的最终目标是要将公众意见纳入到最终决策。加拿大的经验表明,在政府决策过程的不同阶段,公众参与的需求程度是不同的。可以借鉴加拿大的模式,将我国政府规划决策过程细分为6个阶段,即定义问题、信息收集、设定决策标准、制订多方案、评估多方案和制定最终决策。针对不同阶段,设定不同的公众参与目标和方式,渐进式地将公众参与引入到我国政府规划的决策过程中。从目前的情况来看,我国政府决策应重点抓好"定义问题和信息收集"两个环节。如规定规划研讨会必须要邀请一定比例的市民代表旁听和参加;规划评审结束后要公布公众意见的采纳情况,允许政府决策不完全(甚至全部不)采纳公众意见,但对未采纳的内容要申明缘由。规划机构设置上,应提高城镇规划委员会中公众代表的比重,增加在重大问题上的发言权;建立公众参与规划管理的非政府组织,完善居民会职能,使之成为公众参与规划管理的组织者和代表。

(5)建立与公众参与城镇规划相适应的规划管理体制

改变城镇规划制定、实施和管理、监督均由城镇规划行政主管部门"独家"管理的现状,将城镇规划制定权和监督权从规划行政主管部门中分离出来,城镇规划制定权属于本级城市政府,制定规划的责任由社会上有资质的NGO、规划院及其他企事业单位、咨询公司承担;城镇规

划实施的监督权交给公众团体，加强规划实施和管理置于公众的监督之下，在政府信息公开目录中加入城镇规划执行情况，定期公布城市建设计划。

要建立公众参与的组织保障机制，必须对现有的规划行政部门的机构设置进行改革，现在的规划行政主管部门只负责规划实施和管理；规划制定任务要按照项目进行政府采购的招标，通过完善行业标准让规划项目完全市场化；成立市民委员会，由上级政府组织领导，成员包括规划专家、本级政府相关部门负责人、市民代表和NGO相关人员，提高公众参与的组织化程度，打通公众与政府交流反馈的渠道。有了组织保障外，还要有一定的经费保障，在本级政府财政预算中要列入城镇规划专项经费，并要明确公众参与城镇规划的执行经费。

（6）完善我国公众参与城镇规划的程序和方法

要让公众参与城镇规划不流于形式和口号，必须要针对我国公众参与的主要问题寻找有效的解决办法，首当其冲的是改变公众被动参与的现状，让公众积极地参与到城镇规划当中，这个环节主要是将原来城镇规划的公示改进为规划前征询、规划过程中讲解和规划通过后的告知三个环节，三个环节的具体任务分别由政府、规划制定方和NGO组织承担，市民委员会负责监督并与政府进行沟通交流，让公众的意见能够及时有效地得到回应。其次是要在规划实施过程中，特别是对一些关系公众切身利益的重大项目，要全过程地引入公众参与，分析公众的构成，保证利益相关方的普遍性，了解公众关心的焦点问题，邀请行业专家参与、研究、比较不同的方案，拟定符合大部分公众利益，有利于城市健康发展的具体实施方案，通过在具体项目中引入公众参与机制，探索不同阶段和环节中需要建立的公众参与模式。

4. 以人为本，探索我国小城镇规划的公众参与机制

计划经济体制下的计划注重经济发展，市场经济体制下的规划则要求经济与社会均衡发展，更注重公平、更注重"以人为本"、更注重和谐社会的构建。因此，借鉴加拿大公众参与城镇规划的经验，我国小城镇的规划要倾听"利益相关方"的声音，强化居民的参与、企业的参与、政府部门的参与。

（1）小城镇发展规划要注重居民和村民的参与

公民参与经济社会发展规划说起来容易，做起来难。在任何国家，参与规划的公民都不会是大部分公民。但是，至少会告知大部分公民规划的简要内容、规划的进展情况和如果感兴趣怎样获得详细信息及如何影响规划。报纸、电台、电视台、网络等媒体是发布规划信息和促进公共讨论的重要方式。调查发现，媒体在有些小城镇的规划中已起到了积极的作用。如上海市小昆山镇通过编辑出版《小昆山》报让居民和村民及时了解参与小昆山未来的发展趋势及近期拟开发项目。总体上看，小城镇还需要进一步借鉴国外参与式规划方法，政府管理人员和规划专家对居民和村民应该采取更为开放的态度。

规划城镇的目的不是为了"形态"的美观，而是为了改善居民的生活环境，提高人们的生活质量，因此，规划不仅需要专家，更重要的是多考虑居民的需求，让居民充分参与规划。上海在地价奇高的陆家嘴金融中心区的核心部位，规划并建造了10万平方米的开放式草坪，就是因为规划时考虑到生活在金融中心的人"需要呼吸、需要肺、需要绿色"。小城镇的发展也不仅仅为了让农民从平房搬到楼房，而是为了提高小城镇居民的生活水平、生活质量。因此，在制定规划时就需要和本地居民共同讨论未来的就业、未来的社会保障。如天津市华明镇通过政府、专家与农民的多次反复交流，通过"宅基地换房"规划建设了一个新型小城镇，使农民不花一分钱就改善了居住环境，还通过新城镇建设新增就业岗位1.12万个，有效解决了青年失地农民的就业问题；北京的后沙峪镇在规划新农民住宅楼时，通过与农民讨论，就将补偿农民的住房从统一的一套大户型改为两套小户型，这样收入低的家庭就可以自己居住一套，出租另一套换取收益。有些地方在制定教育规划时，因为调查研究不足，没有认真倾听群众的意见，导致了部分学校校舍闲置浪费，部分学校校舍严重不足。总之，规划师要平等地与当地人交流，倾听当地居民的声音。通过为当地居民搭建自由发表意见的渠道与平台，让当地人真正参与规划，充分发挥当地人的知识和智慧。在"改变什么、保留什么"上与当地人达成一致，努力"将居民的不满情绪降到最低"。只有这样，才能动员社会各个方面的力量，共同建设小城镇。

另外，小城镇可以通过完善人民代表大会制度提高公众的参与。一般而言，目前镇一级的人大会一年只召开一次，大会闭会期间由人大常务委员会行使其职能。某镇的镇人大常务委员会一年才开4次会。这样的人民代表大会怎么可能在地方规划中起作用呢？在芬兰，社区委员会（人民议会）选举产生，每月开一次会。其主要任务是决定地方发展战略和计划，决定地方政府的内部规则和机构，决定年度预算。由人民议会任命的政治委员会每周开一次会，通常在周一晚上。由人民议会任命的部门委员会大约一个月开一次会。规划问题由规划委员会和政治委员会准备，大部分计划最后要由地方人民议会批准。建议小城镇不断完善人民代表大会制度，在规划制定中使人民代表真正"代表人民"。

（2）小城镇发展规划要注重企业的参与

没有产业支撑的小城镇难以取得长远的发展，而产业发展的利益攸关方是企业，企业也最了解市场、了解产业的发展。因此，小城镇在制定发展规划时要倾听企业的意见，规划者可以通过走访企业、与企业座谈了解小城镇产业发展中存在的问题、挖掘潜在的产业、寻求改善投资环境的途径。山西省孝义市梧桐镇在讨论道路项目时，企业就在抱怨路况太差之余提出了企业联合出资修整道路的办法；在讨论工业污染问题时，就发现企业的废气再利用可以大大降低居民集中供热的费用。安徽省合肥市的三河镇在与企业讨论产业集聚问题时，就发现工业聚集区不仅能成为大企业的舞台，还能成为小企业创新的平台，还能诱发新型的旅游品加工产业。因此，只有通过广泛的企业参与，才能了解企业发展面临的问题和需求，才能为小城镇确定科学的产业发展方向，才能为小城镇发展规划出更有效的解决问题的途径，进而明确政府与市场的关系，回答"政府应该干什么"的问题。

芬兰在编制城镇发展规划时借助VERRTI数据库增强居民与企业间的合作关系。VERRTI数据库的突出特点就是倾听客户（市政居民）的需求，这是成功提供公共服务生产的重要基础。VERRTI数据库包括衡量居民看法的几种工具，比如有关街道维护、公园质量和供水管理等方面的服务及成本的意见。这种数据和居民意见的结合对强化使用者参与有作用，而且在服务生产中可以建立正确的成本质量关系。

（3）小城镇发展规划要注重政府的参与

在现行的行政管理体制下，小城镇的领导是由上级任命的。但是，规划不应该成为领导长官意志的表现，既不能成为"墙上挂挂"的形式主义，也不能成为个人升迁的"政绩工程"。规划应该是集体智慧的结晶，也应该是政府多个部门、社会各方共同推动小城镇发展、建设小城镇的依据。因此，一方面要争取上级政府部门对规划的充分参与，这样既有助于规划者了解上级政府对小城镇的看法和意见，也便于加深上级对小城镇的了解，还易于争取上级的政策支持和项目支持。一些小城镇就是在规划沟通中，获得了省市财政担保的小城镇项目贷款信息，发现了集约节约利用土地的方式；另一方面，要争取小城镇政府各个部门的广泛参与。参与不是听汇报，而是共同讨论、沟通信息、综合意见。小城镇规划要听取书记、镇长的意见，但更重要的是要在镇政府各个部门间达成共识，成为全镇的发展"蓝图"。否则，就有可能出现镇长一换，规划"搁置"的情况；另外，还要注重相邻区域政府部门的参与。任何城镇的发展都不是孤立的，都会或多或少的受到周边城镇发展的影响。只有掌握了周边城镇的经济社会发展现状、发展设想，才能尽量避免区域内城镇间的产业同构，甚至恶性竞争，从而形成区域发展的合力，促进区域共同繁荣。

总之，规划不应该仅仅成为规划师表现其规划技术的结果，而应该是居民、企业、政府等利益攸关方利益博弈的结果。只有通过利益攸关方的充分参与，才能真正体现"以人为本"的发展思想，规划才能成为政府决策的科学依据。

（4）建立社区规划机制，强化志愿者对小城镇规划的参与

从加拿大公众参与城镇规划的实际情况看，其特点是规划时间较长、人力投入较多。从具体实施的效果看，社区规划是开展公众参与规划的最佳形式。一是加拿大有社区非盈利机构，可以提供技术、人力和融资支持，二是加拿大社区庞大的社区志愿者队伍，社区志愿者可以通过事先申请免费使用社区活动中心，为社区发展出谋划策。

建议在我国城镇规划体系中增加社区规划一级。授予社区基层组织规划征询和项目征询的权利，通过财政资金或社区融资机制给予社区规

划资金支持，通过税收优惠制度，支持社区非盈利机构的建立，鼓励社区志愿者队伍的建设。

（5）小城镇规划要重视外来流动人口的参与

小城镇发展规划不仅要考虑本地户籍人口的生产生活需求，还要考虑外来流动人口的生产生活需求。据不完全统计，2008年，我国共转移农民工2.25亿，其中小城镇吸收了47.1%，1.06亿人①。就个案而言，以2007年为例，广东东莞市的虎门镇户籍人口11万人，外来人口多达53万；上海市嘉定区的安亭镇总人口11.7万，其中外来人口6.1万。这些外来人口一部分是文化程度较低、收入也较低的农民，还有一部分是文化程度较高、收入也较高的企业管理人员或技术人员。这些外来流动人口不仅仅有就业需求，还有公共服务需求。

但是，比较各级政府五年规划指标发现，几乎每级政府的规划指标中都有城镇登记失业率。但是，这里的城镇登记失业率是以本地户籍人口为基数的，并没有包括进城打工的农民工；指标中也有城镇居民人均居住面积，但是，这里的人均也仅仅是城镇户籍人口的平均，没有考虑进城农民工的住房情况；被调查小城镇的外来人口平均占实际人口的20%~50%，浙江沿海的小城镇，外来人口超过了本地人口。但是，地方政府在制定地方经济发展规划时并未将外来人口和本地居民同等对待，上级政府在拨付专项资金时也未按居住人口计算；在城镇政府机构人员的配备上，同样要根据城镇户籍人口的规模来配备。因此，在东南沿海发达地区的小城镇就出现了"小马拉大车"的现象。正是由于对城镇人口和农村人口的不公平待遇才导致了城镇基础设施规划与建设的脱离实际。因此，在小城镇规划中需要考虑流动人口的需求偏好及可支付能力，需要考虑流动人口的居住问题、流动人口子女的受教育问题等一系列问题，只有将农民工纳入小城镇规划人口，才能提高规划的公平性。当然，要实现城镇人口与进城务工农民之间的真正公平，仅仅靠改变规划方式是远远不够的，还需要规划背后的财政体制改革和政府管理体制改革。

执笔人：邱爱军 许锋 郑明媚

---

① 国家发改委城市和小城镇改革发展中心，《关于城镇化问题的研究》，2009年11月，第31页。

中德空间规划比较研究

一、德国政府管理体制简介

德国是一个联邦制国家，自1990年10月3日统一以来，共有16个联邦州组成，各联邦州虽然不能独立行使国家主权，但都具有国家性质，可以在自己所属范围内行使立法权、行政权和司法权。国家权力分别在联邦和州之间分配，立法权以联邦中央集权为主，行政管理权以联邦、州分治为主。德国基本法中确定了联邦总统、联邦议会、联邦参议院、联邦政府和联邦宪法法院等组织，形成三级政府，即联邦政府、州政府、市级政府。各级政府的高度自治，那就意味着规划的编制并不受任何上级政府的行政制约，同时各级政府是民众选举产生，也说明规划要满足公众的利益，受到社会监督。

二、德国空间规划的框架体系

德国的空间规划（Spatial Planning）是指公共权力对各种空间尺度范围（地方及其以上）的土地使用所进行的空间性规划（综合规划和专项规划）。其中，广义的空间规划是对一切具有空间意义的规划行为和活动的统称。

德国以《空间规划法》、《州规划法》及其《实施规定》和《建设法典》等为法律依据，制定和实施国家空间规划、州域空间规划以及市镇建设规划。其中，地区空间规划指超越一个中心城镇但未覆盖全州地域范围的空间规划，是介于州级和市镇之间的规划层次。

根据不同权限，上述空间规划又可分为战略控制性规划（国家、州和地区级）和建筑指导性规划（地方级）两大类。前者用以保障各个空间功能分区和区域的综合性发展；后者用以准备和制定土地综合利用规划及相关的详细规划。

三、德国空间规划的职能分工

国家空间规划主要对全国空间的整体发展作出战略部署。它是制定各层次空间规划与发展政策的重要指引和根本前提。基本职能是：① 规定国家空间组织的基本目标和原则。主要通过制定空间秩序规划、政策导向及其措施框架，确立全国空间发展的主导思想及指导原则，以促进经济、生态、社会功能的可持续发展与合理分布。② 通过依法管治来影响州及地方的空间规划。通过健全不同空间尺度规划的法律机制，明确各种规划的类型、涵盖内容、吸收公众参与的制定程序，促进各地区基本生活条件的相对平衡、人口密集区与稀疏区的关系协调及重要生态空间的有效保护。

州级空间规划包括州域发展计划和州域内相关地区规划。基本职能是：① 根据各州的具体条件，对国家空间规划的原则与目标进行一定的细化和具体化。② 在国家空间规划的总体框架下，依据《国家空间规划法》和各州的规划法及其实施规定，编制州级空间规划和相关地区规划。③ 州级政府的管理部门和非独立的区域政府负责批准地方土地利用规划，以保持各地方计划的一致遵守。④ 州级政府有义务和权利对公共与私人投资的基础设施项目进行协调和批准。

地方空间规划是指各市镇政府编制的不同类型和尺度的规划。基本职能是：① 参与制定城乡空间与功能发展战略规划。② 负责制定两类法定的土地利用规划。一类是具有空间指引功能的预备型规划（比例尺为1：5000~1：15000），另一类是具有土地管理功能的约束型规划（比例尺为1：1000）。

四、德国空间规划目前的进展

1. 规划目标和目标群体的改变

基于东西部的统一、欧洲单一市场的深化、欧盟东扩等相伴过程及其深远影响，完善国家空间规划的政策目标具有现实意义。其中，缩小东西部生活水平差距、利用结构脆弱地区的发展潜力、解决失业和住房市场问题、提高基础设施的服务能力、维持城市多样性功能、保护生态环境与后代人的生存需求等日渐成为国家空间规划政策的重要目标。

2. 推进措施的改变

首先，在组织管理的安排上，既强调国家总体规划纲要的指引功能，也要求国家联邦和州政府负责空间规划的部门，对共同战略及决策能达成广泛一致性。其次，在方案与计划的制定上，依据国家空间战略目标及其约束性任务，不仅要对重大公共基础设施和其他私人项目的可行性进行严格审批，还要制定相关的区域规划报告、研究典型案例及确立关键性项目。最后，在实施成效的保障上，积极鼓励相关的非正式规划研究制定区域发展战略纲要和开展跨国界合作，并大力支持不完全是官方意见的交流和协商。此外，还要对广大民众进行意见征询和加强公共宣传等。

3. 空间规划的公共服务功能愈加显现

为了适应德国空间发展的新要求，国家空间规划的制定和实施并不限于准备规划文本、图纸及其相关操作方案，而是将其细化为若干具体公共政策，并通过激发和支持公共管理与私人部门之间的联合与协作，大力促进解决地域内基本服务条件的均等化。由此，空间规划愈加显现出重要的公共服务功能。即在空间综合发展目标要求下，合理调节不同利益关系与群体矛盾，并积极实施相关的重要项目和行动方案。

由于协调、均衡、可持续的国土空间是形成国家发展潜力和参与国际竞争的重要基础，德国规划界认为"未来国土空间的发展必须重视城市（区域）与乡村地区的发展方式及其相互关系"。因此，以促进空间功能一体化和结构网络化为总目标，缩小空间发展差距、发挥城市（区域）功能优势、提升乡村地区经济活力和生活水平、加强空间发展管治是今后的主要思路和目标。

五、德国空间规划与我国的比较

1. 规划实施环境的比较

德国规划实施主体的职责权限之所以是明晰的，是因为他们通过立法不仅将空间规划置于主导地位，而且规定专业部门规划与地方规划有义务与综合规划的目标与原则相衔接。而我国目前尚未颁布综合性的国土整治规划法，也没有相应地方性法规，每一层次都有多个总体规划，对各类总体规划的性质、功能、法律地位以及总体规划之间的关系都没有明确的规定。如正式的综合规划类型有"国民经济和社会发展五年规划和远景规划"（以下简称"社会经济发展规划"）、土地利用规划、城市规划和区域规划。这些总体规划由于分属不同的主管部门，权限相互交叉，哪一个具有主导地位尚不明确。由于各规划之间的职责权限不清，一方面导致规划之间难以衔接和一体化，如社会经济发展规划是土地利用规划和城市规划制定的依据，但由于社会经济发展规划和其他规划在内容结构上存在明显差异，很难与其他规划衔接；另一方面使规划缺乏实施途径，如区域规划由于缺乏制度化的实施途径，处于逐步边缘化的境地。

一个规划层面上有多个综合规划，会导致"政出多门"，下级很难落实和衔接。德国的市镇规划是最下级层次的空间规划，是落实三个上位空间规划的主要工具，而我国的城市总体规划由于"市管县"的管理体制，根据自身规划的需要，又逐步挤占土地利用规划与区域规划权限空间。除了以上综合规划之间的权限关系不清外，专业部门规划与空间规划的关系如何、是否可以作为空间规划的实施途径也没有明确规定。德国的规划层次不仅简约、互不交叉、职责分明，且融为一体，值得我国借鉴。

2. 规划实施工具的比较

在我国的规划体制中，只有城市规划有较完善的规划实施工具系列。如在我国的城市规划编制层次中，在城市总体规划之下还要求编制控制性详细规划和修建性详细规划，为后续的建设工程的初步设计和施工图设计提供依据。但土地利用规划和区域规划则缺乏相应的实施工具系列。我国的社会经济发展规划和土地利用规划中包含了空间结构的诱导工具，在落实诱导工具中，会使用财政工具、程序性技术性工具和威慑工具，但分属其他行政系统的土地利用总体规划和城市总体规划如何落实区域的空间布局目标，却没有制度上的保障。

此外，我国重视正式规划的编制，而忽略了本质上是落实工具的非正式规划的编制与落实。从德国的规划实施实践看，非正式规划作为正式规划的落实性工具已成为德国规划体制的重要组成部分，而我国的土地利用规划与区域规划的实施工具尚未规范化和系统化。如对于政策重点扶持地区的规划落实，老、少、边、穷、农（业）地区规划和西部开发政策等，如何贯彻落实还需要更具体化、更有针对性的非正式规划的实施方案工具、综合项目方案工具和行动方案工具，但目前更多的是政策文件的转发或简单的规划拷贝。由于工具缺乏规范化与系统化，因此也在一定程度上影响了实施的效率。

3. 中观层次规划实施条件的比较

我国规划的中观层次是地（市）级的行政机构，在行政归属上自成体系，各部门之间虽然名义上也讲勾通、协调，但由于缺乏从制度上明确各空间规划的职能权限，难以形成强协调力，各部门仍然是功能重叠，各行其是。如城镇体系规划是区域规划或土地利用规划的一项重要职能，但建设部门也重复搞城镇体系规划。此外，中观层次并非是某一行政部门的下属机构，它具有明显的跨行政区划和跨专业部门性，即横向性。德国在中观层次上具有两个跨行政区划的、综合管理实施组织，一个是正式的规划区规划，另一个是非正式的区域管理。而我国目前的地（市）级规划机构管理的地域范围，尚有一些未按经济规律和行动需求来组建，使综合空间规划的目标受制于行政区划的约束。

再有，我国现行的地（市）级的区域规划和土地利用规划如何与专业规划衔接，它们之间的落实关系如何等方面的问题缺乏制度上的明确规定。

最后，由于以上的问题导致了区域规划和土地利用规划如何管理县、乡（镇）级的规划衔接以及哪个部门来综合管理基层的城市规划、土地利用规划和区域规划的实施问题等都缺乏制度化的安排。特别要引起重视的是，目前我国中观层次的规划实施如何让区域内社会上所有集团利益的代表参与也缺乏规范化的组织制度保障。由于我国中观层次实施的基础条件欠缺，空间规划的实施目标很难在基层得以贯彻。

4. 规划实施方法、程序、主体以及效率的比较

我国制定了大量的不同类型的地方性规划、政策与措施，其实质都是落实性的，对于这类规划如何管理，如何与正式规划相衔接，制定后如何落实、检查等都缺乏明确的途径和方法，在一定程度上削弱了规划的实施效率。我国目前依赖于在体制内通过行政手段解决问题，但在协调解决跨行政区域和部门的利益冲突方面缺乏规范化的、化解冲突的方法与程序，导致地方利益之间的矛盾、集团利益之间的矛盾难以化解，在一定的程度上影响了空间规划的落实与执行。

此外，我国从规划编制、审批到实施，基本上是行政部门内部操作，较少向社会公布，社会对空间规划的参与度不高，难以对规划实施进行监督，也影响了规划的实施效率。

我国空间规划实施主体一方面较为单一，尤其在中观层次上实施主体主要依靠行政的条条管理，规划的实施没有调动社会各方面的力量参与；另一方面缺乏能够协调全社会力量的实施管理组织。此外，我国对中观层次管理实施人员的素质培养与配置也重视的不够。

六、德国空间规划对我国城镇规划的启示

1. 合理界定各级政府的规划领域和编制的职能分工

德国各级政府之间在规划编制上有明确的职责分工，规划的层次感、针对性很强。如德国联邦政府主要负责跨区域的交通规划，负责提出空间结构改善的原则；州政府负责落实联邦政府的交通规划和行政区域内轨道交通等方面的规划，负责制定空间规划法和编制州的空间规划，负责审查大行政区空间规划编制程序的合法性；大行政区的空间规划，则是根据联邦和州的空间规划原则，具体划定行政区内各类空间功

能区；市县等地方政府负责建筑或其他基础设施的具体布点。

我国各级政府的规划上行下效、简单重复，规划体系缺乏层次性，规划内容缺乏针对性。应通过必要的法律或行政法规约束地方政府的规划，明确规定地方规划在哪些领域、在什么情况下，不能与中央政府的规划有冲突。在此基础上，赋予地方政府，特别是基层的市县政府更大的规划权限，将市、县域内的城乡、土地、水利、交通、环境、公共服务以及其他确需政府规划的领域纳入到统一的规划中，形成经济社会发展与空间布局融为一体的规划。

2. 进一步明确城镇规划的公共服务职能

通过提高各行政层级的空间政策与部门政策间的垂直合作、水平合作能力，德国的传统空间规划具有显著的社会取向，体现出公共服务的功能属性。例如，它追求"在合适的时间和地点，经济、社会、环境得到合适的综合发展"，及时响应"贫困减少、服务供给、环境保护及就业增加"等问题，更加关注构建互相依存的新型城乡空间发展关系。

近十年来，我国的城镇规划虽已出现了向公共服务的可喜转变，但国家相关部门和地方政府编制完成的都市圈规划或城市群规划，却仍较多地致力于经济增长目标下城市建设用地的急剧扩张。这显然有悖于空间规划作为国家公共服务的基本属性。因此，为了发挥空间规划的引导和调控能力，今后我国空间规划的功能目标应更多关注空间发展差距的缩小、城市功能的完善、多样化生态空间的合理保护、农村地区基本生活服务设施的提供等社会性问题。

3. 注重协调空间结构和空间开发秩序

德国的规划体系是以空间规划为主体的，其他欧洲国家如英国、荷兰也是如此，欧盟委员会也于1999年发表了《欧洲空间发展前景规划》。可见，协调空间结构和空间开发秩序，越来越成为发达国家编制规划的出发点和规划的主要内容。

我国可开发的空间不够宽裕，空间结构不够合理，空间开发秩序较混乱。如不断扩大的城乡和地区差距、城市地下水过度开采带来的地面沉降、超载放牧带来的草原沙化，山地、林地、湿地过度开垦带来的沙漠化和水土流失，开发区和农村建房遍地开花带来的耕地不合理占用，城市、镇和村规划缺乏前瞻性和深度性导致的反复拆迁，人口大量流动带来的交通干线拥挤，部分区域基础设施的重复建设，特大城市无限度"摊大饼"带来的城市病等。这些问题若不能很好地解决，不仅影响我们当代人的生存和生活空间，影响动植物的生存空间，更将影响后代人的生存和发展空间。忽视对空间开发的指导和约束以及空间规划的不协调，已经不适应贯彻落实科学发展观的要求。

4. 完善规划编制过程和法律依据

德国的规划编制都有非常完善的过程，重点解决规划编制中不同方面规划和利益的协调，以取得共识，避免矛盾；编制一个规划一般要三年甚至更长的时间。尽管看起来编制过程的效率较低，但可以有效地避免规划决策时的麻烦；可以有效地避免实施过程中的矛盾。他们的观念是，用"低效率"的编制换取高效率的实施。这也是值得我们学习的。尽管"十一五"规划编制时，对规划编制过程作了很大改进，但仍有改进余地。如可以考虑把规划编制时间拉长至三年，以相对地减少编制规划的时间，增加用于衔接规划的时间，进一步规范编制程序，避免不必要的"扯皮"。

提高规划的法律地位，规划工作应纳入依法行政的范畴，这也是德国的做法。为了使规划工作纳入法制轨道，国务院于2005年10月以国发〔2005〕33号文件出台了《关于加强国民经济和社会发展规划编制工作的若干意见》。通过规划条例，明确中央政府各部门和各地方政府在规划方面的基本职能和主要工作领域，确定中央和地方政府之间在规划方面的分工，规范各类规划编制过程中的协调程序、协调主体和协调内容，使规划编制过程中不同级规划、同级规划、不同地区的规划之间的协调有章可循。

执笔人：吴 斌

中法规划比较研究

法国总面积55万平方公里，总人口6000多万，是西欧最大的国家，施行内阁制和总统制的混合政体。法国划分为22个大区，96个省和3.6万个市镇，其中人口不足3500人的市镇有3.4万个，人口超过3万的市镇有231个，人口超过10万人的市镇有37个。法国大区、省和市镇的地方政府均由公民选举组成。

一、法国城市规划演变及内容分析

法国的城市规划工作始于20世纪初期，随着法国经济社会发展，法国的城市规划大致可分为三个阶段。

1. 20世纪初期到20世纪40年代中期

这一时期是法国城市规划体系初步建立时期。20世纪初期的城市规划目的是为了控制盲目开发利用土地行为，中央政府要求市镇政府承担编制城市规划的职能，自身主要发挥调控作用。最初的城市规划仅仅针对特定的行政区域，而不能解决市镇之间协调发展的问题，法国随后提出了要求编制区域性城市规划，二战之前，法国已经基本建立了覆盖区域、市镇及市镇内部的城市规划体系。

2. 二战结束后到20世纪70年代初期

这一时期是法国城市规划体系完善的时期。二战结束后，为了促进本国经济迅速恢复，法国加大了中央政府集权，强化中央政府组织编制城市规划的职能。为了确保城市规划的及时性和实施性，法国将城市规划编制体系调整为指导性城市总体规划和详细城市土地利用规划两部分，前者重点对城市发展前景进行规划，后者重点控制土地利用和项目建设行为，同时明确规定，详细城市规划要以指导性城市规划为依据。在二战结束到20世纪70年代初期的30年里，城市规划的职能逐步完善，涵盖土地利用许可、城市规划编制或修建性城市规划为主要制度手段。

3.20世纪70年代中期至今

20世纪70年代中期以来，法国城市化进程趋缓，生态环境保护、社会发展和国土开发等问题日益引起人们的关注，法国政府逐步从重视城市发展的数量向重视城市发展的质量转变，在城市规划中逐步加入了环境影响分析，农用地保护，景观保护等内容。为了弥补市镇分散的特点，完善市镇公共服务配套，1999年以来，法国出现了许多新的城市联合体、城郊联合体和市镇联合体，并出台了适应市镇联合体发展的城市规划。

通过以上分析可知法国城市规划重点在政府职能、规划目标、规划方法和规划作用四个方面做了改进。① 政府职能方面：随着二战后大规模建设的结束，中央政府逐级放权，重视涉及国家整体、长期利益的问题，重点从法律和政策层面对城市规划进行监督审查，不再直接干预地方的发展。② 规划目标方面：从单纯控制城市建设项目转向经济社会发展、土地利用、生态环境保护等多个目标。城市规划在保证经济功能的基础上，更加强调生态环境保护、城市中的社会阶层的融合与协作。③ 规划方法方面：实现了从控制性规划向战略性规划的转变，注重多方合作与公众参与。④ 规划作用方面：城市规划越来越多地发挥了综合协调作用，促进政府各部门进行合作，推进公共政策综合实施。

法国二战前城市化率约为50%，远远低于其他欧洲国家，二战后法国开始了迅速的城市化，城市规划演变具有鲜明的法国特点，因此本文重点对二战后法国城市规划进行分析。

二、法国战后城市规划影响因素及根源分析

1.政府管理制度

（1）法国基本政府管理体制

法国行政权由总统和政府行使，立法权由议会行使。与大部分西方

国家不同的是，法国是一个中央集权国家，具体表现为在中央与地方的纵向权力关系上，强调的是中央集权，而不注重地方分权；在立法权与行政权的横向权利关系上，强调的是总统的行政权，而不注重议会的立法权。因法国政府管理具有中央集权、总统集权的特征。2000年法国第五部共和国宪法修订案削弱了议会的权力，扩大了总统的职权，增强了政府的稳定性。法国议会实行国民议会和参议院两院制，国民议会议员由人民直接选举产生，参议员由国民议会、大区、省和市镇级议会议员选举产生。国民议会享有比参议院高的政府监督权力。法国国民重视民主选举，尤其是市镇一级的政府和议会，因此法国民众对直接选举的政府寄予很高的期望，积极发表参与城市发展规划，提出建议。法国政府制定规划时十分重视公众参与，规划透明度高。从法国政府管理体制可看出，法国城市规划管理权限集中在中央和市镇两级政府手中，大区和省级政府的权限很有限。

（2）不同时期政府管理方式变化对城市规划和发展的影响

二战以后30年内，法国强化了传统的集权制，利用相对集中的国家权力迅速完成了经济积累和对城市发展进行了强力干预。中央政府的强权管理方式使得国家加速对大城市社会住宅、基础设施建设，积极促进巴黎等大城市在吸纳人口和就业方面的积极作用。

20世纪80年代后，法国行政管理方式进行了重大变革。法国逐步从行政管理经济转向市场经济，财政制度由原来的中央筹集转变为中央和地方两级筹集。同时法国从市镇一级开始的民主化选举决定了必须赋予地方政府一定的发展权利，为了发挥地方政府的积极性，中央政府将所掌握的资源和权利逐步分散下放，赋予地方政府城市规划、用地安排和基础设施建设的职能，鼓励私人和地方政府多肩负地方发展的任务，而自身将管理重点放到与宏观经济和整个社会发展相关性大的事务上。法国逐步建立了政府和市场对城市发展进行决策和投资的双重调节机制。随着国家权力分散和下放，各级政府和公共机构之间以合同关系进行约束。法国的省和区对自身具有规划权和管理权，但是对市镇级规划没有直接管理权，只能通过政策和资金等引导市镇规划发展。法国民主选举延伸到市镇一级，政府当权者往往身兼数职，在考虑民众的基础上，市镇当权者控制着规划理念、内容和项目设施等内容。例如市镇一级政府通过合约，在垃圾、污水处理、水资源管理、交通建设等方面联合起来，进行总体规划总体建设，克服了各个市镇各自为政、基础建设成本过大的弊端。

2. 公共服务目标

（1）公共服务主体人群和目标变化

法国一直重视公众的公共服务要求。城市规划一般都会对规划区域经济和人口发展进行预测分析，进而明确区域在经济发展、环境保护、住房和公共事业方面的需求。公共服务需求随着社会经济发展而变化，同时公共服务目标的变化直接导致了法国城市规划内容的变化。二战后，面对迅速发展的城市化和工业化，法国公众的主要目标是获得住宅和就业机会，这一时期法国规划遵循城市功能分区的方法和原则，对住宅区和工业区进行规划，同时在规划中重点加强了基础设施建设。法国城市化发展晚于英国和德国等欧洲主要工业国家。20世纪50～70年代，法国经历了经济高速发展期，大量农村剩余劳动力向城市转移，商业和服务业占产业结构比重不断扩大，快速的城市化造成大城市人口膨胀，城市用地无序蔓延，郊区贫民窟密集，交通、住宅等基础设施难以满足公共需求等社会问题。解决居民的就业和生活问题是当时政府面临的主要问题，规划目标服务人群主要为城市中低收入居民。

20世纪70年代，受到美国金融危机和石油危机的影响，法国工业迅速衰退，大量产业工人失业，城市居民贫困，社会问题频现，老工业区衰落。解决老城区的复兴和历史保护成为这一阶段政府工作的主要目标。

20世纪80～90年代，随着金融、信息等新兴服务业的发展，法国经济结构和社会阶层发生了变化，高收入的就业人群重新向大城市中心区集中，居民对公共服务设施和生活环境要求提高，法国政府重新开始重视公共设施配置，并加强了城市景观生态环境保护的内容。同时为了控制大城市集聚，法国政府主动重视大城市及其周边郊区的协调发展，通过完善郊区服务功能，缓解大城市承载压力。

（2）公众参与对城市规划的促进作用

经济增长和社会发展导致社会需求和不同阶层之间的利益冲突。

民众与政府同样认识到城市规划和土地政策对资源配置和控制城市发展的重要性和有效性。为了维护团体和阶层利益，市民积极要求参加城市建设决策，并逐步推动了公众参与的完善与发展。法国城市规划的公众参与是通过"公众咨询"和"民意调查"两个操作程序来实现的，涵盖规划方案编制审批的全过程。公众参与促进法国城市规划实现了两个转变，一是规划目标从空洞目标转变为具体内容和标准，二是以"方案"为特征的城市规划代替了以"计划"为特征的规划控制规定。公众参与在一定程度上促进了规划内容的实践性和可操作性。

3. 资源禀赋特点

土地资源是影响城市空间发展的主要影响因素。尽管相对而言，法国人均土地资源较为丰富，但随着快速工业化和城市化，法国城市迅速扩张，造成了土地局部紧缺。20世纪50年代，法国成立国土整治委员会，以均衡化发展和人与自然协调为指导思想，要求每个城市做好发展规划，合理安排用地规模和空间布局。同时受到税收制度的影响，为了增强城市吸引力，为本地引进更多税收项目，许多城市将城市整治和乡村整治相结合，通过加强乡村地区基础设施建设，引导城市居民外迁，减轻城市内部土地压力。

三、案例分析——巴黎大区总体规划

巴黎大区位于法国北部，由巴黎及其周边的7个省组成，总面积12072平方公里，占全国面积比例2.2%；总人口1100万，占全国的18.8%；是法国政治、经济、文化中心。

1. 巴黎大区规划发展历程

19世纪发展中，由于巴黎周边郊区不缴纳城市税，国家重视巴黎市区规模，忽视郊区的管理。20世纪初，工业化和城市化促进了巴黎郊区发展，同时由于巴黎市区内规模有限，国家重视巴黎市区扩展及郊区发展方案。1934年的普鲁斯特方案第一次体现了巴黎集聚作用，体现了限制巴黎市区人口规模增长和在区域及宏观控制的指导思想。二战后，法国为了战后复兴，利用政策手段促进巴黎周边地区工业化发展，使得城市高级服务功能集中到城市中心。1965年，巴黎大区制定新的区域发展规划，控制巴黎发展仍是该规划的主要目标。20世纪70～80年代，法国经济社会变革较大，经历了石油危机和中央权力分散，巴黎大区规划经过多次修编，直到1994年才得到批准。1995年大区政府拥有了明确的发展规划制定权，针对巴黎大区发展面临的挑战，形成了最新的巴黎大区总体规划，并于2006年通过审批。

2. 巴黎大区政府管理体制

巴黎大区的行政长官、议会每6年选举一次，大区级由省选出民意代表，划区选出区议会，议长代表地方，行政长官代表中央。1982年，法国通过法令，下放权力，中央任命大区、省行政长官，地方选举议长，共同管理地方事务。

3. 现行巴黎大区总体规划概述

巴黎大区总体规划（2006）是目前巴黎大区建设发展的指导性法律文件。此次规划是在1994年公布的大区规划基础上进行修编的。

1954～1999年间，工业化和城市化引起巴黎人口增加了50%，城市化率达到76%。人口密集促进了巴黎新城发展。人口流动性加强和交通运输工具数量增长，增加了巴黎交通运输系统的压力。随着住房紧缺情况改善，购房者增加，穷人与富人的居住地点逐渐分化，出现了社会分离问题。人口增加、工业发展、汽车等交通工具危及了城市环境质量。因此，此轮巴黎规划面临的主要挑战是人口、交通运输、社区社会问题以及生活质量和环境保护问题。

针对以上四大问题，巴黎大区规划包含四大框架：第一是进行类似主体功能区划分工作，选择优先发展地区，重点加强这些地区的基础设施和公共服务投入；第二是选定保护地区，保护自然景观，发展森林和农业，严禁在保护区内从事城市建设；第三是对居民住宅用地进行配置；第四是列出需要建设交通等基础设施大学、医院等附属设施的空间布局。

为了保证规划的顺利实施，大区政府建立国土管理部门，进行土地利用规划。在此基础上，各级政府会根据巴黎大区总体规划制定详细的发展计划。各大区、省、市之间的政府就基础设施建设项目和资金分配情况制定计划，并签署合约，共同合作确保规划实施。

4.巴黎大区规划与我国规划的比较

一是规划目标从公众需求实际出发，针对经济社会发展长期所面临的问题和关键问题，制定规划思路。人口、交通、住房和生态环境保护，是巴黎大区近50年发展中面临的关键问题。而我国的规划具有盲目制定发展目标，重视领导意图、政府形象和经济发展指标，而轻视社会和生态问题的缺陷。

二是通过空间规划控制经济社会发展活动。针对巴黎大区扩张所引发的经济社会问题，巴黎大区规划通过空间布局引导经济社会发展活动，实现控制巴黎大区盲目扩张的目标。这样实现了空间布局与经济社会发展活动的协调，确保规划能够顺利实施。而我国大多数规划重视发展指标，而指标数字无法直接控制经济社会发展活动，且不能与土地等资源实现对接，导致许多规划项目无法落地，规划可操作性差。

三是各级政府权责明确。巴黎大区包括巴黎及其周边的七个省，巴黎大区的发展与周边各省、市镇的发展密切相关。由于大区政府对省和市镇政府并没有直接的管辖权，为了促进区域协调发展，利用契约手段实现约定各级政府的资金和项目配置方式，各级政府所承担的建设和融资责任明确，确保了规划顺利实施。我国上级政府对下级政府有直接的管辖权，同时上级政府财力来自于下级政府财政收入分成所得，但由于各级政府权责利界定不清晰，自上而下的规划体系很难充分考虑下级政府所关心和解决的问题，导致下级政府有时不具备规划实施的能力，影响了规划的实用性和适用性。

四、法国城镇规划对我国的启示

规划是政府实现社会管理、公共服务和经济发展的重要调控手段和依据，在战略导向和资源配置方面发挥了重要作用。由于我国与法国所处的经济社会发展阶段不同，政治管理体制、公共服务目标、资源禀赋和产权等方面存在差异，两国规划形式、内容和采用的技术方法各具特点。世界各国所经历的工业化和城市化道路具有一定的规律性，法国政府注重对经济社会发展调控，具有较为成功的城乡协调与城市化模式，这对解决当前我国城镇发展面临的城乡统筹协调发展和城市化具有很好的借鉴意义。通过分析比较法国城镇规划，为完善我国规划提供启示和改革发展思路。

1. 改革现有规划体制和编制方法

（1）实践"三规合一"的规划理念

法国城市总体规划从城市发展面临的主要问题入手，提出切实可行的发展目标和解决方法，目标针对性强。同时重视从空间分区和布局的角度解决规划问题，将城市经济、社会和生态发展有机联系在一起。各部分内容有机联系性好，保障规划实施效果和效率。目前我国主要规划体系包括城市规划、社会经济发展规划和土地利用规划三大部分。三大规划仅在宏观指导思想上实现了较好的统一，但在细节上三大规划协调一致性不够，由各级政府部门主导编制的社会经济发展规划重视宏观发展目标和问题，没有空间规划的内容，导致规划操作性差，土地规划重视指标控制，未能与城市规划实现对接，造成土地指标和空间分布方案无法为城乡发展服务。三大类规划编制分属三个不同部门制定管理，造成了三大类规划实施过程中互相制约，规划执行效果和效率较差。我国应根据三大规划的职能和特点，明晰三大规划的层次、特征和内容，根据区域发展要求和特点，将三大规划内容有机融合为一个规划、一个文本，切实为区域发展服务。

（2）强化规划的空间理念

随着战后经济重建任务的完成和政府管理分权趋势的加强，法国5年经济社会发展规划的地位开始弱化，强调通过空间规划促进经济社会活动与可利用空间之间的协调。我国实际操作空间布局的规划的是土地利用规划，现行土地利用规划主要采取指标控制模式，空间发展理念薄弱。土地利用规划重视对建设用地、耕地等用地类型的指标数量管理，轻视质量管理和空间布局，造成规划实施过程中，土地供给与需求不匹配，经济活动与可利用土地空间无法协调，后果是土地利用空间制约经济社会发展，同时也难以最大限度地发挥土地利用效益，实现节约集约利用土地的目标。建议我国重视空间规划成为政府落实可持续发展理念的重要手段，尤其是土地利用规划在数量指标控制的同时，充分考虑空间发展问题，明确土地需求旺盛地区的空间分布情况，划定城市增长边界，以空间控制数量，使规划更具操作性和可行性。

同时还应加强涵盖经济、社会、资源数量和分布等情况的基础数据库建设，为规划编制提供较为准确可信的数据资料。分析整理不同目标要求下的数据分析方法和模型，为规划制定提供参考依据。

2. 赋予地方政府更多的发展权

1994年我国实行分税制以来，地方收入大部分上缴给中央政府，地方政府财力有限，同时省级以上国土部门实行垂直管理，基层地方政府发展的用地指标受到严格控制。可以说地方发展所需的两大要素资金和土地都受到上级和中央政府的控制，地方政府实施规划难度加大。中央政府应在保证国家整体利益的前提下，给予地方政府较为灵活的行政管理权，赋予较多的城镇管理职能。中央及省级政府可通过设立城镇建设专项资金等方式保障城镇规划所需的资金，以此促进在不同地域层面上实现国家整体利益与地方局部利益的相对平衡。

3. 完善乡镇合并规划运行制度

城镇是社会经济生活的重要载体，由于我国人口众多，大城市容纳能力极其有限，加之我国已经进入快速城市化时期，经济发展、人口集聚迫切需要培育中小规模的城镇，容纳人口就业和生活。而单独的小城镇受到规模和经济实力的限制，无法全面承担人口就业、生活和公共设施等方面的功能。因此许多地方政府已经探索乡镇合并和新型乡镇发展的道路，打造区域发展核心。借鉴法国模式，可采用合同的形式规范上级政府和乡镇之间的合作关系，明确上级政府应赋予乡镇的权力，上级政府具体在资金、土地、项目安排和政策等方面对合并乡镇的支持内容和方式，给予合并乡镇一定的规划权和实施权，充分发挥地方政府的积极性，确保规划更加符合地方实际。同时还应以合约形式规定乡镇合作发展的具体领域、资金和资源的配置方式，形成乡镇联合体发展的长效机制。

4. 加强和完善公众参与机制

目前，我国已经逐渐认识到了公众参与的重要性和必要性，但对公众参与的具体环节、内容和手段认识不清，尚未建立较为完善可行的公众参与办法和管理措施，也未形成科学合理的方法对公众意见进行甄别和选择。我国应首先从制度上加强公众参与的地位，完善公众参与法律支持体系和组织程序，广泛通过传媒手段和多样形式开展公众交流和咨询，合理引导，科学选择，充分发挥公众参与对规划的积极作用。

执笔人：白 玮

日本滨松市规划案例研究

在社会主义市场经济体制下，发展规划具有促进国家或地区发展战略目标的实现、弥补市场失灵、有效配置公共资源、促进全面发展、协调发展和可持续发展的功能。在市场经济发达国家都会根据自身发展需要制定发展规划，由于地缘和文化的相似性，相对于欧美国家规划来说，日本在发展规划编制方面的经验对我国更具有启发和借鉴意义。与西方其他国家的社会市场经济体制或自由市场经济体制不同，日本实行的是行政主导型的市场经济体制，国家发挥的宏观调控作用较强。因此，在规划体制上主要体现出政府推行社会市场经济战略的特点，在强调市场机制发挥基础性作用的同时，政府通过采取较多的经济干预政策来弥补市场力量的不足，特别体现在对国土开发、产业政策的宏观调控上。国内对于日本规划的研究成果颇多，其研究领域侧重于规划体制与规划类型方面，特别是关于日本六次全国性综合规划、国土开发规划、区域规划、城市规划、都市圈规划等研究，研究范围以全国、区域、日本三大都市区为主，这些研究成果对于指导我国全国性、区域性的规划编制有较强的指导意义。本文在深入剖析日本滨松市城镇发展规划基础上，从微观层面研究日本具体城镇发展规划的编制内容、主要特点与操作实施，对于我国城镇发展规划具有重要的理论和实践指导意义。

一、滨松市基本概况

滨松市位于日本静冈县西部。2005年7月1日，周边11个市町村并入

本文曾部分发表于《工程研究》，2012年第4卷第2期。

原滨松市形成现在的滨松市，目前人口82万人，面积为日本全国市町村行政区域中第二位。已于2007年4月1日成为政令指定都市。

滨松市是由一个小城镇逐渐发展成为一个大都市的。1889年政府实行町村制，为滨松町。1911年7月11日，实行市制。1966年成为中核市。2007年成为政令指定都市之一。

受资料所限，本文主要是针对2007年滨松市成为政令指定都市后做的第一次综合规划（2007～2014）及2008年发展规划进行分析。第一次综合规划为滨松市的上位规划，统领其他各部门和地区规划，部门规划和地区规划都要以该规划作为依据。

二、综合规划的主要构成

滨松市第一次综合规划（2007～2014）主要由以下几部分构成：基本构想、都市经营战略、都市发展规划、部门发展规划和区域发展规划。

基本构想主要提出都市发展理念，指明未来都市发展方向"闪耀未来的创新之城——滨松"，规划目标实现期限为2007～2014年。

都市经营战略主要包括都市未来发展方向的实现、市域环境分析、政策体系构建、重点内容规划。在都市经营战略中提出的规划年限为2007～2010年。

都市发展规划主要包括都市经营战略实施规划、提出四年间要达到的目标、每年的环境变化分析、本市的重点政策和经营方针以及年度的实现计划等。都市发展规划按年度编制。

部门发展规划主要围绕都市发展规划提出各部门发展的重点政策和经营方针，以及年度实现计划等，由各部门自行编制。部门发展规划按年度编制。

区域发展规划主要是围绕都市发展规划提出各区域发展的重点政策和经营方针，以及年度发展计划等，由各区域自行编制。区域发展规划按年度编制。

三、2008年都市发展规划的主要内容

2008年都市发展规划实际上是第一次综合规划（2007~2014）在2008年度的实施方案细分，主要围绕如何实现第一次综合规划，特别是在2008年度要从哪几个方面来推进实施的规划。主要内容有以下几部分。

第一部分主要是规划总揽：类似于我国规划的背景部分，包括规划的依据、期限、地位等内容，但是又比我国规划的背景内容详细，以简明扼要的图表概括出规划的评价、编制和实施的主体及主要内容。

第二部分是发展环境分析。一是外部环境分析，社会经济环境变化情况，比如人口老龄化，国际竞争加剧，地球环境问题，国家和地方体制变革等；二是内部环境分析，主要是抓住滨松市的特征，比如产业集聚，外国人口聚集，世界乐器之都，优美的自然环境，儿童教育和妇女就业等问题；三是采用SWOT分析，通盘考虑在实现综合规划长远目标的前提下，综合分析优势、劣势、挑战和危机，提出成长、改善、回避和撤退等战略选择。

专栏1

产业集聚：从纤维产业起步，经过自动纺织机等机械产业，再向乐器，运输工具等方向发展。

优惠政策：以制造业、研究所、软件业、工业设计等产业领域为对象，在用地获取费、新就业录取经费、设备投资费、固定资产税、城市规划税、事业所得税等方面可获得最高30亿日元以上的补助金。

重点招商：运输机器产业，汽车和汽车部件、光学、电子部件与元器件产业。

第三部分是都市经营方针。主要提出都市发展理念，包括民主社会建设理念、社会关系高度融合理念、区域自治均衡发展理念、城市可持续发展理念、创造性都市理念；提出未来发展都市发展方向——"创新之城"；同时指出2008年城市经营方针，要以市民福利增加、区域振兴

与发展、未来目标实现为主体，要从市民（纳税人）的角度、财务增长和合理支出的角度、管理结构和人才配备的角度、行政体制高效运转的角度来综合考虑，并提出要达到的基本目标。

第四部分是政策推进。主要提出六大战略。战略1：建设亚洲最具创造性的城市，通过"创新之城"战略振兴地域经济。战略2：集结地域力量建设"儿童至上主义"，通过地域教育建设未来的滨松。战略3：提高生活满意度计划，建设最宜居城市。战略4：保留由下一代继承的自然资源——天龙川、滨名湖，与自然环境共生。战略5：通过"创新之城"战略活化城市文化，建设个性丰富的地域文化。战略6：建设"感受世界就在身边"的交流型城市，定位世界城市。

第五部分是2008年度的财政分配。类似于我国的财政预算。对整个年度的收支情况进行规划，并提出四年间要达到的目标。

第六部分是行政管理体制改革。提出规划期间改革的目标，行政人员定编，以及能够节省的开支等。

四、滨松市发展规划的特点分析

1. 规划服务的目标明确

滨松市发展规划的服务目标很明确：一是追求全体市民的满足度，市民的满足度主要体现在规划内容上要考虑市民的基础设施需求，特别是随着老龄化问题的突出，要解决老年人的医疗保障问题；要考虑儿童的需求，儿童是地区未来发展的主力，从规划的角度提出"儿童至上"的战略，重视地区教育问题。二是提高行政管理的高效性，从行政人员编制上，社会团体建设方面以及规划评价、编制、实施上，都强调民主监督，增加行政管理的透明度。

专栏2

集结地域力量建设"儿童至上主义"——通过地域教育建设未来的滨松

1. 创建利于儿童生长的环境

　　实施中小学生医疗费用扶住

> 完善托儿所等机制
>
> 完善对残疾儿童的帮助
>
> 2. 通过细致指导培养学生能力
>
> 推进30人学级导入制度
>
> 充实多人数学级等教育指导支援人员
>
> 完善不上学儿童的帮助事业
>
> 3. 创建能够安心学习的教育环境
>
> 有计划的重建、修复教育设施
>
> 推进保护儿童安全的地域协作
>
> 至2013年教育设施要达到100%抗震

2. 规划编制的社会经济发展阶段明晰

通过社会经济发展环境分析,弄清楚发展阶段。滨松市第一次综合规划（2007～2014）是在2007年滨松市成为政令指定市后编制的。这时候的滨松市已经由原来的中核市发展成为政令指定都市,不论是人口规模还是行政权限都扩大了,因此有必要重新制定新的发展规划。在这一发展阶段提出满足市民的公共服务需要,改善外国人居住条件和环境,建设交流型城市,定位为世界城市。这些目标的提出都是通过运用SWOT分析方法,提出多种战略选择,并将每个战略的优劣势进行比较,客观分析,最后才确定的。

3. 规划编制的指标设计合理

在滨松市第一次综合规划（2007～2014）编制中,提出很多发展目标,这些发展目标层次非常清晰,都落实到具体的指标上。比如在经营方针中提出6个基本指标,分别是总人口、生育年龄人口、增加人口、昼夜人口比、国内生产总值、市民收入,重点关注市民的数量、质量、就业和收入。

表1　　　　　　　　　　六大战略指标体系设计

	主要指标	小结
战略1	新增企业数、制造品出口总额、工业附加值、农业从业人员、渔业总产量、木材生产量、旅游人次等指标	全面衡量工业、农业、服务业的发展,而不是仅仅强调总产值和增加值

续表

	主要指标	小结
战略2	未满15岁人口、保育员人数、教师人数、下一代计划推进率、市民环境满意度、市民教育满意度、学校设施完善数量	重视下一代培养，以教育资源整合为突破口，以市民满意为衡量标准
战略3	居住环境满意度、交通出行满意度、中心商业街步行指数、10分钟内高效医疗救治体系、老龄人社会福利保障率、残疾人福利保障率、地震灾害预防满意度	宜居城市考量的目标非常具体，与市民生活息息相关，涉及的面非常广泛
战略4	环境教育满意度、二氧化碳排放量、森林覆盖率、污水处理率、湖泊保护率、环境达标率	一个目标下涵盖了几个小目标
战略5	文化满意度、国际文化节到场人数、市民每人每年度参与文化活动回数	突出国际文化节，陶冶情操
战略6	观光交流人次、国内外对魅力城市的满意度、国际文化节影响力、外国学生入学率、世界城市满意度	建设世界城市的目标强调与国际的交流和交往

4. 规划年限长短结合，各有侧重

在滨松市第一次综合规划（2007～2014）编制中，关于规划年限并没有特别明确的界定，更多地表现为随着经济社会发展的需要所进行的一个调整完善的过程，但一般规划包含了长期规划和短期规划两个概念。第一次综合规划期限为八年，中期规划年限为四年，其余皆为年度实施规划，其中包含了具体项目的安排和投资情况。而长期规划主要是体现地区未来发展的主要方向，一般是比较抽象的内容，要表达的是一种新的规划思想。总的来说，在经济高速增长时期，规划的不确定性较大，因此规划调整的周期快一些，随着经济发展进入稳定增长期，规划的年限相对较长。

5. 规划的可实施性和操作性强

在规划编制过程中，规划目标确定后就通过具体的项目来保证规划的实施和可操作。例如在战略1的目标确定后，提出通过招商引资、土地适度利用、市场开拓、中小企业融资、海外宣传等项目来实现目标。这些项目分别由招商局、国土局、产业局、金融机构、规划局等部门负责，并且有相应的财政预算作保障。在政策制定部分会对所有的项目进行汇总分类：一类是关系未来发展的项目，包括儿童教育、中小学校投入、外国人子女就学等；一类是设施投入项目，包括基础设施、市区停车场、医疗服务、维护弱势群体的权益等；一类是政策类项目，包括削减债务、发展工农业、资源利用、扶持创业等。

五、对我国发展规划编制的启示

1. 发展规划应随着经济社会形势的变化而及时调整

我国目前的发展规划编制一般以五年为期限，展望到15年，从中央到地方的规划莫不如此，属于自上而下的编制，计划性较强，灵活性不足。从2008年金融危机来看，2007年的国家宏观政策和2008年的国家宏观政策有很大的变化，要在"十一五"规划期内来实现规划所设定的目标不具备可行性。因此这就要求我们在快速发展时期，对规划的年限设定不宜过长，对经济社会发展规划目标根据当前的社会经济形势进行灵活的调整，特别要重视短期规划中年度发展计划的编制，通过中短期规划来保证对长期规划的落实。

2. 发展规划要统领经济社会发展的全局

从我国目前规划体系来看，缺少国家规划体系，现有的规划体系如发展规划体系、城市规划体系、国土规划体系等都体现的是部门规划特征，各自为政。目前，我国发展规划体系不断完善，包括经济社会发展总体规划、主体功能区规划、区域规划、年度计划等，具备像日本的综合规划一样地位，但目前还没有表现出绝对的权威和上位规划特征。一方面要求从法制角度来保障发展规划的法律定位，虽然宪法规定县以上人民政府要制定社会经济发展规划，虽然五年规划也有编制，但感觉应付性更多，在实际工作中更侧重于建设规划和土地规划等物质性规划；另一方面要认识到发展规划不能涵盖所有部门规划的内容，这就要求我们在编制发展规划时，给其他部门规划留下接口，便于衔接。

3. 发展规划编制要注重公众参与

规划是协调各方利益的过程，要注重公众参与，与日本规划编制"官、产、学"的公众参与程度来看，目前我们国家发展规划还是以政府和研究机构共同参与制定为主，虽然也采用了公示和建议献策等方法征求各方意见，但是仍不能满足各方的诉求。公众参与规划要注意三个方面的问题，一是公众参与的受众面要广，所有规划相关利益方都要有代表参加；二是公众参与要体现在规划全过程中，包括规划调研、规划编制、规划论证、规划评审、规划实施、评估和调整等阶段；三是公众参与还要体现对规划的决策影响，公众参与不是只是体现在参与层面，最关键是决策和监督层面。因此在今后的规划制定过程中，要请各方面代表参与规划的制定，反映各社会团体、各阶层的利益和要求，使规划目标更科学、更可行。

4. 规划目标要切合地方发展实际

目前我国规划编制过程中普遍存在急于求成的思想，规划编制工作不根据地方发展的实际情况出发，一味迎合地方政府贪大求洋的需求，在规划前缺乏详细的调查和充分的准备，规划编制完成后对规划实施缺少监督和评估，以及如何进一步调整完善等工作也缺乏连续性，再加上地方领导对规划的认识有误区，认为规划就是"主人的意愿，专家的意见，法定的程序"，从而造成规划在实际工作中难以发挥出应有作用，往往带有地方领导的个人意愿，大而空以至根本无法实现。规划还要注意经济合理性和可行性分析，特别是要注意分析发展阶段，不能脱离地方经济发展的实际。在我国普遍反映存在千城一面、宽马路、大广场等现象，一方面是地方政府政绩冲动的表现，另一方面也是规划人员对地方经济可行性分析不够，拔高规划或者盲目规划。另外规划过多强调经济增长，对于社会转型和社会管理创新方面笔墨不够。

5. 规划实施要保持一定的延续性

众所周知，我国党委政府换届和发展规划编制并不是同步进行的，往往下一届政府实施和落实的规划是上一届政府编制的，对于中央层面而言，这种稳定性是能够保证的，但对于地方而言，就存在不确定性。当然从工作延续性来说，这种不同步对于城镇发展是有利的，毕竟下一届政府刚形成，对很多工作还有一个熟悉和了解的过程，延续和继承上一届政府的规划是良好的工作开端。但从规划的实施性来看，每届政府在了解情况后，对城镇发展会有一个新的认识和判断，一般会对规划进行调整或变更，有的甚至推倒重来，特别是在发展规划目前的法律地位并不确定的情况下，必然会影响到规划的落实。

执笔人：文 辉

一个美国小城镇规划对我国的启示

一、马里兰州小城镇规划案例介绍

联桥（Union Bridge）是美国马里兰州西部卡罗尔县的一个小城镇，成立于1872年。根据2000年的统计资料，该镇土地面积2.2平方公里，人口989人，共372户，其中265个家庭居住在城镇中。人均年收入1.7万美元，低于县平均水平（2.3万美元），也低于县辖其他5个城镇，是一个发展比较缓慢的小城镇。但它却是一个拥有乡村自然风貌、生态环境良好、有历史特色并且适合多种通行方式的城镇。

2008年，联桥规划与区划委员会制定了城镇及郊区包含在内的城镇总体规划（Union Bridge Community Comprehensive Plan），此规划在马里兰州和Carroll县规划法案基础上，采用精明增长模型，对镇区供水、排污管道等基础设施进行改进，而对农村地区进行必要的保护，为城镇创造便利的经营环境和生活环境，试图以此来促进经济的发展，促进镇区税收的增加。经过1年多的时间，完成了总体规划的编制。

该规划共分为四个部分：一是规划远景及原则；二是规划目标；三是相应的政策；四是规划实施。我们从这四个方面的一些主要内容来了解美国城镇规划，特别是如何与上级规划衔接？确定规划目标时他们考虑了哪些要素？在促进经济社会发展和提供公共服务上他们是如何考虑的？

本文曾发表于《国际城市规划》，2010年第6期。

二、美国城镇规划目标与分析方法

1. 规划目标及其依据

联桥总体规划的目标与马里兰州和卡罗尔县的总体规划的目标是相衔接的。在规划体系和法律制度中我们已经了解到，美国州、县不直接参与所辖城镇的规划制定，但是为了保证小城镇能够充分利用外部基础设施和政策资源，下辖城镇会采纳州、县总体规划中比较合理的目标。在联桥总体规划中，这一点已充分体现。具体见表1。

表1 联桥与上级政府县（Corroll）及州（Maryland）规划目标上的衔接

马里兰州 8个规划目标	卡罗尔县 12个规划目标	联桥镇 9类38个规划目标
• 重点发展适宜的区域 • 保护敏感的区域 • 农村只在现有居住区内安排增长的空间，其他地区一律保护 • 保护资源，降低消耗 • 保护海湾及周边土地 • 鼓励发展经济，建立调节机制提升效率 • 提供充足的基础设施和公共服务设施，县及市政要特别关注增长区内的服务设施供给 • 建立实现上述目标的融资机制	• 界定发展区域，保护农田和开敞空间，提供基础设施和公共服务设施，提高资源利用效率 • 保护农田，促进农业及附加产业 • 保护、修复并重建生态系统，降低破坏生态的影响 • 促进经济健康发展，增加就业岗位 • 分阶段利用公共及私有资金，促进社区设施和公共服务建设 • 通过设立首要实施项目保证规划实施，提供公共服务的预算 • 保持景观的协调性，建设要与自然和周边建筑协调，农村要保持乡村的特色 • 保护城市历史、文化、自然风景和传统风格 • 提供不同类型、不同价格和不同密度的住宅，以满足不同收入层次居民的需求 • 提供不同类型的城市公园、娱乐设施满足不同性格居民的需求 • 提供不同的教育机会、教育设施和教育资源满足不同人的需要 • 确保县与州范围内城市	• 增长管理&土地利用：划定城镇增长范围，农田保护区，保护乡村环境，保持农业、工业与商业在空间上的协调性 • 交通：防止工业运输过多占用生活主干道，提供安全、高效和多选择的交通网络 • 社区服务设施：监督服务设施安全，为不同年龄结构的人提供不同的服务设施 • 自然资源：减轻居住与商业对环境的破坏，减轻矿区采矿对居民生活环境的影响，鼓励农田保护小城镇乡村特色和新鲜空气 • 经济增长：建设必须的基础设施吸引工业和商业进驻，鼓励轻工业、零售业和商业进驻居民区，形成欢迎工业与商业伙伴进驻的氛围，提高城镇吸引力吸引工业和商业 • 社区参与：…… • 区域协调：…… • 居住区设计：…… • 中心城镇设计：……

资料来源：http://ccgovernment.carr.org/ccg/compplan/complan.asp。

从州、县、小城镇三级规划的主要目标中可以看出，美国城市规划的目标主要包括三大类：一是界定城镇发展区域，控制城市无序蔓延；二是为公众提供优质的公共服务，考虑不同群体出行、居住与休闲娱乐的需求；三是保护生态环境，保护城市与乡村公园、自然环境、农田和河流。在马里兰州总体规划中，这三类目标更宏观，8个规划目标都是战略性的；而卡罗尔县总体规划相比马里兰县更加细化一些，目标上升到12个；联桥镇的总体规划中，目标指标上升到38个，相比州和县而言，镇的总体规划目标更加具体。

2. 规划内容与技术方法

联桥总体规划的主要对象虽然是一个不到1000人的城镇，但是规划内容却相当丰富，包括人口变化趋势、社区组织、乡镇农业资源、文化和生态保护、交通、主要街道的复兴、经济发展、住宅规划与公共服务等，这些内容是与规划目标相对应的。在规划分析的过程中，对于可以量化的内容分析得非常透彻，并运用了相关的数学模型确保数据处理的准确性，而对于定性分析的内容也非常有针对性，观点简明扼要。在技术方法上，主要选用了计算机和数理统计的技术与方法，并运用比较成熟的数学模型处理数据。

以人口分析为例，联桥总体规划中，不仅对该镇总人口数量、年龄结构和家庭总收入的变化情况进行了总体分析，还把全镇300余户住宅的收入水平分成了10个层次，统计全镇收入的分布状况。除此以外，还把这300余户的年龄结构、家庭构成和受教育水平进行了统计分析。在人口未来的预测中，选用了不同的数学模型进行预测，并对预测结果进行全面深入的分析，充分论证预测结果的合理性。而对农业资源的分析中，结合布局定性分析了农业开发的基础和市场状况，并对农业资源的利用提出了4条简明并且容易操作的建议。

表2　　　　　　　联桥总体规划人口收入分析对比表（2000年）

收入范围	联桥选区		卡罗尔县 住户数（个） 合计：52601个	马里兰州 住户数（个） 合计：1981795个
	住户数（个） 合计：568个	家庭数（个） 合计：422个		
低于 $10000	34	20	1866	137199
$10000-$14999	25	8	1865	83328
$15000-$19999	41	19	2046	88739
$20000-$24999	46	36	2333	99365

续表

收入范围	联桥选区		卡罗尔县 住户数（个）合计：52601个	马里兰州 住户数（个）合计：1981795个
	住户数（个）合计：568个	家庭数（个）合计：422个		
$25000-$29999	34	27	2231	102595
$30000-$34999	54	46	2432	109540
$35000-$39999	34	19	2597	105811
$40000-$44999	19	14	2459	104613
$45000-$49999	40	40	2757	95563
$50000-$59999	74	58	5701	187711
$60000-$74999	61	40	7902	239469
$75000-$99999	63	55	8933	268558
$100000-$124999	21	21	5035	151573
$125000-$149999	0	0	2224	78712
$150000-$199999	2	7	13335	69102
$200000 or more	20	12	885	59917
住户收入中位数	$44423		$60021	$52868
家庭收入中位数	$48125		$66430	$61876
人均收入	$22347		$23829	$25614

资料来源：http://ccgovernment.carr.org/ccg/compplan/complan.asp。

表3 联桥总体规划家庭类型与人口构成对比分析表（1990年和2000年）

住户类型	联桥镇		联桥选区		卡罗尔县		马里兰州	
	1990	2000	1990	2000	1990	2000	1990	2000
家庭住户（个）	264	266	458	423	33909	41094	1245814	1359318
已婚双亲家庭	206	197	378	333	29476	34936	948563	994549
男性单亲家庭	9	20	15	30	1197	1808	65362	84893
女性单亲家庭	49	49	65	60	3236	4350	231889	279876
非家庭住户（个）	90	106	127	144	8339	11409	503177	621541
住户合计（个）	354	372	585	567	42248	52503	1748991	1980859
户均人口	2.57	2.66	2.66	2.68	2.85	2.81	2.67	2.61
集体宿舍居住人口	0	0	0	0	2915	3581	113856	134056

资料来源：http://ccgovernment.carr.org/ccg/compplan/complan.asp。

表4　联桥总体规划人口受教育水平对比分析表（25岁及以上，2000年）

受教育水平	联桥镇		联桥选区		卡罗尔县		马里兰州	
	人数	%	人数	%	人数	%	人数	%
9年级以下	46	7.1	74	7.4	4492	4.6	178169	5.1
高中肄业	147	22.8	191	19.0	10010	10.1	386917	11.1
高中毕业或相当学历	298	46.3	476	47.4	32891	33.3	933836	26.7
大学肄业	98	15.1	167	16.6	20534	20.8	711127	20.3
准学士学位	16	2.5	30	3.0	6274	6.4	186186	5.3
学士学位	23	3.6	46	4.6	15786	16.0	629304	18.0
研究生及专业学位	17	2.6	20	2.0	8697	8.8	470056	13.5
25岁及以上的总人口数	644	100.0	1004	100.0	98684	100.0	3495595	100.0

资料来源：http://ccgovernment.carr.org/ccg/compplan/complan.asp。

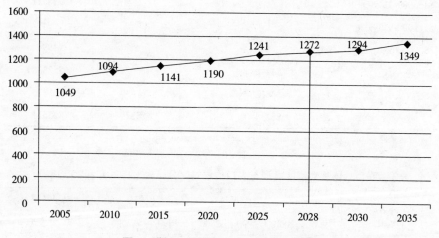

图1　联桥总体规划人口增长率预测图

资料来源：http://ccgovernment.carr.org/ccg/compplan/complan.asp。

　　以上几个图表是摘取联桥总体规划中分析人口收入水平、家庭构成、受教育水平与人口增长率预测的统计分析表、图。对于已量化的统计数据，充分利用数理统计和数学模型，可以看出美国城市规划中对数据的分析是细致科学的。

　　美国的人口普查数据详细，电子版本免费提供给纳税人，所以在美国做城市规划时可以准确地获取不同方面、不同深度的人口数据，为分析和处理数据奠定了坚实的数据基础。在我国城市规划中运用的数据大部分是通过各种统计报表、统计年鉴和相关文本得来的，数据相对比较笼统，在空间上也没有细分，所以分析基本上只能停留在表面上，深度普遍不够。

三、美国城镇规划中的理念

1. 公共服务供给能力在规划中的体现

联桥在城镇规划中制定城镇发展规模，确定城镇增长边界时，是在充分分析本市土地资源、水资源禀赋和公共服务供给能力的基础上确定的。在规划中，选择了学校、图书馆、供水、污水处理、排洪系统、公共安全设施及娱乐设施等作为分析的主要方面，并采用了客观科学的计算和分析方法，在对学校资源的分析中，按照人口常规增长和跨越式发展的不同情况，分析了教育资源的供给能力。在分析图书馆、娱乐设施及公共安全的供给能力时，运用千人拥有的设施标准分析相应公共服务的供给能力。

在联桥总体规划中，人口是一个重要的规划依据，在公共服务的供给、城镇增长界限的确定及土地利用规划中，都将人口作为规划的主要依据。不仅如此，规划中还把政府提供相应公共服务的资金作为规划的主要内容，简明扼要的提出联桥今后六年应主要安排财政预算支持相应公共设施的建设，提高公共服务的供给水平并与经济发展相适应。该镇通过对水资源分析得知水资源不足将是制约城镇发展的主要因素，于是在制定规划时对当地利用地上与地下水资源进行了详细的分析。

目前，我国城市规划已将公共服务作为一个主要的内容进行规划，但是由于知识结构与数据的欠缺，在深入分析一个地方的资源和公共服务的供给水平方面显得比较薄弱，定性的成分多，有的也是参考建设部制定的村镇建设标准。但是对于村镇建设标准，在制定规划时缺少相应的论证，我国城镇数量多，发展水平参差不齐，所有的城镇规划依照同一个标准显然是不合理的。同时，在规划中应重点分析政府建设公共服务设施的筹资能力，不能只重视设计而不考虑政府的投入能力，而目前这些方面正是我们规划中比较欠缺的。

2. 规划中经济发展分析

联桥总体规划中，对经济发展进行分析和规划。这与我们规划中重视产业规划不同，联桥在分析产业发展现状时，主要分析了近几年不同产业（按具体门类）的发展对就业和财政收入的贡献情况。

他们在对自然和农业的分析中，主要分析了如何减少洪水灾害对农业的影响、如何减少矿产资源开发对居民生活环境的影响以及如何保护农田和生态。在对三次产业分析的过程中，侧重点都在于产业发展对当地的贡献，而没有分析各企业在原材料、市场等企业经营方面的现状和问题，这与我们在经济社会发展规划中对产业分析侧重点是明显不同的。我们在分析产业发展和规划时不能自然地对企业市场运作的细节进行规划。

当然，联桥的总体规划中，还对经济发展制定了规划，但是落脚点是在明确相关的政策支持制造业、零售业和主要街区的经济发展，主要是站在政府的角度，并且是从政府可以具体操作的方面考虑的。比如在联桥总体规划中，提出要与卡罗尔县共同建立相关的市场吸引企业进驻，对重点发展的区域减免税收、建设更多的供水与污水处理等公共服务设施；营造优美的环境吸引更多的人到此镇居住，以此促进地方商业、服务业的发展等，制定的措施明确都是可以操作的。

3. 规划中的公众参与

美国城市规划非常重视公众参与。在联桥总体规划中，规划共分为六个阶段。第一个阶段是对土地利用、经济发展等现状进行前期研究；第二个阶段是向公众派发通讯信件和问卷，征求居民对规划目标的建议；第三个阶段是在前期研究和公众建议的基础上制定规划草案；第四个阶段是让公众参与讨论规划草案，了解公众对草案的意见，这个阶段是规划的关键环节，决定了规划是否需要进行调整；第五个阶段是根据规划草案和公众的建议对规划进行修改、定稿；第六个阶段是进行两个月的规划公示，再次举行听证，并进入市议会立法程序。在这六个阶段中，有三个阶段都是公众参与其中的，这三个阶段也是决定规划是否顺利通过的关键阶段。

在规划的制定中，居民很乐意参与。公众意识到城镇总体规划关系到他们的切身利益，所以很重视规划对他们将来生活、就业的影响。在联桥总体规划中的访谈问卷中，19%的居民选择了自然的乡村风貌、能很好地亲近家庭和良好的空气是他们考虑小城镇定居的主要原因，这个信息对规划确定主要目标是很重要的。

相比之下，我们的规划还没有形成公众参与模式。在制定规划的调研阶段，还组织各部门、各个层次的人座谈，了解他们对规划的想法和建议。但是在制定过程中，很少再组织相应的公众参与程序。公众参与的过程较短，主要集中在前期调研的阶段，对公众的建议没有深入的分析，采纳的也不多。另外，公众参与规划的积极性不高，这与我们的行政体制及公众的整体素质是紧密联系的。要建立广泛的公众参与机制，还需要走很长的路。

四、美国规划对我国的借鉴与启示

美国城市发展符合历史发展的自然规律，规划也是在这样的背景下产生并发展成熟的。由于美国的政治体制是以选民为基础的，所以在城市规划中公众发挥了很大的作用，在众多选民参与的规划里，以人为本、务实、可持续发展、保护历史和生态环境等理念贯彻得比较彻底。

要促进城市健康发展，我们的城市规划体系体制都需要进一步改进，参考美国城市规划的经验，有如下几个方面需要研究和完善。

1. 完善法律法规

我国在城市规划法律体系建设上相对完善，而土地利用规划和经济社会发展规划的法律体系尚未建立，而这三个规划在我国分别属于三个部委管理实施，每个规划依照各自部门的规定管理，造成了三个规划互不衔接的矛盾。而比较成熟的《城乡规划法》，似乎更强调城市建设的标准的确定，对城市发展中民众诉求和利益保障尚缺少足够的重视，需要在现有的法律体系中完善规划法律的制订。

2. 建立公众参与机制

城市规划不仅是为建造城市，而是为公众服务的。在制订城市规划和相关政策时，要充分听取公众的诉求和意愿，而不是规划机构和管理部门"坐在办公室里冥思苦想"谋划出来的，只有符合公众需求的城市才是活力十足的城市。但是我国在规划中公众参与机制仍然属于半空白状态，有些规划在前期调研中了解了公众的想法，但是在规划制订过程中和完成后很少再征询公众的建议。有些地方也实行了公示和听证的公众参与的程序，但是在实施过程中，我们发现这种公众参与只是停留在表面上，并没有起到应有的效果。这与我们的规划模式有关，也与公众参与的积极性有关。我们在开展规划过程中了解到，我国公众不是不愿意参与城市规划，而是他们的意见不能被规划所采纳，他们认为"他们的意见是没有用的"。

3. 应用先进的技术方法和理念

城市规划师应该应用较先进的技术方法制订城市规划，通过规划过程促进我国相关行业的数据库不断完善。现在我们的城市规划很少真正应用到GIS、遥感的空间分析，主要原因是目前我们在获取地理数据、统计数据方面比较困难，无法建立相应的数学模型。很多规划只是简单的趋势性推导和分析，有些预测方法还很不科学。另外，在规划理念上，我们在规划的过程中有时候不自觉地跟着地方政府的思路制订城市规划，有些是急功近利型的以形象工程为主的，有的是以破坏生态环境和历史价值为代价的。而以人为本、可持续、因地制宜等相应的理念却抛在脑后。这与规划师本身的素质有关系，但最主要的是我们城市规划的编制模式不科学；另一方面地方政府雇用城市规划师制订城市规划，长官意识在规划中不体现，规划经费可能不落实，规划评审可能通不过的情况时有发生。所以应用先进的技术方法和理念，不仅仅是对规划师提出的要求，更是对改进城市规划编制模式、改进城市规划体系的要求。

执笔人：郑明媚

参考文献

[1] 许学强，周一星等. 城市地理学. 北京：高等教育出版社，2009

[2] ADB, Cities Alliance. Urbanization and Sustainability in Asia. Manila:2006

[3] 周一星. 城市地理求索. 北京：商务印书馆，2010

[4] 周一星. 中国城镇化发展政策和趋势研究，亚洲开发银行"'十二五'中国城镇化发展战略"研讨会资料. 北京：中国城市和小城镇改革发展中心，2010

[5] 张勤. 未来10至15年城镇化将以年均0.8～1个百分点增长——建设部[EB/OL].（2008-8-19）[2011-5-6]

[6] 李铁. 我国城镇化问题. 中国城镇化问题研究. 北京：中国城市和小城镇改革发展中心，2010

[7] 韩俊. 中国快速城镇化过程中社会福利体制改革研究. 亚洲开发银行"'十二五'中国城镇化发展战略"研讨会会资料. 北京：中国城市和小城镇改革发展中心，2010

[8] Jonathan Woetzel, Janamitra Devan. 迎接中国十亿城市大军. 上海：麦肯锡全球研究院，2008

[9] 世界银行.2010年世界发展报告——发展与气候变化.北京：清华大学出版社，2010

[10] United Nations, Department of Economic and Social Affairs, Population Division. World Urbanization Prospects: The 2009 Revision[EB/OL]

[11] 李铁. 中国城镇和城镇化发展战略研究. 亚洲开发银行"'十二五'中国城镇化发展战略"研讨会会资料. 北京：中国城市和小城镇改革发展中心，2010

[12] 国家统计局城市社会经济调查司. 2008中国城市社会经济热点问题调查报告. 北京：中国统计出版社，2009

[13] 国际欧亚科学院中国科学中心，中国市长协会，联合国人居署. 中国城市状况报告2010/2011. 北京：外文出版社，2010

[14] "扩权强镇与行政区划调整无关"，东莞阳光网，2010-1-8

[15] 杜大伟，Bert Hofman. 政府间财政改革、支出和治理. 楼继伟，王水林编. 中国公共财政：

推动改革增长 构建和谐社会.北京：中国财政经济出版社，2009

[16] 中国发展研究基金会. 中国发展报告2010——促进人的发展的中国新型城市化战略. 北京：人民出版社，2010

[17] 杨伟民主编. 发展规划的理论和实践.北京：清华大学出版社，2010

[18] 邱爱军，白玮.科学规划小城镇应贯彻的几个原则.理论前沿，2009（17）

[19] 邱爱军.谁在挑战规划执法.中国改革，2009（12）

[20] 毛其智. 构建和谐发展的城乡规划体系研究. 福特基金会项目"促进城镇健康发展的规划研究报告集". 北京：中国城市和小城镇改革发展中心，2011

[21] 樊杰. 解析我国区域协调发展的制约因素，探究全国主体功能区规划的重要作用.战略与决策研究，2007，22（3）

[22] 顾朝林等.盐城开发空间区划及其思考.地理学报，2007，62（8）

[23] 国家发改委规划司. 国家及各地区国民经济和社会发展"十一五（2006~2010）"规划纲要.北京：中国市场出版社，2006

[24] 郝娟. 英国城市规划法规体系. 城市规划汇刊，1994（4）

[25] 何子张. 我国城市空间规划研究进展. 规划师，2006（7）

[26] 罗志刚.全国城镇体系、主体功能区与"国家空间系统".城市规划学刊，2008（3）

[27] 孙久文，彭薇.主体功能区建设研究述评，中共中央党校学报，200711（6）

[28] 孙施文.英国城市规划近年来的发展动态. 国外城市规划，2005（6）

[29] 唐子来，程蓉.法国城市规划中的设计控制. 城市规划，2003（2）

[30] 万军等.关于国家主体功能区划分的初步探讨，建设资源节约型、环境友好型社会. 国际研讨会暨中国环境科学学会2006年学术年会，2006

[31] 汪军英，达良俊，由文辉. 城镇生态敏感区的划分及建设途径——以上海市航头镇为例.城市问题，2007（1）

[32] 汪生科，陈欢. 中国区域经济新地图——四大主体功能区划分引争议. 世纪经济报道，2006-3-13

[33] 王金岩，吴殿廷，常旭.我国空间规划体系的时代困境与模式重构.城市问题，2008（4）

[34] 中国城市规划设计研究院，城乡规划与相关规划的关系研究，引自建设部城乡规划司编.《城乡规划法研究课题汇编》，内部资料，2004

[35] 朱才斌. 城市总体规划与土地利用总体规划的协调机制.城市规划汇刊，1999

[36] 卓健，刘玉民.法国城市规划的地方分权——1919~2000年法国城市规划体系发展演变综述. 国外城市规划，2004（5）

[37] 孙施文.现代城市规划理论.北京：中国建筑工业出版社，2007

[38] 郝寿义.中国城市化快速发展时期城市规划体系建设.武汉：华中科技大学出版社，2005

[39] 孙施文.英国城市规划近年来的发展动态.国外城市规划，2005（6）

[40] 郝娟.英国城市规划法规体系.城市规划汇刊，1994（4）

[41] 张庭伟.从美国城市规划的变革看中国城市规划的改革.城市规划汇刊，1996（3）

[42] 朱霞.美国城市规划发展及其启示.武汉城市建设学院学报，1998（3）

[43] 梁江，孙晖.城市土地使用控制的重要层面：产权地块——美国分区规划的启示.城市规
      划，2000（6）

[44] 吴唯佳.中国和联邦德国城市规划法的比较.城市规划，1996（1）

[45] 吴志强.德国城市规划的编制过程.国外城市规划，1998（2）

[46] 唐子来，程蓉.法国城市规划中的设计控制.城市规划，2003（2）

[47] 刘健.法国城市规划管理体制概况.国外城市规划，2004（5）

[48] 毛大庆.新加坡城市规划纵览.环境保护，2006（11）

[49] 古知行.新加坡城市规划管理的几点启示.城市发展研究，1998（2）

[50] 张涛.新加坡城市规划建设管理思考.中国建设信息，2003（17）

[51] 唐子来.新加坡的城市规划体系.城市规划，2000（1）

[52] 约翰·M·利维.现代城市规划.北京：中国人民大学出版社，2003

[53] 建设部城乡规划司编.境外城市规划法编译与比较研究，内部资料，2004

[54] 石楠.从立法看加拿大的城市立法体系.国外城市规划，1990（3）

[55] 陈锦富.论公众参与的城市规划制度.城市规划，2000（7）

[56] 梁鹤年.公众（市民）参与：北美的经验与教训.城市规划，1999（5）

[57] 张继刚.浅谈城市规划中的公众参与.城市规划，2000（7）

[58] 唐文跃.城市规划的社会化与公众参与.城市规划，2002（9）

[59] 苏则民.城市规划编制体系新框架研究.城市规划，2001（5）

[60] 李东.公众参与在加拿大.北京规划建设，2005（6）

[61] 赵民，韦湘民.加拿大的城市规划体系.城市规划，1999（11）

[62] 郭建，孙惠莲.城市规划中公众参与的法学思考.城市规划，2004（1）

[63] 汪坚强."民主化"的更新改造之路——对旧城更新改造中公众参与问题的思考.城市规
      划，2002（7）

[64] 冯现学.对公众参与制度化的探索——深圳市龙岗区"顾问规划师制度"的构建.城市规
      划，2004（1）

[65] 王勇，李广斌. 市民社会涌动下小城镇规划编制中的公众参与. 城市规划，2005（7）

[66] 戚冬瑾，周剑云. 透视城市规划中的公众参与——从两个城市规划公众参与案例谈起. 城市规划，2005（7）

[67] 孙斌栋，殷为华，汪涛. 德国国家空间规划的最新进展解析与启示. 上海城市规划，2007（3）

[68] 吴志强. 德国空间规划体系及其发展动态解析. 国外城市规划，1999（4）

[69] Sinz M. Spatial Planning on a National Level in Germany. Presentation to the Commission on the Future of England. London: 2004

[70] 锡林花. 德国空间规划的借鉴意义. 北方经济，2008（2）

[71] 胡序威. 中国区域规划的演变与展望. 地理学报，2006（6）

[72] 徐东. 关于中国现行规划体系的思考. 经济问题探索，2008（10）

[73] 郭力君. 国内外城市规划实施管理比较研究. 地域研究与开发，2007（2）

[74] 刘向民. 国土规划制度的一个跨国比较. 行政法学研究，2008（2）

[75] 张晓军，万旭东，邢海峰. 国外城市规划指标的特点及启示——以美、英、法、德、日等国规划案例为例. 城市发展研究，2008（4）

[76] 吴志强. 德国城市规划的编制过程. 国外城市规划，1998（4）

[77] 毛其智. 联邦德国的"空间规划"制度. 国外城市规划，1991（2）

[78] 毛其智. 联邦德国的住房建设与城市更新. 世界建筑，1994（2）

[79] 李远. 联邦德国空间规划实施机制与我国现状的比较. 福建农林大学学报，2008（4）

[80] Federal Office for Building and Regional Planning. Spatial Development and Spatial Planning in Germany. Bonn, 2001

[81] Institute for Urban Design and housing. Spatial Planning in Germany. Munich: ISW, 2000

[82] 张强. 德国空间开发的经验及启示. 中国投资，2008（9）

[83] 吴唯佳. 德国城市规划核心法的发展、框架与组织. 国外城市规划，2000（1）

[84] Michel Micheau，张杰，邹欢. 法国城市规划40年. 北京：社会科学文献出版社，2007

[85] 刘健. 法国城市管理体制概况. 国外城市规划，2004，19（5）

[86] 邹欢. 巴黎大区总体规划. 国外城市规划，2000（4）

[87] 申兵. 国外城市规划体制与规划政策经验及启示. 宏观经济管理，2008（3）

[88] 仇保兴，戴永宁，高红. 法国城市规划与可持续发展的分析与借鉴. 国外城市规划，2006，21（3）

[89] 卓健. 法国：城市规划中的公众参与. 北京规划建设，2005（6）

[90] 杨伟民. 发展规划的理论与实践. 北京：清华大学出版社，2010

[91] 谢汪送，陈圣飞.指导性经济计划：日本模式与启示.经济理论与经济管理，2005（11）

[92] 谭纵波.日本的城市规划法规体系.国外城市规划，2000（1）

[93] 贾若祥，肖金成.日本综合规划对我国规划的启示.宏观经济管理，2006（11）

[94] 吴殿廷，虞孝感，查良松等.日本的国土规划与城乡建设.地理学报，2006（7）

[95] 智瑞芝，杜德斌，郝莹莹.日本首都圈规划及中国区域规划对其的借鉴.当代亚太，2005
      （11）

[96] 蔡玉梅，顾林生等.日本六次国土综合开发的演变与启示，中国土地科学，2008（6）

[97] 王伟，张淑英，姚海天等.日本制定经济社会发展战略规划的经验.人民网，2005-8-30

[98] 陈雪明.美国城市规划的历史沿革和未来发展趋势.国外城市规划，2003（18）

[99] 孙晖，梁江.美国的城市规划法规体系.国外城市规划，2000（1）

[100] 孙施文.美国城市规划的实施.国外城市规划，1999（4）

[101] 吴一飞，曹震宇等.美国城市设计法规保障体系的二元职能分析.规划师，2005（21）

[102] Peter Hall，洪强.美国城市规划八十年回顾.国外城市规划，1991（1）

[103] 毛其智.城市规划的公众原则和社会作用.北京规划建设，2006（2）

后记 >>> POSTSCRIPT

《促进城镇健康发展的规划研究》课题不仅得到福特基金会的资助，还由美国自然资源保护委员会资助聘请了国际规划专家，参与了研究工作，使我们有机会了解城市发展和城市规划的最新理论和研究方法。课题研究期间，我们还得到了加拿大开发署的资助，得以赴加拿大考察了解加拿大不同类型城镇公众参与规划的全过程，从而丰富了课题研究成果。

在研究过程中，相关城市和小城镇的政府官员、企业家和居民对我们的调研给予了积极支持和帮助。我们还得到了国家发展和改革委员会、公安部、民政部、国土资源部、住房和城乡建设部等相关部委的支持，中国科学院、中国社会科学院、中国城市规划院、清华大学、北京大学、中国人民大学等研究机构的专家在课题研讨中提供了建设性意见。福特基金会北京办事处"治理与公共政策"项目官员贺康玲女士不仅关注项目的执行，而且参与课题讨论，对课题完成提供了大力支持。正是基于不同领域、不同部门的讨论，才使课题研究的政策建议具有一定的可操作性。在课题调研和组织研讨会过程中，城市和小城镇中心发展规划处、国际合作处、办公室等相关处室提供了大量支持。

在本书编辑过程中，城市和小城镇中心的武颖女士进行了大量的联络协调及校对工作。

在此，我们表示诚挚的感谢！

编者

2013年3月